单片机原理与接口技术（C51 编程）

杨凤年　何文德　钟　旭　编著

哈爾濱工業大學出版社

内 容 简 介

本书详细介绍了AT89S51单片机的硬件结构和片内外围模块的工作原理，主要内容包括：单片机基础知识概述，AT89S51单片机的硬件结构，C51语言基础，单片机与开关、键盘及显示器件的接口技术，单片机的中断系统，单片机的定时器/计数器，单片机的串行接口及应用，单片机的串行扩展，单片机与DAC和ADC的接口技术，单片机综合应用案例。书中所有案例都给出了基于Keil开发环境编程的C51完整源代码和采用Proteus 8.5仿真实现的电路原理图。

本书可作为各类应用型本科和职业技术院校的电子、计算机、物联网、机器人、工业自动化、自动控制、智能仪器仪表、电气工程、机电一体化等相关专业的单片机课程教材，也可作为从事单片机应用开发的工程技术人员的参考书和单片机爱好者的自学用书。

图书在版编目（CIP）数据

单片机原理与接口技术：C51编程 / 杨凤年，何文德，钟旭编著. —哈尔滨：哈尔滨工业大学出版社，2021.8（2024.8重印）

ISBN 978-7-5603-9584-5

Ⅰ. ①单… Ⅱ. ①杨… ②何… ③钟… Ⅲ. ①单片微型计算机-基础理论-教材②单片微型计算机-接口-教材 Ⅳ. ①TP368.1

中国版本图书馆CIP数据核字（2021）第132293号

策划编辑　王桂芝
责任编辑　王会丽　周轩毅
出版发行　哈尔滨工业大学出版社
社　　址　哈尔滨市南岗区复华四道街10号　邮编150006
传　　真　0451-86414749
网　　址　http://hitpress.hit.edu.cn
印　　刷　哈尔滨圣铂印刷有限公司
开　　本　787 mm×1 092 mm　1/16　印张19.5　字数400千字
版　　次　2021年8月第1版　2024年8月第3次印刷
书　　号　ISBN 978-7-5603-9584-5
定　　价　58.00元

前　　言

单片机又称微控制器，它把一个微型计算机系统集成到一块芯片上，具有体积小、质量轻和价格低等优点，为广大单片机爱好者的学习和应用开发提供了有利条件。如今，单片机已在智能家电、智能家居、物联网、智能仪表、工业控制、网络通信、汽车电子、航空航天等领域得到了广泛的应用，因此，单片机技术相关的课程是国内众多高校中计算机、电子信息、自动化等专业的必修课程。

本书基于作者2020年上学期线上"单片机技术"课程教学讲义撰写而成。书中的例题以Keil为开发环境，采用C51语言开发，以Proteus 8.5为仿真环境，读者无须购买任何单片机开发板，便可动手实践完成书中的全部例题。

本书详细介绍了AT89S51单片机的硬件结构和片内外围模块的工作原理、Keil C51编程基础知识，以及单片机常用的硬件接口设计及其相应的Keil C51代码和Proteus 8.5仿真电路原理图。读者阅读本书前无须预先掌握汇编语言知识，可直接从C语言入手来学习单片机。本书的所有例题都给出了基于Keil开发环境已调试通过的完整代码，以及Proteus 8.5调试通过的完整原理图。

采用传统单片机教材的学习模式时，学生往往在看完书、听完课堂讲授后，受开发板硬件资源的限制，其所学知识点得不到及时的、软硬件综合的完整实践训练，因此理论与实践脱节。而读者在学习及之后的动手实践过程中，不仅需要写代码，还要画出电路原理图，阅读本书有助于初学者深刻理解软硬件协同工作的原理与机制，加深对硬件知识的理解和掌握。此外，本书还便于在远程/在线教学中使用，教师在线上可采用"画电路原理图→写代码→仿真运行"的模式讲解案例，学生一边看教师讲解一边自己动手实践，做到"做中学（learning by doing）、学中做（practice in study）"。对大作业或实验可以要求学生不仅提交项目源代码，而且提交项目运行的仿真视频，与传统的仅提交源代码方式相比，教师验收、评判作业和实验报告会更加客观精准。

本书具有以下特色：

（1）课程内容循序渐进。

本书在知识点的编排上遵循由浅入深、从易到难、循序渐进的原则。从AT89S51单片机内部结构、C51语言基础开始，到单片机端口的基本输入输出控制，再到单片机的中断、定时器、串行接口、串行接口扩展（1-Wire、SPI、I^2C）、ADC 和 DAC 的控制，直至单片机的综合应用。

（2）软硬结合，虚拟仿真。

单片机系统的设计和开发是一项技术性、系统性和实践性很强的工作，而 Proteus 8.5 平台为读者提供了一个功能强大的可移动的单片机系统设计的虚拟实验室。通过 Keil 开发环境编写程序并生成 .HEX 文件，然后在 Proteus 8.5 中绘制硬件电路原理图，加入.HEX 文件后进行虚拟仿真。学习实践过程不受制于具体的单片机开发板，提高了读者的学习效率。

（3）案例教学，注重实用。

基本原理、典型案例一直是学习和掌握单片机应用技术的基本内容。本书侧重于实际应用，例题都是适合读者学习的完整案例，以方便读者学习的视角，组织全书及各章节的内容体系，对 AT89S51 单片机常用的典型外设模块的原理及其应用设计均以完整案例呈现，最后一章还给出了三个完整的综合性工程案例。

本书可作为应用型本科院校和职业技术学院的单片机课程教材，也可作为单片机应用开发领域工程技术人员的参考书和单片机爱好者的自学用书。本书采用“实用的单片机知识点+仿真调试通过的完整实例源代码和原理图”方式编写，希望读者在阅读程序时，可以看到与程序对应的单片机电路图，从而理解电路工作原理和程序运行的结果。读者读懂书上的案例后，要学会举一反三，尝试修改代码来改变或改进电路运行结果。在单片机开发过程中，通常是先实现系统各个分功能模块，然后将这些模块进行有机结合，组成复杂的系统。在校大学生还可报名参加蓝桥杯电子类单片机赛，通过赛前的长时间系统训练，将自己培养成为单片机开发高手。此外，读者若有需要可联系出版社免费索取编程和仿真软件以及书中的程序源代码与仿真工程文件。

由于作者水平有限，书中难免有疏漏及不足之处，望读者予以批评指正。

作　者

2021 年 3 月

目　　录

第 1 章　单片机基础知识概述 …… 1

1.1　单片机概述 …… 1

1.2　单片机的发展历程 …… 1

1.3　单片机的分类及主流类型 …… 3

1.3.1　单片机的分类 …… 3

1.3.2　单片机的主流类型 …… 4

1.4　单片机的特点 …… 6

1.5　单片机的应用领域 …… 6

1.5.1　智能仪表 …… 6

1.5.2　工业控制 …… 7

1.5.3　家用电器 …… 7

1.5.4　网络和通信 …… 7

1.5.5　汽车电子 …… 7

1.6　单片机技术的发展趋势 …… 7

1.6.1　低功耗 CMOS 化 …… 8

1.6.2　微型单片化 …… 8

1.6.3　低电压化 …… 8

1.6.4　大容量化 …… 8

1.6.5　CPU 高性能化 …… 8

1.6.6　小容量、低价格化 …… 9

1.6.7　低噪声与高可靠性 …… 9

1.6.8　外围电路内装化 …… 9

1.6.9　主流与多品种共存 …… 9

习题 …… 10

第 2 章　AT89S51 单片机的硬件结构 …… 11

2.1　AT89S51 单片机的内部结构 …… 11

2.2　AT89S51 单片机的 CPU …… 12

2.2.1 AT89S51单片机CPU的组成 …… 12
2.2.2 CPU中的寄存器 …… 13
2.2.3 工作寄存器组选择位RS1和RS0 …… 14
2.3 AT89S51单片机的存储器结构 …… 15
2.4 AT89S51单片机的引脚 …… 21
2.5 单片机的复位操作和复位电路 …… 26
2.5.1 复位操作 …… 26
2.5.2 复位电路 …… 26
2.6 时钟电路和工作时序 …… 29
2.6.1 时钟电路 …… 29
2.6.2 工作时序 …… 31
2.7 单片机的最小系统 …… 32
2.8 低功耗节电模式 …… 33
2.8.1 空闲模式 …… 34
2.8.2 掉电模式 …… 34
习题 …… 35

第3章 C51语言基础 …… 38

3.1 C51语言简介 …… 38
3.1.1 C51语言与8051汇编语言的比较 …… 38
3.1.2 C51语言与标准C语言的比较 …… 39
3.2 C51语言的数据类型和存储类型 …… 39
3.2.1 C51语言的数据类型 …… 39
3.2.2 C51语言的存储类型 …… 43
3.2.3 数据存储模式 …… 46
3.3 C51语言的基本运算 …… 46
3.3.1 算术运算 …… 46
3.3.2 逻辑运算 …… 49
3.3.3 关系运算 …… 49
3.3.4 位运算 …… 50
3.3.5 指针和取地址运算 …… 53
3.4 C51语言程序的基本结构 …… 56
3.4.1 顺序结构 …… 56
3.4.2 选择结构 …… 57

3.4.3　循环结构 …… 60
3.4.4　C51语言的break语句、continue语句和goto语句 …… 62
3.5　C51语言的函数 …… 63
3.5.1　标准库函数 …… 63
3.5.2　用户自定义函数 …… 64
3.5.3　中断服务函数 …… 66
习题 …… 69
第4章　单片机与开关、键盘及显示器件的接口技术 …… 73
4.1　单片机点亮发光二极管 …… 73
4.1.1　发光二极管闪烁的设计 …… 74
4.1.2　流水灯的设计 …… 75
4.2　数码管显示 …… 77
4.2.1　数码管静态显示 …… 79
4.2.2　数码管动态显示 …… 80
4.3　键盘输入检测 …… 83
4.3.1　独立按键检测 …… 83
4.3.2　矩阵键盘的检测 …… 86
4.4　LED点阵显示 …… 89
4.5　字符型液晶显示器显示 …… 93
4.5.1　字符型液晶显示器简介 …… 93
4.5.2　1602字符型液晶显示 …… 93
4.5.3　1602 LCD的指令说明及时序 …… 94
4.6　点阵型液晶显示器显示 …… 103
4.6.1　点阵型液晶显示器工作原理 …… 103
4.6.2　12864点阵型LCD简介 …… 104
4.6.3　12864点阵型 LCD的指令系统及时序 …… 106
习题 …… 113
第5章　单片机的中断系统 …… 117
5.1　中断的概念 …… 117
5.2　中断控制系统 …… 119
5.2.1　中断请求源 …… 120
5.2.2　中断请求标志寄存器 …… 121
5.3　中断允许和中断优先级的控制 …… 122

5.3.1 中断允许寄存器 …… 122
5.3.2 中断优先级寄存器 …… 122
5.4 中断的请求和响应 …… 124
5.4.1 中断的请求 …… 124
5.4.2 中断的响应 …… 124
5.4.3 外部中断触发方式的选择 …… 125
5.4.4 外部中断的响应时间 …… 126
5.5 外部中断编程案例 …… 126
习题 …… 129
第6章 单片机的定时器/计数器 …… 132
6.1 定时器/计数器的结构 …… 132
6.2 定时器/计数器的4种工作方式 …… 136
6.2.1 工作方式0及应用 …… 136
6.2.2 工作方式1及应用 …… 138
6.2.3 工作方式2及应用 …… 139
6.2.4 工作方式3及应用 …… 141
6.3 计数器对外部输入的计数信号的要求 …… 144
6.4 定时器/计数器编程案例 …… 145
习题 …… 151
第7章 单片机的串行接口及应用 …… 155
7.1 串行通信的基本概念 …… 155
7.1.1 并行通信和串行通信 …… 155
7.1.2 异步通信和同步通信 …… 157
7.1.3 串行通信的传输模式 …… 159
7.2 单片机串行接口的结构 …… 160
7.2.1 串行接口控制寄存器SCON …… 160
7.2.2 电源控制寄存器PCON …… 162
7.3 串行接口的4种工作方式 …… 162
7.3.1 方式0 …… 162
7.3.2 方式1 …… 163
7.3.3 方式2 …… 164
7.3.4 方式3 …… 167
7.4 多机通信 …… 167

7.4.1　51 单片机串口多机通信的实现和编程 …… 167
7.4.2　从机配置 …… 169
7.4.3　接线图和注意事项 …… 170
7.5　串行通信编程案例 …… 171
习题 …… 196
第 8 章　单片机的串行扩展 …… 201
8.1　I^2C 总线串行扩展 …… 201
8.1.1　I^2C 总线的结构 …… 201
8.1.2　I^2C 总线上的数据传输 …… 202
8.1.3　编程实现 …… 204
8.2　单总线串行扩展 …… 214
8.2.1　硬件结构及配置 …… 214
8.2.2　命令序列 …… 215
8.3　SPI 总线串行扩展 …… 222
8.3.1　SPI 总线 …… 222
8.3.2　SPI 总线的优缺点 …… 224
习题 …… 230
第 9 章　单片机与 DAC 和 ADC 的接口技术 …… 232
9.1　D/A 转换器的工作原理 …… 232
9.1.1　倒 T 形电阻网络 D/A 转换器 …… 232
9.1.2　D/C 转换器的重要参数 …… 234
9.2　DAC0832 的使用 …… 235
9.2.1　DAC0832 简介 …… 235
9.2.2　DAC0832 应用案例 …… 236
9.3　A/D 转换器 …… 243
9.3.1　A/D 转换器的工作原理 …… 243
9.3.2　逐次逼近型 A/D 转换器的工作原理 …… 245
9.4　ADC0808 的使用 …… 249
习题 …… 253
第 10 章　单片机综合应用案例 …… 255
10.1　智能风扇 …… 255
10.1.1　方案选择 …… 255

10. 1. 2　L298N 芯片简介 ………………………………………………………… 255
10. 1. 3　智能温控风扇的硬件和软件实现 ………………………………………… 256
10. 2　智能窗帘 ……………………………………………………………………… 268
10. 2. 1　方案选择 ……………………………………………………………… 268
10. 2. 2　ULN2003 简介 ………………………………………………………… 269
10. 2. 3　28BYJ48 简介 ………………………………………………………… 270
10. 2. 4　智能窗帘的硬件和软件实现 ……………………………………………… 272
10. 3　基于 51 单片机的电子秤 ……………………………………………………… 289
10. 3. 1　方案选择 ……………………………………………………………… 290
10. 3. 2　电子秤硬件和软件实现 ………………………………………………… 291
习题 ………………………………………………………………………………… 301
参考文献 ………………………………………………………………………………… 302

第 1 章　单片机基础知识概述

1.1　单片机概述

单片机（Single Chip Microcomputer，SCM）即微型计算机，和通用计算机（如台式计算机、笔记本电脑）相比，它是一类专用计算机，目前国际上统称为微控制器（Micro Controller Unit，MCU），在国民经济各领域有广泛的应用。

单片机是一种集成电路芯片，它采用超大规模集成电路技术，把具有数据处理能力的中央处理器（CPU）、随机存取存储器（RAM）、只读存储器（ROM）、并行 I/O（输入/输出）端口、串行 I/O 端口、中断系统、定时器/计时器、系统时钟电路和系统总线等（可能还包括显示驱动电路、脉宽调制电路（PWM）、A/D 转换器（模/数转换器，ADC）等电路）集成到一块硅片上，从而构成一个小而完善的计算机系统。

1.2　单片机的发展历程

在计算机的发展历程中，计算机的主要功能始终是运算和控制。运算功能主要体现在巨型机、大型机、服务器和个人计算机上，承担高速、海量数据的分析和处理功能，一般以计算能力（运算速度）为重要标志。而控制功能则主要体现在单片机中，主要与控制对象耦合，能与控制对象互动和实时控制。单片机以成本低、体积小、可靠性高、灵活性强等优点脱颖而出，极大地丰富了该项研究领域新的内涵。

单片机诞生于 20 世纪 70 年代，经历了 SCM、MCU、系统级芯片（System on Chip，SoC）三个阶段。早期的 SCM 单片机都是 8 位或 4 位的，其中最成功的是英特尔（Intel）的 8051 单片机，此后在 8051 单片机的基础上发展出了 MCS-51 系列 MCU 系统，基于这一内核的单片机系统直到现在还在广泛使用。随着工业控制领域要求的提高，开始出现了 16 位单片机，但因为性价比不理想并未得到广泛应用。进入 20 世纪 90 年代后，消费电子产品日新月异，单片机技术得到了快速提高。随着 Intel i960 系列，特别是后来的 ARM（Advanced RISC Machines）系列单片机的广泛应用，32 位单片机迅速取代了 16 位单片机的高端地位，进入主流市场。

与此同时，传统 8 位单片机的性能也得到了飞速提高，处理能力比 20 世纪 80 年代的 8 位单片机提高了数百倍。高端的 32 位 SoC 单片机主频已经超过 300 MHz，性能直追 20 世纪 90 年代中期的专用处理器。当代单片机系统已经不再只在裸机环境下开发和使用，大量专用的嵌入式操作系统被广泛应用于各系列单片机上。

1. 第一阶段（1976～1978 年）

第一阶段是单片机的探索阶段，以 Intel 公司的 MCS–48 为代表。MCS–48 的推出是单片机在工控领域的探索，参与这一探索的公司还有摩托罗拉（Motorola）、卓然（Zilog）等，它们都取得了令人满意的成果。这就是 SCM 的诞生年代，“单片机”一词即由此而来。

2. 第二阶段（1978～1982 年）

第二阶段是单片机的完善阶段。Intel 公司在 MCS-48 的基础上推出了完善的、典型的单片机系列 MCS-51。其在以下几个方面奠定了典型的通用总线型单片机体系结构。

（1）完善的外部总线。MCS-51 设置了经典的 8 位单片机的总线结构，包括 8 位数据总线、16 位地址总线、控制总线及具有多机通信功能的串行通信接口。

（2）CPU 外围功能单元的集中管理模式。

（3）体现工控特性的位地址空间及位操作方式。

（4）指令系统趋于丰富和完善，并且增加了许多突出控制功能的指令。

3. 第三阶段（1982～1990 年）

第三阶段是 8 位单片机的巩固发展及 16 位单片机的推出阶段，也是单片机向微控制器发展的阶段。Intel 公司推出的 MCS-96 系列单片机将一些用于测控系统的 A/D 转换器、程序运行监视器、脉宽调制器等纳入片中，体现了单片机的微控制器特征。随着 MCS-51 系列的广泛应用，许多电气厂商竞相使用 80C51 为内核，将许多测控系统中使用的电路技术、接口技术、多通道 A/D 转换部件、可靠性技术等应用到单片机中，增强了外围电路功能，强化了智能控制的特征。

4. 第四阶段（1990 年至今）

第四阶段是微控制器的全面发展阶段。随着单片机在各个领域全面深入的发展和应用，出现了高速、大寻址范围、强运算能力的 8 位、16 位、32 位通用型单片机，以及小型廉价的专用型单片机。

1.3　单片机的分类及主流类型

1.3.1　单片机的分类

1. 按通用性分类

按通用性单片机可分为通用型单片机和专用型单片机。

这是按单片机适用范围来区分的。通用型单片机不是为某种专门用途设计生产的，例如 80C51；专用型单片机是针对一类产品甚至某一个产品设计生产的，例如为了满足电子体温计的要求，在片内集成 A/D 转换器接口等功能的温度测量控制电路。

2. 按总线结构分类

按总线结构单片机可分为总线型单片机和非总线型单片机。

这是按单片机是否提供并行总线来区分的。总线型单片机普遍设置有并行地址总线、数据总线、控制总线，这些引脚用以扩展并行外围器件，使其都可通过并行接口与单片机连接；另外，许多单片机已把所需要的外围器件及外设接口集成于一片内，因此在许多情况下可以不使用并行扩展总线，大大节省封装成本，减小芯片体积，这类单片机称为非总线型单片机。

3. 按应用领域分类

按应用领域单片机可分为家电型、工控型、通信型、个人信息终端型等。

通常，工控型单片机寻址范围大、运算能力强，用于家电的单片机多为专用型，通常是小封装、低价格，且外围器件和外设接口集成度高。

4. 按数据总线位数分类

按数据总线位数单片机可分为 4 位单片机、8 位单片机、16 位单片机和 32 位单片机。

（1）4 位单片机。4 位单片机结构简单，价格便宜，非常适合用于控制单一的小型电子类产品，如计算机用的输入装置（鼠标、游戏杆）、电池充电器、遥控器、电子玩具、小家电等。

（2）8 位单片机。8 位单片机是品种最为丰富、应用最为广泛的单片机。目前，8 位单片机主要分为 51 系列单片机和非 51 系列单片机。51 系列单片机有着典型的结构、丰富的逻辑位操作功能以及丰富的指令系统，堪称经典之作。

（3）16 位单片机。16 位单片机操作速度及数据吞吐能力在性能上比 8 位单片机有较大提高。目前，应用较多的有德州仪器（Texas Instruments，TI）的 MSP430 系列、凌阳的 SPCE061A 系列、Motorola 的 68HC16 系列、Intel 的 MCS-96/196 系列等。

（4）32 位单片机。与 8 位单片机相比，32 位单片机在运行速度和功能上有了大幅提高，随着技术的发展以及价格的下降，其性价比将会与 8 位单片机并驾齐驱。32 位单片机主要由 ARM 公司研制，因此，提及 32 位单片机，一般均指 ARM 单片机。严格来说，ARM 不是单片机，而是一种 32 位处理器内核，实际中使用的 ARM 芯片有很多型号，常见的 ARM 芯片主要有飞利浦的 LPC2000 系列、三星的 S3C/S3F/S3P 系列等。

1.3.2 单片机的主流类型

1. 8051 单片机

8051 单片机最早由 Intel 公司推出，随后 Intel 公司将 80C51 内核使用权以专利互换或出让给世界许多著名集成电路（IC）制造厂商，如飞利浦（PHILIPS）、日本电气股份有限公司（NEC）、爱特梅尔（Atmel）、美国超微半导体公司（AMD）、达拉斯半导体公司（Dallas）、西门子股份公司（Siemens）、富士通株式会社（Fujutsu）、冲电气工业株式会社（OKI）、华邦、乐金集团（LG）等。这些公司在保持与 80C51 单片机兼容的基础上，融合了自身的优势，扩展了针对满足不同测控对象要求的外围电路，如满足模拟量输入的 A/D、满足伺服驱动的 PWM、满足高速输入/输出控制的 HSI/HSO、满足串行扩展总线 I^2C、保证程序可靠运行的 WDT、引入使用方便且价廉的 Flash ROM（闪存）等，开发出上百种功能各异的新品种。这样 80C51 单片机就变成了众多芯片制造厂商支持的大家族，统称为 80C51 系列单片机。客观事实表明，80C51 已成为 8 位单片机的主流，成了事实上的标准 MCU 芯片。

2. AVR 单片机

AVR 单片机是 Atmel 公司在 20 世纪 90 年代推出的精简指令集（RISC）单片机，与 PIC 类似，使用哈佛结构，是增强型 RISC 内置 Flash 的单片机。芯片上的 Flash 存储器嵌入用户的产品中，可随时编程，多次烧写代码，使用户的产品设计更容易，更新换代更方便。AVR 单片机采用增强的 RISC 结构，具有高速处理能力，在一个时钟周期内可执行复杂的指令，即用一个时钟周期时间执行一条指令，是 8 位单片机中第一种真正的 RISC 单片机，可实现 1 MIPS（Million Instructions Per Second，兆指令每秒）的处理能力。AVR 单片机工作电压为 2.7～6.0 V，可以实现耗电最优化。AVR 单片机可广泛应用于计算机外部设备、工业实时控制、仪器仪表、通信设备、家用电器、宇航设备等各个领域。AT91M 系列是基于 ARM7TDMI 嵌入式处理器的 ATMEL 16/32 微处理器系列中的一个新成员，该处理器用高密度的 16 位指令集实现了高效的 32 位 RISC 结构，且功耗很低。

3. PIC 单片机

美国微芯科技公司（Technology Incorporated）简称 Microchip，所生产单片机的主要产品是 PIC 16C 系列和 17C 系列 8 位单片机。其 CPU 采用 RISC 结构，分别仅有 33、35、58 条指令，采用哈佛（Harvard）双总线结构，运行速度快，工作电压低，功耗低，输入输出直接驱动能力较强，价格低，一次性编程，体积小，适用于用量大、档次低、价格敏感的产品。在办公自动化设备、消费电子产品、电信通信、智能仪器仪表、汽车电子、金融电子、工业控制等不同领域，PIC 系列单片机都有广泛的应用，在世界单片机市场份额排名中逐年提高，发展非常迅速。

4. TI 公司的 MSP430 单片机

TI 公司的 MSP430 单片机采用冯·诺依曼架构，通过通用存储器地址总线（MAB）与存储器数据总线（MDB）将 16 位 RISC CPU、多种外设以及高度灵活的时钟系统完美结合。MSP430 能够为当前与未来的混合信号应用提供很好的解决方案，所有 MSP430 外设都只需最少量的软件服务即可。例如，A/D 转换器均具备自动输入通道扫描功能和硬件启动转换触发器，一些还带有直接存储器访向（DMA）数据传输机制。这些卓越的硬件特性使用户能够集中利用 CPU 资源，实现目标应用所要求的特性，而不必花费大量时间用于基本的数据处理。这意味着 MSP430 能以更少的软件与更低的功耗实现更低成本的应用系统，主要应用于计量设备、便携式仪表、智能传感系统等。

5. 基于 ARM 的单片机

ARM 是微处理器行业的一家知名的设计企业，设计开发了大量高性能、廉价、耗能低的 RISC 处理器、相关技术及软件。其设计的产品具有性能高、成本低和能耗低的特点，适用于多个领域，如嵌入控制、消费/教育类多媒体、数字信号处理（DSP）和移动应用等。ARM 公司本身不生产芯片，而是将其技术授权给世界上许多著名的半导体、软件和原始设备制造商（OEM）厂商，每个厂商得到的都是一套独一无二的 ARM 相关技术及服务。利用这种合伙关系，ARM 很快成为许多全球性 RISC 标准的缔造者。目前，共有 30 家半导体公司与 ARM 签订了硬件技术使用许可协议，其中包括英特尔公司（Intel）、国际商业机器公司（IBM）、LG 半导体、NEC、索尼（SONY）、三星、菲利浦和国民半导体这样的大公司。典型的产品如 ARM7、ARM9、ARM10、ARM11、Cortex M、Cortex R、Cortex A 系列。

在系统开发过程中需要注意，选择 MCU 的时候，上述分类并不是唯一且严格的。例如，80C51 类单片机既是通用型又是总线型，还可以当作工控用。

1.4 单片机的特点

单片机具有如下特点：

1. 集成度高、体积小、可靠性高

单片机将各功能部件集成在一块晶体芯片上，集成度高、体积小。芯片本身是按工业测控环境要求设计的，内部布线很短，其抗工业噪声性能优于通用的CPU。单片机程序指令、常数及表格等固化在ROM中，不易破坏，许多信号通道均在一个芯片内，故可靠性高。

2. 控制功能强

为了满足对被控对象的控制要求，单片机的指令系统均有极丰富的条件分支转移指令和I/O端口的逻辑操作及位处理能力，非常适用于专门的强控制功能应用场景。

3. 电压低，功耗低，更适合应用于便携式或电池供电产品

为了满足便携式或电池供电系统的广泛应用需求，许多单片机内的工作电压仅为1.8～3.6 V，如内核工作电压为1.8 V、I/O端口工作电压为3.3 V，而工作电流仅为数百微安。

4. 易扩展

单片机的芯片内部具有计算机正常运行所必需的部件，芯片外部有许多供扩展用的地址、数据和控制总线以及并行、串行I/O管脚，很容易构成各种规模的计算机应用系统。

5. 性能价格比优异

为了提高处理速度和运行效率，部分单片机开始采用RISC体系结构、流水线和内嵌DSP等技术。单片机的寻址能力也已突破64 KB的限制，有的已可达到1 MB和16 MB，片内的ROM容量可达62 MB，RAM容量则可达2 MB。由于单片机的广泛使用，其产销量变大而成本变低，各大公司的商业竞争更使其价格低廉，因此其性能价格比较高。

1.5 单片机的应用领域

单片机广泛应用于仪器仪表、工业控制、家用电器、网络和通信、汽车电子、医用设备、航空航天、专用设备的智能化管理及过程控制等领域。

1.5.1 仪器仪表

单片机具有体积小、功耗低、控制功能强、扩展灵活、微型化和使用方便等优点，广泛应用于仪器仪表中，结合不同类型的传感器，可实现诸如电压、电流、功率、频率、湿度、温度、流量、速度、厚度、角度、长度、硬度、元素、压力等物理量的测量。

采用单片机控制使得仪器仪表数字化、智能化、微型化，且功能比采用电子或数字电路更加强大。例如精密的测量设备（电压表、功率计、示波器、各种分析仪）。

1.5.2　工业控制

单片机具有体积小、控制功能强、功耗低、环境适应能力强、扩展灵活和使用方便等优点，用单片机可以构成形式多样的控制系统、数据采集系统、通信系统、信号检测系统、无线感知系统、测控系统、机器人等应用控制系统。例如工厂流水线的智能化管理、电梯智能化控制、各种报警系统、与计算机联网构成的二级控制系统等。

1.5.3　家用电器

家用电器广泛采用了单片机控制，从电饭煲、面包机、微波炉、豆浆机、洗衣机、电冰箱、空调机、彩电及其他音响视频器材，再到电子称量设备和白色家电等，均使用单片机控制。

1.5.4　网络和通信

当今的单片机普遍具备通信接口，可以很方便地与计算机进行数据通信，为在计算机网络和通信设备中的应用提供了很好的物质条件。通信设备基本上都实现了单片机智能控制，从手机、电话机、小型程控交换机、楼宇自动通信呼叫系统、列车无线通信，再到日常工作中随处可见的移动电话、集群移动通信、无线电对讲机等，均使用单片机智能控制。

1.5.5　汽车电子

单片机在汽车电子中的应用非常广泛，例如汽车中的发动机控制器、基于 CAN 总线的汽车发动机智能电子控制器、全国定位系统（GPS）、防抱死制动系统（ABS）、制动系统、胎压检测等。

此外，单片机在工商、金融、科研、教育、电力、通信、物流、安防、智慧农业、智能制造、物联网、国防、航空航天等领域都有着十分广泛的用途。

1.6　单片机技术的发展趋势

单片机技术将向低功耗、微型单片化、主流与多品种共存等方面发展。

1.6.1 低功耗 CMOS 化

MCS-51 系列的 8031 推出时的功耗为 630 MW，而现在的单片机功耗普遍为 100 MW 左右，随着对单片机低功耗的要求越来越强烈，现今各个单片机制造商基本都采用了 CMOS（互补金属氧化物半导体工艺），如 80C51 就采用了 HMOS（高密度金属氧化物半导体工艺）和 CHMOS（互补高密度金属氧化物半导体工艺）。CMOS 虽然功耗较低，但其物理特征决定其工作速度不高，而 CHMOS 则同时具备了高速和低功耗的特点。这些特征更适合于低功耗要求的应用场景，如使用电池供电的应用场合。这种工艺将是今后一段时期支撑单片机发展的主要制造工艺。

1.6.2 微型单片化

现在常规的单片机普遍都是将中央处理器（CPU）、随机存取存储器（RAM）、只读存储器（ROM）、并行和串行通信接口、中断系统、定时电路、时钟电路集成在一块单一的芯片上，增强型的单片机集成了 A/D 转换器、PMW（脉宽调制电路）、WDT（看门狗）等，有些单片机将 LCD（液晶）驱动电路都集成在单一的芯片上，这样单片机包含的单元电路就更多，功能就更强大。甚至单片机厂商还可以根据用户的要求量身定做，设计制造出具有独自特色的单片机芯片。

此外，现在的产品普遍要求体积小、质量轻，这就要求单片机除了功能强和功耗低外，还要体积小。现在的单片机都具有多种封装形式，其中，SMD（表面封装）越来越受欢迎，这使得由单片机构成的应用系统正朝着微型化方向发展。

1.6.3 低电压化

几乎所有的单片机都有 WAIT、STOP 等省电运行方式，允许使用的电压范围越来越宽，一般在 3～6 V 范围内工作，低电压供电的单片机电源下限为 1～2 V。目前，0.8 V 供电的单片机已经问世。

1.6.4 大容量化

以往单片机内的 ROM 为 1～4 KB，RAM 为 64～128 B，但在需要复杂控制的场合，该存储容量不够，必须进行外接扩充。为了适应这种领域的要求，须运用新的工艺，使片内存储器大容量化。目前，单片机内 ROM 最大为 64 KB，RAM 最大为 2 KB。

1.6.5 CPU 高性能化

进一步改进 CPU 的性能，可加快指令运算的速度和提高系统控制的可靠性。采用精简指令集（RISC）结构和流水线技术，可以大幅度提高运行速度。现指令速度最高为 100 MIPS，并加强了位处理功能、中断和定时控制功能。这类单片机的运算速度比标准的单片机高出 10 倍以上。由于其具有极高的指令速度，因此可以用软件模拟其 I/O 功能，由此引入了虚拟外设的新概念。

1.6.6　小容量、低价格化

与上述相反，以 4 位、8 位单片机为中心的小容量、低价格化也是单片机发展趋势之一。这类单片机的用途是把以往用数字逻辑集成电路组成的控制电路单片化，可广泛用于家电产品。

1.6.7　低噪声与高可靠性

为提高单片机的抗电磁干扰能力，使产品能适应恶劣的工作环境，满足电磁兼容性方面更高标准的要求，各单片机厂家在单片机内部电路中都采用了新的技术措施。例如，STC15F2K60S2 单片机内部集成了具有高可靠性的上电复位电路和硬件 WDT 电路，其具有超强的抗静电和抗干扰能力。

1.6.8　外围电路内装化

外围电路内装化也是单片机发展的主要方向。随着芯片集成度的不断提高，使得更多的外围功能器件集成在单片机内成为可能。除了一般必须具有的 CPU、ROM、RAM、定时器/计数器等以外，片内集成的部件还有 A/D 转换器、DMA 控制器、声音发生器、监视定时器、液晶显示驱动器、彩色电视机和录像机用的锁相电路等。

1.6.9　主流与多品种共存

虽然现在的单片机品种繁多、各具特色，但仍以 80C51 为核心的单片机占主流，兼容其结构和指令系统的有 PHILIPS 公司的产品、Atmel 公司的产品和我国的华邦电子股份有限公司（Winbond）系列单片机，而 Microchip 公司的 PIC 精简指令集（RISC）也有着强劲的发展势头，我国的盛群半导体（HOLTEK）公司近年的单片机产量也与日俱增，以其价低质优的特色占据了一定的市场份额。此外，还有 Motorola 公司的单片机，其为日本几大公司的专用单片机。在一定的时期内，这种情形将得以延续，不可能出现某个系列单片机独霸市场的状况，将依旧会维持依存互补、共同发展的局面。

8 位、16 位、32 位单片机共同发展。随着移动通信、网络技术、多媒体技术等高科技产品进入家庭，不断出现性能更高、功能更多的 16 位单片机和 32 位单片机；而 8 位单片机也在不断地采用新技术，以取得更高的性能价格比。目前，在实际应用中还是以 8 位和 32 位单片机居多。

习题

一、填空题

1. 按单片机数据总线位数可分为（　　）位、（　　）位、（　　）位和（　　）位单片机。

2. 单片机就是将（　　　）、（　　　）、定时器/计数器、中断功能以及 I/O 设备等主要功能部件都集成在一块超大规模集成电路上的微型计算机。

3. MCS-51 系列单片机属于（　　　）体系结构。

4. ARM 公司典型的产品有 ARM7、ARM9、ARM10、ARM11、（　　　）、（　　　）、（　　　）系列。

二、选择题

1. 在计算机内部，一切信息的存取、处理和传送都是以（　　）形式进行。

   A. EBCDIC 码　　B. ASCII 码　　C. 十六进制编码　　D. 二进制编码

2. 单片机应用程序一般存放在（　　）。

   A. RAM　　B. ROM　　C. 寄存器　　D. CPU

3. MCS-51 单片机是（　　）位机。

   A. 4　　B. 8　　C. 16　　D. 32

4. MCS-51 单片机是（　　）公司在 20 世纪 80 年代推出的。

   A. Intel　　B. Microchip　　C. AMD　　D. DELL

5. 下面的哪一项应用不属于单片机的应用范围（　　）。

   A. 工业控制　　B. 家用电器控制

   C. 汽车电子　　D. 太湖之光超级计算机

6. 计算机能识别的语言是（　　）。

   A. 汇编语言　　B. 自然语言　　C. 机器语言　　D. 高级语言

三、简答题

1. 请简述通用计算机与单片机的主要区别。
2. 写出字符串“Hello MCU！”的 ASCII 码。
3. 简述单片机的发展历程和发展趋势。
4. 单片机可分为商用、工业用、汽车用等，它们的使用温度范围各为多少？
5. 简述什么是单片机的在系统编程（ISP）与在线应用编程（IAP）。
6. 单片机有哪些主要特点？主要应用在哪些领域？

第 2 章　AT89S51 单片机的硬件结构

AT89S51 单片机是美国 ATMEL 公司生产的低电压、高性能 CMOS 8 位单片机，片内含 4 KB 的可擦除可编程只读存储器（EPROM）和 128 B 的随机存取存储器（RAM），功能强大，可灵活应用于各种控制领域。

2.1　AT89S51 单片机的内部结构

AT89S51 单片机的内部结构如图 2.1 所示。

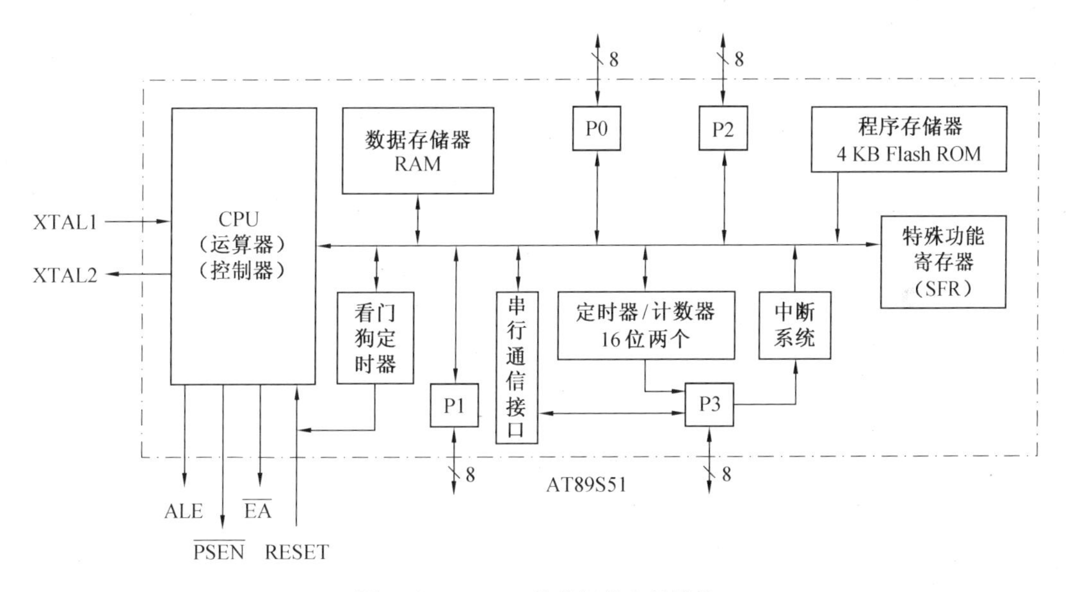

图 2.1　AT89S51 单片机的内部结构

AT89S51 单片机提供以下标准功能：4 KB Flash ROM，128 B 内部 RAM，32 根 I/O 端口线，看门狗（WDT），双数据指针，两个 16 位定时器/计数器，一个 5 向量的两优先级中断系统，一个全双工串行通信接口，片内振荡器及时钟电路。同时，AT89S51 单片机可降至 0 Hz 的静态逻辑操作，并支持两种软件可选的节电工作模式。空闲方式停止 CPU 的工作，但允许 RAM、定时器/计数器、串行通信接口及中断系统继续工作。掉电方式保存 RAM 中的内容，但振荡器停止工作并禁止其他所有部件工作，直到下一个硬件复位。

AT89S51 单片机的主要性能参数：

（1）与 MCS-51 产品指令系统完全兼容。

（2）4 KB 在系统编程（ISP）Flash ROM。

（3）1 000 次擦写周期。

（4）4.0～5.5 V 的工作电压范围。

（5）全静态工作模式：0 Hz～33 MHz。

（6）三级程序加密锁。

（7）128×8 B 内部 RAM。

（8）32 根可编程 I/O 端口线。

（9）两个 16 位定时器/计数器。

（10）6 个中断源。

（11）全双工串行通用异步收发（UART）通道。

（12）低功耗空闲和掉电模式。

（13）中断可从空闲模式唤醒系统。

（14）看门狗（WDT）及双数据指针。

（15）掉电标识和快速编程特性。

（16）灵活的在系统编程（ISP）字节或页写模式。

2. 2　AT89S51 单片机的 CPU

2. 2. 1　AT89S51 单片机 CPU 的组成

CPU 是单片机的核心，它主要由运算器、控制器（时序控制逻辑电路）以及各种寄存器等组成。

1. 运算器

运算器主要由算术逻辑单元（Arithmetic Logic Unit，ALU）和寄存器组成，主要功能是进行算术和逻辑运算，实现加、减、乘、除、比较等算术运算，以及与、或、异或、求补、循环等逻辑运算。运算器中还包含一个布尔处理器，可以执行置位、清零、求补、取反、测试、逻辑与、逻辑或等操作，为单片机的应用提供了极大的便利。

2. 控制器

控制器的主要功能是产生各种控制信号和时序，在 CPU 内部协调各寄存器之间的数据传送，完成 ALU 的各种算术或逻辑运算操作；在 CPU 访问外部存储器或端口时，提供地址锁存信号（ALE）、外部程序存储器选通信号（PSEN）以及读（/RD）、写（/WR）等控制信号。

3. 寄存器

CPU 中还有一些寄存器，如累加器（ACC）、程序状态字（PSW）、B 寄存器、程序计数器（PC）、堆栈指针（SP）、指令寄存器（IR）等，这些寄存器有的在片内特殊功能寄存器空间有地址映像，它们既可看作 CPU 的寄存器，也可看作具有确定单元的存储单元。

4. 布尔（位）处理器

除对字节(Byte)进行操作外，AT89S51 单片机借用 PSW 中的 C 位可以直接对位(Bit)进行操作。在进行位操作时，C 的作用就类似于进行字节操作时的 ACC，用作数据源或存放运算结果。通过位操作指令可以实现置位、清零、取反以及位逻辑运算等操作。

2.2.2　CPU 中的寄存器

1. 累加器 ACC（Accumulator）

累加器 ACC 是一个 8 位的寄存器，是 CPU 中最重要、最繁忙的寄存器，许多运算中的数据和结果都要经过累加器。

2. 程序状态字 PSW（Program Status Word）

程序状态字 PSW 是一个 8 位的寄存器，属于单片机的特殊功能寄存器，字节地址为 D0H，用于存放程序运行的状态信息。其各位的含义如下：

PSW 位地址：	D7	D6	D5	D4	D3	D2	D1	D0
含义：	CY	AC	F0	RS1	RS0	OV	—	P

3. 进位标志位（CY）

进位标志位（CY）的全称是 Carry，有些资料简写为字母 C。在使用加减乘除、左移或右移之类操作时，这个标志位会受到影响。因为 51 单片机一般是对 8 位数据的操作，例如，当数据的最高位（D7）进行加法操作产生进位时，CY = 1，否则 CY = 0。当进行 8 位减法操作时，若运算结果有借位，则 CY=1，否则 CY=0。可把 CY 标志位理解为 8 位运算过程中的第 9 个数据位。

4. 辅助进位标志位（AC）

辅助进位标志位（AC）的全称是 Assistant Carry。51 单片机的运算结果一般是一个字节，也就是 8 位数据，低半字节就是第 0 位至第 3 位，高半字节就是第 4 位至第 7 位。进行 8 位加法运算时，如果低半字节的最高位（D3）有进位，则 AC=1，否则 AC=0；进行 8 位减法运算时，如果 D3 有借位，则 AC=1，否则 AC=0。AC 可以和 CY 标志位进行类比理解。

5. 软件标志（F0）

软件标志（F0）是用户定义的一个状态标志，用户可以通过软件对它置位或清零。例如可用它来控制程序的跳转。

2.2.3　工作寄存器组选择位 RS1 和 RS0

用户可以在编程时置位或清零，以便选择 8 个通用寄存器 R0～R7 定位在 4 个工作寄存器组中的某一个组进行工作。一个寄存器组有 8 个字节，共有 4 个工作寄存器组可选，一共 32 个字节，在片内数据存储区中的 00H～1FH 区域。通过 RS1、RS0 选择寄存器组见表 2.1。

表 2.1　通过 RS1、RS0 选择寄存器组

RS1、RS0 的值	寄存器组选择	寄存器组地址
0　0	0 组	00H～07H
0　1	1 组	08H～0FH
1　0	2 组	10H～17H
1　1	3 组	18H～1FH

1. 溢出标志（OV）

溢出标志（OV）的全称是 Overflow。当进行有符号（signed）数加减法运算时，由硬件自动置位或清零。当 OV=1 时，表示一个数字已经超出了累加器以补码形式表示一个有符号数的范围，即超出了-128～+127 的范围。在 8 位补码中，D7 一般用来表示符号位，D6～D0 用来表示二进制数字。所以，在加法时，如果最高位（D7）和次高位（D6）中有一个进位，或在减法时两个中有一个借位，OV 将被置位。执行乘法指令也会影响 OV 标志位，当乘积大于 255 时，OV=1，否则 OV=0。执行除法指令同样也会影响 OV 标志位。

要注意，溢出和进位是两个不同的概念，进位是指无符号数运算时 ACC 中 D7 向更高位的进位。溢出是指带符号数补码运算时，运算结果超出 8 位二进制补码的表示范围。

另外，OV 的状态可以由 ACC 的 D7 和 D6 相异或得出。

2. 奇偶标志位 P

每执行一条汇编指令，单片机就根据累加器 A 中 1 的个数的奇偶自动令 P 置位或清零。累加器 A 中 1 的个数为奇数时，P 置位，为偶数时 P 清零。此标志位对串行通信的数据传输非常有用，通过奇偶校验可以检验数据传输的可靠性。

3. B 寄存器

B 寄存器主要是与 ACC 配合完成乘法和除法运算，存放运算结果，不进行乘、除运算时，B 寄存器可作为 RAM 使用。

4. 程序计数器 PC（Program Counter）

程序计数器 PC 用来存放即将执行的指令地址。它是一个独立的 16 位寄存器，没有内存映射单元，总是指向将要执行的指令地址，并具有内容自动加 1 功能。

5. 堆栈指针 SP（Stack Pointer）

堆栈指针 SP 为一个指向堆栈顶部的指针。当执行子程序调用或中断服务程序时，需将下一条要执行的指令地址（即 PC 值）压入堆栈保存起来，当子程序或中断服务程序返回时，再将 SP 指向单元的内容回送到程序计数器 PC 中。

6. 指令寄存器 IR（Instruction Register）

指令寄存器 IR 的功能是存放指令代码。CPU 执行指令时，由程序存储器读取指令代码送入指令寄存器，经译码器译码后，由定时与控制部分发出相应的控制信号，以完成指令功能。它也没有内存映射单元。

2.3　AT89S51 单片机的存储器结构

在 AT89S51 单片机系统中，存放程序的存储器称为程序存储器，类似于通用计算机系统中的 ROM，只能进行读操作；存放数据的存储器称为数据存储器，相当于通用计算机系统中的 RAM。与通用计算机系统不同，AT89S51 单片机系统中的程序存储器和数据存储器都有各自的读信号（PSEN、/RD），换言之，该单片机系统采用哈佛结构，其存储器可以分为两类物理存储器，即程序存储器和数据存储器，它们的寻址范围都是 64 KB。AT89S51 单片机的存储器结构如图 2.2 所示。

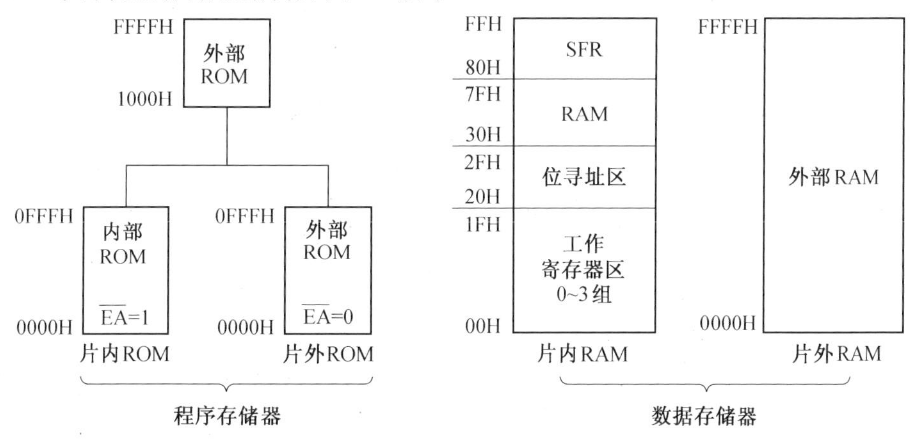

图 2.2　AT89S51 单片机的存储器结构

单片机存储器的结构特点之一是将程序存储器和数据存储器分开（哈佛结构），并有各自的访问指令。存储器空间可分为 4 类，具体如下。

1. 程序存储器空间

程序存储器空间存放程序和表格之类的固定常数。AT89S51 单片机的程序存储器空间分为片内和片外两部分。片内为 4 KB Flash 存储器，编程和擦除完全由电气实现，可用通用编程器对其进行编程，也可在线编程。当片内 4 KB Flash 存储器不够用时，可片外扩展，最多可扩展为 64 KB 程序存储器。

单片机启动运行时，到底运行片内还是片外程序存储器中的程序（图 2.2）是由单片机的引脚 $\overline{EA}$ 决定的。当 $\overline{EA}$ 接高电平时，单片机运行片内程序存储器中的程序；当 $\overline{EA}$ 接低电平时，单片机运行片外程序存储器中的程序。

2. 数据存储器空间

数据存储器也分片内与片外两部分。片内只有 128 B RAM（52 子系列为 256 B）。当片内 RAM 不够用时，在片外可扩展为 64 KB RAM。

3. 特殊功能寄存器（Special Function Register，SFR）

特殊功能寄存器是指片内各功能部件的控制寄存器及状态寄存器。特殊功能寄存器 SFR 综合反映了整个单片机基本系统内部实际的工作状态及工作方式。

4. 位地址空间

位地址空间由 211 个可寻址位构成。它们位于内部 RAM（共 128 位）和特殊功能寄存器区（共 83 位）中。AT89S51 单片机片内 RAM 的可寻址位及其位地址见表 2.2，AT89S51 单片机特殊功能寄存器的可寻址位及其位地址见表 2.3。

AT89S51 单片机使用时应注意的问题具体如下。

（1）程序存储器空间分为片内和片外两部分，访问片内的还是片外的程序存储器由引脚电平确定。当 $\overline{EA}$=1 时，CPU 从片内 0000H 开始取指令，当 PC 值没有超出 0FFFH 时，只访问片内 Flash 存储器，当 PC 值超出 0FFFH 时，自动转向读取片外程序存储器空间 1000H～FFFFH 内的程序；当 $\overline{EA}$=0 时，只能执行片外程序存储器（0000H～FFFFH）中的程序，不理会片内 4KB Flash 存储器。

表2.2 AT89S51单片机片内RAM的可寻址位及其位地址

字节地址	位地址							
	D7	D6	D5	D4	D3	D2	D1	D0
2FH	7FH	7EH	7DH	7CH	7BH	7AH	79H	78H
2EH	77H	76H	75H	74H	73H	72H	71H	70H
2DH	6FH	6EH	6DH	6CH	6BH	6AH	69H	68H
2CH	67H	66H	65H	64H	63H	62H	61H	60H
2BH	5FH	5EH	5DH	5CH	5BH	5AH	59H	58H
2AH	57H	56H	55H	54H	53H	52H	51H	50H
29H	4FH	4EH	4DH	4CH	4BH	4AH	49H	48H
28H	47H	46H	45H	44H	43H	42H	41H	40H
27H	3FH	3EH	3DH	3CH	3BH	3AH	39H	38H
26H	37H	36H	35H	34H	33H	32H	31H	30H
25H	2FH	2EH	2DH	2CH	2BH	2AH	29H	28H
24H	27H	26H	25H	24H	23H	22H	21H	20H
23H	1FH	1EH	1DH	1CH	1BH	1AH	19H	18H
22H	17H	16H	15H	14H	13H	12H	11H	10H
21H	0FH	0EH	0DH	0CH	0BH	0AH	09H	08H
20H	07H	06H	05H	04H	03H	02H	01H	00H

表2.3 AT89S51单片机特殊功能寄存器的可寻址位及其位地址

特殊功能寄存器	位地址								字节地址
	D7	D6	D5	D4	D3	D2	D1	D0	
B	F7H	F6H	F5H	F4H	F3H	F2H	F1H	F0H	F0H
ACC	E7H	E6H	E5H	E4H	E3H	E2H	E1H	E0H	E0H
PSW	D7H	D6H	D5H	D4H	D3H	D2H	D1H	D0H	D0H
IP	—	—	—	BCH	BBH	BAH	B9H	B8H	B8H
P3	B7H	B6H	B5H	B4H	B3H	B2H	B1H	B0H	B0H
IE	AFH	—	—	ACH	ABH	AAH	A9H	A8H	A8H
P2	A7H	A6H	A5H	A4H	A3H	A2H	A1H	A0H	A0H
SCON	9FH	9EH	9DH	9CH	9BH	9AH	99H	98H	98H
P1	97H	96H	95H	94H	93H	92H	91H	90H	90H
TCON	8FH	8EH	8DH	8CH	8BH	8AH	89H	88H	88H
P0	87H	86H	85H	84H	83H	82H	81H	80H	80H

（2）程序存储器中某些固定单元用于各中断源中断服务程序入口。64 KB 程序存储器空间中有 5 个特殊单元，分别对应 5 个中断源的中断入口地址，见表 2.4。通常，这 5 个中断入口地址处都存放一条跳转指令来跳转到对应的中断服务子程序，而不是直接存放中断服务子程序。

表 2.4　5 个中断源的中断入口地址

中断源	入口地址
外部中断 0	0003H
定时器 T0	000BH
外部中断 1	0013H
定时器 T1	001BH
串行接口	0023H

特别说明：Atmel 公司生产的芯片数据手册上说，AT89C51 单片机和 AT89S51 单片机都有 6 个中断源，5 个可用中断，2 个中断级别。这两种芯片与 Intel 的 8051 单片机芯片相比，增加了一些硬件资源。如它们有 6 个中断源，比 8051 的 5 个中断源多了 1 个，多出的这个中断源用于芯片的编程。另外，还增加了空闲模式和掉电模式。

数据存储器空间分为片内和片外两部分，具体介绍如下。

（1）片内数据存储器。

片内数据存储器共有 128 个单元，字节地址为 00H～7FH。图 2.3 所示为片内数据存储器的结构。00H～1FH 的 32 个单元是 4 组通用工作寄存器区，每区包含 8 B，为 R7～R0，可通过指令改变 RS1、RS0 两位来选择。20H～2FH 的 16 个单元的 128 位可位寻址，也可字节寻址。30H～7FH 的单元只能字节寻址，用作存数据以及作为堆栈区。

注意：片内数据存储器与片外数据存储器两个空间是相互独立的，片内数据存储器与片外数据存储器的低 128 B 的地址是相同的，但由于使用的是不同的访问指令，因此不会发生冲突。

7FH ↕ 30H	用户 RAM 区（堆栈、数据缓冲区）
2FH ↕ 20H	可位寻址区
1FH ↕ 18H	第 3 组工作寄存器区
17H ↕ 10H	第 2 组工作寄存器区
0FH ↕ 08H	第 1 组工作寄存器区
07H ↕ 00H	第 0 组工作寄存器区

图 2.3　片内数据存储器的结构

（2）片外数据存储器。

当内部数据存储器不够用时，就需要扩展外部数据存储器，原则上最大可扩展 64 KB。根据访问方式的不同，外部数据存储器也可分成两块，最低的 256 B（0000H～00FFH）既可以通过数据指针（DPTR）寻址，也可以通过 R0 和 R1 间接寻址；而 0100H～0FFFFH 只能通过 DPTR 间接寻址。实际使用中，一种方法是通过分页技术使外部数据存储器的容量远远超过 64 KB；另一种方法是使用非并行接口的存储器芯片，如使用 I^2C（集成电路总线）接口的存储器芯片或使用 SPI（串行外设接口）的存储器芯片，可使数据存储器的容量扩至数百兆。单片机的外部数据存储器和端口是统一编址的，也就是说，如果某一个单元作为端口，就不能再作为存储器单元；反之，如果某一个单元作为存储器单元，就不能再作为端口。

（3）特殊功能寄存器。

采用特殊功能寄存器集中控制各功能部件。特殊功能寄存器映射在片内数据存储器的 80H～FFH 区域中，共 26 个。表 2.5 所示为 AT89S51 单片机特殊功能寄存器的名称及分布。有些还可使用位寻址，位地址见表 2.3。与 AT89C51 单片机相比，AT89S51 单片机新增了 5 个特殊功能寄存器 DP1L、DP1H、AUXR、AUXR1 和 WDTRST，已在表 2.5

中标出（灰底色标出部分）。凡是可位寻址的特殊功能寄存器，字节地址末位只能是 0H 或 8H。另外，若读/写（R/W）未定义单元，将得到一个不确定的随机数。

表 2.5　AT89S51 单片机特殊功能寄存器的名称及分布

序号	特殊功能寄存器符号	名称	字节地址	位地址	复位值
1	P0	P0 端口	80H	87H～80H	FFH
2	SP	堆栈指针	81H	—	07H
3	DP0L	数据指针 DPTR0 的低字节	82H	—	00H
4	DP0H	数据指针 DPTR0 的高字节	83H	—	00H
5	DP1L	数据指针 DPTR1 的低字节	84H	—	00H
6	DP1H	数据指针 DPTR1 的高字节	85H	—	00H
7	PCON	电源控制寄存器	87H	—	0××× 0000B
8	TCON	定时器/计数器控制寄存器	88H	8FH～88H	00H
9	TMOD	定时器/计数器方式控制	89H	—	00H
10	TL0	定时器/计数器 0 的低字节	8AH	—	00H
11	TL1	定时器/计数器 1 的低字节	8BH	—	00H
12	TH0	定时器/计数器 0 的高字节	8CH	—	00H
13	TH1	定时器/计数器 1 的高字节	8DH	—	00H
14	AUXR	辅助寄存器	8EH	—	×××0 0××0B
15	P1	P1 端口	90H	97H～90H	FFH
16	SCON	串行控制寄存器	98H	9FH～98H	00H
17	SBUF	串行收发数据缓冲器	99H	—	×××× ××××B
18	P2	P2 端口	A0H	A7H～A0H	FFH
19	AUXR1	辅助寄存器 1	A2H	—	×××× ×××0B
20	WDTRST	看门狗复位寄存器	A6H	—	×××× ××××B
21	IE	中断允许控制寄存器	A8H	AFH～A8H	0××0 0000B
22	P3	P3 端口	B0H	B7H～B0H	FFH
23	IP	中断优先级控制寄存器	B8H	BFH～B8H	××00 0000B
24	PSW	程序状态字寄存器	D0H	D7H～D0H	00H
25	A 或 ACC	累加器	E0H	E7H～E0H	00H
26	B	B 寄存器	F0H	F7H～F0H	00H

2.4　AT89S51 单片机的引脚

AT89S51 单片机外形及引脚排列（PDIP 封装）如图 2.4 所示。

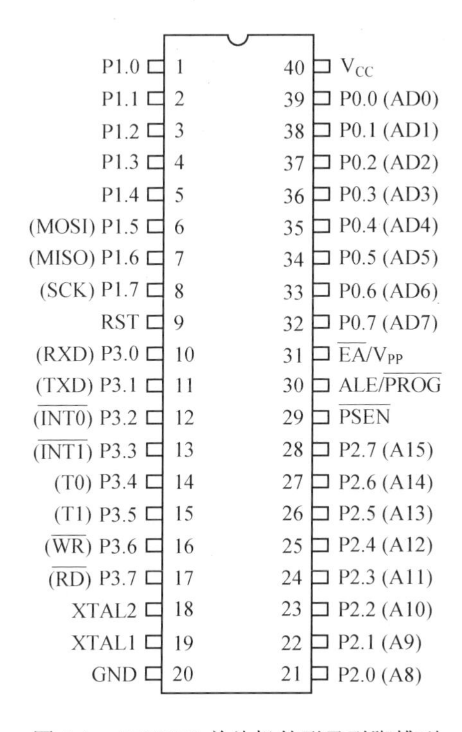

图 2.4　AT89S51 单片机外形及引脚排列

AT89S51 单片机的引脚说明如下。

V_{CC}：+5 V 电源。

GND：数字地。

P0 端口：P0 端口是一组 8 位漏极开路型双向 I/O 端口，即地址/数据总线复用端口。作为输出端口用时，每位能驱动 8 个 TTL 逻辑门电路，对端口写“1”后，该端口可作为高阻抗输入端用。在访问外部数据存储器或程序存储器时，这组端口线分时转换地址（低 8 位）和数据总线复用，在访问期间激活内部上拉电阻。在 Flash 编程时，P0 端口接收指令字节，而在程序校验时，P0 端口输出指令字节，校验时要求外接上拉电阻。

P0 端口某一位的电路结构如图 2.5 所示。

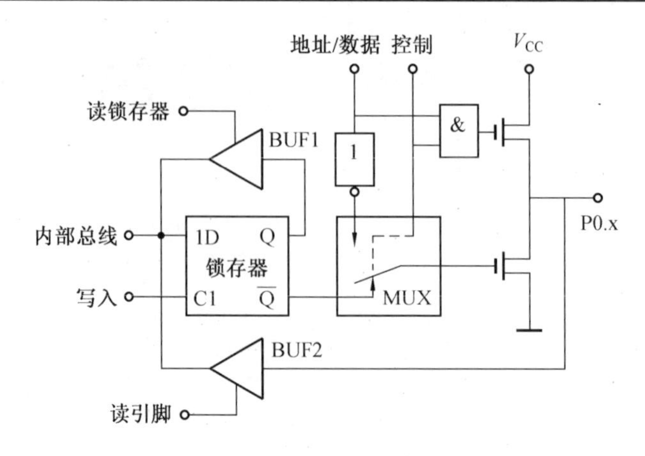

图 2.5　P0 端口某一位的电路结构

P1 端口：P1 端口是一个带内部上拉电阻的 8 位双向 I/O 端口，P1 端口的输出缓冲级可驱动（吸收或输出电流）4 个 TTL 逻辑门电路。对端口写“1”后，通过内部的上拉电阻把端口拉到高电平，此时可作为输入端口。作为输入端口使用时，因为内部存在上拉电阻，某个引脚被外部信号拉低时会输出一个电流（IIL）。

Flash 编程和程序校验期间，P1 端口接收低 8 位地址。

P1 端口某一位的电路结构如图 2.6 所示。P1.5、P1.6 和 P1.7 的第二功能见表 2.6。

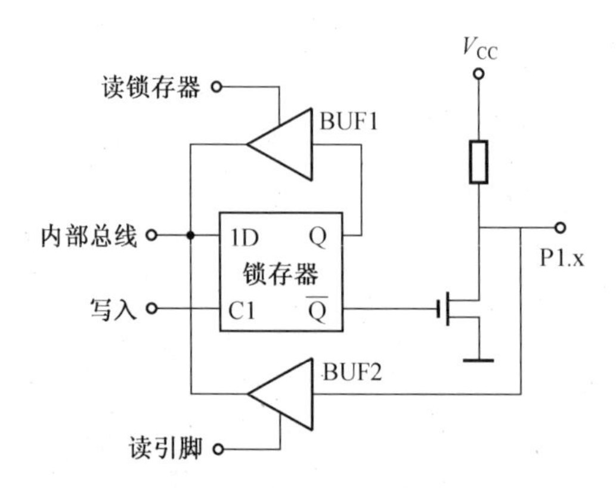

图 2.6　P1 端口某一位的电路结构

表 2.6　P1.5、P1.6 和 P1.7 的第二功能

端口引脚	第二功能
P1.5	MOSI（主输出从输入）（用于 ISP 编程）
P1.6	MISO（主输入从输出）（用于 ISP 编程）
P1.7	SCK（同步时钟）（用于 ISP 编程）

P2 端口：P2 端口是一个带有内部上拉电阻的 8 位双向 I/O 端口，P2 端口的输出缓冲级可驱动（吸收或输出电流）4 个 TTL 逻辑门电路。对端口写“1”后，通过内部的上拉电阻把端口拉到高电平，此时可作为输入端口。作为输入端口使用时，因为内部存在上拉电阻，某个引脚被外部信号拉低时会输出一个电流（IIL）。

P2 端口某一位的电路结构如图 2.7 所示。

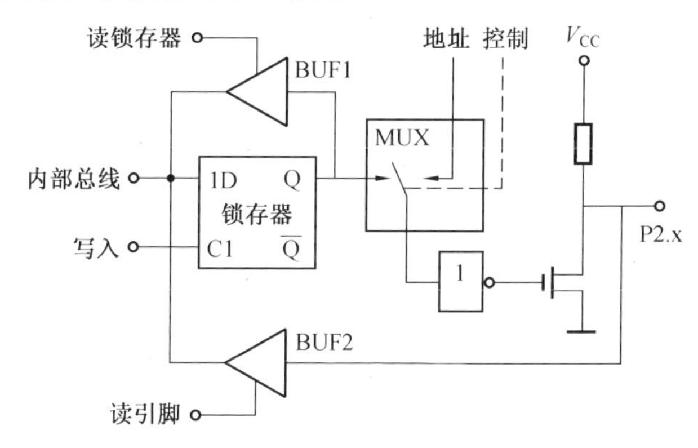

图 2.7　P2 端口某一位的电路结构

在访问外部程序存储器或 16 位地址的外部数据存储器（例如执行 MOVX@DPTR 指令）时，P2 端口送出高 8 位地址数据。在访问 8 位地址的外部数据存储器（例如执行 MOVX@Ri 指令）时，P2 端口线上的内容（即特殊功能寄存器区中 P2 寄存器的内容）在整个访问期间不改变。

Flash 编程或校验时，P2 端口亦接收高位地址和其他控制信号。

P3 端口：P3 端口是一组带有内部上拉电阻的 8 位双向 I/O 端口。P3 端口输出缓冲级可驱动（吸收或输出电流）4 个 TTL 逻辑门电路。对 P3 端口写入“1”后，它们被内部上拉电阻拉高并可作为输入端口。作为输入端口时，被外部拉低的 P3 端口将用上拉电阻输出电流（IIL）。

P3 端口某一位的电路结构如图 2.8 所示。

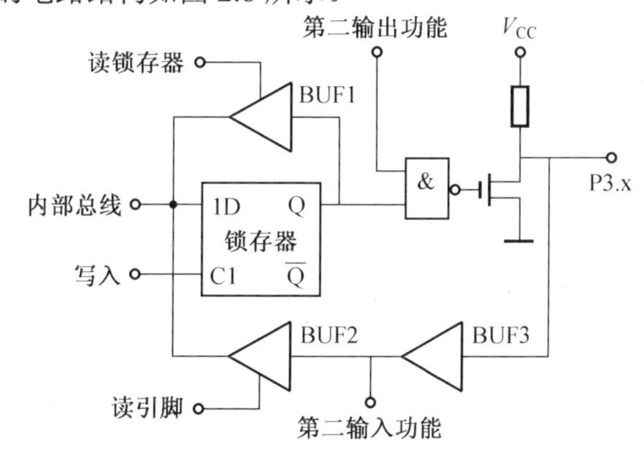

图 2.8　P3 端口某一位的电路结构

P3 端口除了作为一般的 I/O 端口线外，更重要的用途是它的第二功能，见表 2.7。

表 2.7　P3 端口的第二功能

端口引脚	第二功能
P3.0	RXD（串行输入口）
P3.1	TXD（串行输出口）
P3.2	$\overline{\mathrm{INT0}}$（外部中断 0）
P3.3	$\overline{\mathrm{INT1}}$（外部中断 1）
P3.4	T0（定时器/计数器 0 外部输入）
P3.5	T1（定时器/计数器 1 外部输入）
P3.6	$\overline{\mathrm{WR}}$（外部数据存储器写选通）
P3.7	$\overline{\mathrm{RD}}$（外部数据存储器读选通）

P3 端口还接收一些用于 Flash ROM 编程和程序校验的控制信号。

P0 端口和 P2 端口的硬件结构中都包含一个多路开关，用于选择是作为普通 I/O 端口使用还是作为数据/地址总线使用。对于没有内部 ROM 的（8031）或单片机内部存储器无法满足程序大小需求的应用场景，多路开关就与上面接通，P0 端口和 P2 端口就作为单片机与扩展存储器通信的地址/数据总线使用。

P0 端口引脚前的两个 MOSFET（金属氧化物场效应管）构成了一个推挽结构，而 P2 端口前两个 MOSFET 则为普通开关。该推挽结构在输出“地址/数据”信息时，两个场效应管交替导通，负载能力很强，可以直接与外设存储器相连，无须增加总线驱动器。因此，结构就决定了它们的用途：若有扩展存储器，则 P0 端口作为地址/数据总线端口，P2 端口作为高 8 位地址总线。P0 端口作为 I/O 输出口时，漏极开路输出，类似于 OC（集电极开路）门，当驱动上接电流负载时，需要外接上拉电阻，所以不推荐使用。而 P2 端口的多路开关总是在进行切换，分时地输出从内部总线来的数据和从地址信号线来的地址信号。

P3 端口和 P1 端口的结构相似，作为 I/O 端口使用时与 P1 端口完全相同，区别仅在于 P3 端口的各端口线有两种功能选择。

使 P3 端口各线处于第二功能的条件是：

①串行 I/O 处于运行状态（RXD，TXD）。

②打开了外部中断（$\overline{\mathrm{INT0}}$，$\overline{\mathrm{INT1}}$）。

③定时器/计数器处于外部计数状态（T0，T1）。

④执行读写外部 RAM 的指令（RD，WR）。

在更多的场合是根据应用的需要，把几条端口线设置为第二功能，而让另外几条端口线处于第一功能运行状态。在这种情况下，不宜对 P3 端口做字节操作，需采用位操作的形式。

至于读引脚和读端口，读端口的指令为将端口内容取反这样的“读-修改-写”指令。而读引脚之前，要先将引脚置“1”，然后用 MOVA，Px 之类的指令。没有只读端口的指令，因为端口内容不会因为引脚的变化而变化，它始终保持为上次输出值，因此只读端口而不改写没有意义。发光二极管与 AT89S51 单处机并行接口的直接连接如图 2.9 所示。

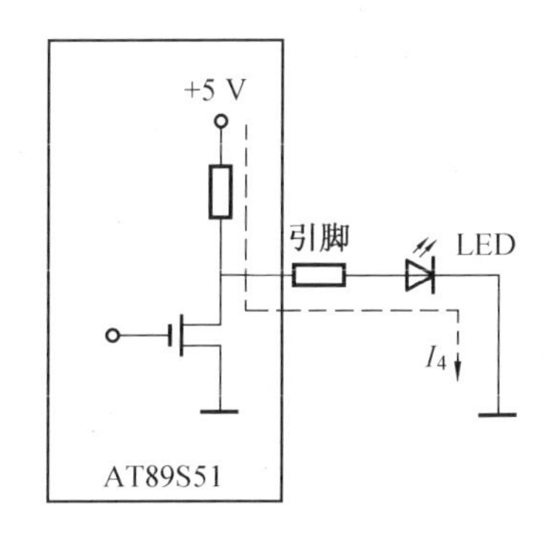

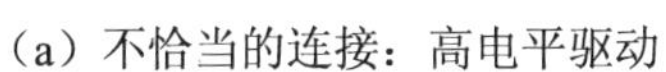
（a）不恰当的连接：高电平驱动

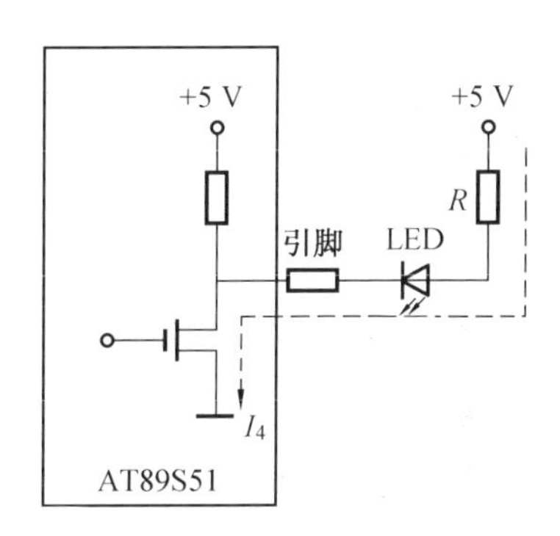

（b）恰当的连接：低电平驱动

图 2.9　发光二极管与 AT89S51 单处机并行接口的直接连接

RST：复位输入。当振荡器工作时，RST 引脚出现两个机器周期以上高电平将使单片机复位。WDT 溢出将使该引脚输出高电平，设置 SFR AUXR 的 DISRT0 位（地址 8EH）可打开或关闭该功能。DISRT0 位缺省为 RST 输出高电平打开状态。

ALE/$\overline{\text{PROG}}$：当访问外部程序存储器或数据存储器时，ALE（地址锁存信号）输出脉冲用于锁存地址的低 8 位字节。即使不访问外部存储器，ALE 仍以时钟振荡频率的 1/6 输出固定的正脉冲信号，因此它可对外输出时钟信号或用于定时目的。

注意：每当访问外部数据存储器时都将跳过一个 ALE 脉冲。对 Flash 存储器编程期间，该引脚还用于输入编程脉冲（$\overline{\text{PROG}}$）。如有必要，通过对特殊功能寄存器（SFR）区中的 8EH 单元的 D0 位置位，可禁止 ALE 操作。该位置位后，只有用一条 MOVX 和 MOVC 指令 ALE 才会被激活。此外，该引脚会被微稍拉高，单片机执行外部程序时，应设置 ALE 无效。

$\overline{\text{PSEN}}$：程序储存允许（$\overline{\text{PSEN}}$）输出是外部程序存储器的读选通信号，当 AT89S51 单片机由外部程序存储器读取指令（或数据）时，每个机器周期两次 $\overline{\text{PSEN}}$ 有效，即输出两个脉冲。当访问外部数据存储器时，没有两次有效的 $\overline{\text{PSEN}}$ 信号。

$\overline{EA}/V_{PP}$：外部访问允许。欲使 CPU 仅访问外部程序存储器（地址为 0000H—FFFFH），EA 端必须保持低电平（接地）。

注意：如果加密位 LB1 被编程，复位时内部会锁存 EA 端状态。

如 $\overline{EA}$ 端为高电平（接 V_{CC} 端），则 CPU 执行内部程序存储器中的指令。

F1ash 存储器编程时，该引脚加上+12 V 的编程电压 V_{PP}。

XTAL1：振荡器反相放大器及内部时钟发生器的输入端。

XTAL2：振荡器反相放大器的输出端。

2.5 单片机的复位操作和复位电路

2.5.1 复位操作

单片机的初始化操作是指给单片机复位引脚 RST 加上大于两个机器周期（即 24 个时钟振荡周期）的高电平就可对其进行复位操作。复位时，PC 初始化为 0000H，程序从 0000H 单元开始执行。除系统的正常初始化外，当程序出错（如程序“跑飞”）或操作错误使系统处于死锁状态时，需按复位键使 RST 引脚为高电平，使单片机摆脱“跑飞”或“死锁”状态，重新启动程序。复位操作还对其他一些寄存器有影响，这些寄存器复位时的状态见表 2.5。由表 2.5 可看出，复位时，SP=07H，而 P0～P3 引脚均为高电平。在某些控制应用中，要注意考虑 P0～P3 引脚的高电平对接在这些引脚上的外部电路的影响。例如，P1 端口某个引脚外接一个继电器绕组，若复位时该引脚为高电平，则继电器绕组就会有电流通过，就会吸合继电器开关，使开关接通，可能会引起意想不到的后果。

2.5.2 复位电路

大规模集成电路在上电时一般都需要进行一次复位操作，以便使芯片内的一些部件处于一个确定的初始状态。复位是一种很重要的操作，器件本身一般不具有自动上电复位能力，需要借助外部复位电路提供的复位信号才能进行复位操作。

AT89S51 单片机的第 9 引脚（RST）为复位引脚，系统上电后，时钟电路开始工作，只要 RST 引脚上出现大于两个机器周期时间的高电平即可引起单片机执行复位操作。有两种方法可以使 AT89S51 单片机复位，即在 RST 引脚上加大于两个机器周期时间的高电平或 WDT 计数溢出。单片机复位后，PC=0000H，CPU 从程序存储器的 0000H 开始取指执行。复位后，单片机内部各 SFR 的值见表 2.5。单片机的外部复位电路有上电自动复位和按键手动复位两种。RC 上电复位电路如图 2.10 所示。

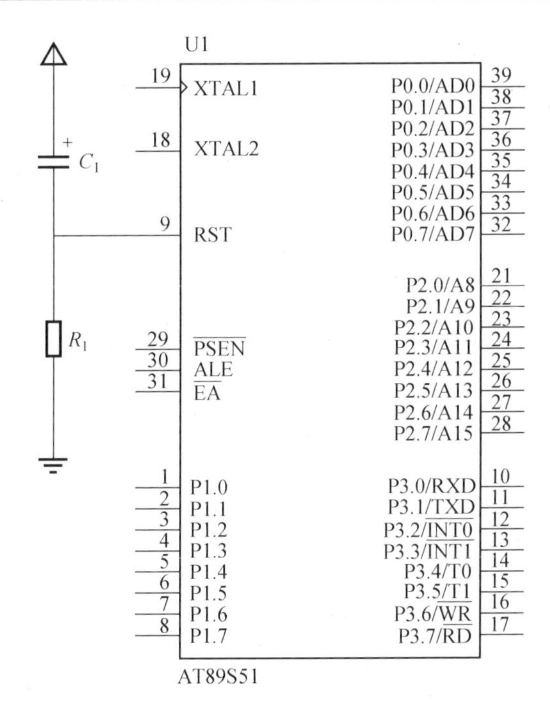

图 2.10　RC 上电复位电路

1. 上电复位电路

最简单的上电复位电路由电容和电阻串联构成。上电瞬间，由于电容两端电压不能突变，RST 引脚电压端 V_R 的值为 V_{CC}，随着对电容的充电，RST 引脚的电压呈指数规律下降，到 t_1 时刻，V_R 降为 3.6 V，随着对电容充电的进行，V_R 最后将接近 0 V。RST 引脚电压与时间的关系如图 2.11 所示。为了确保单片机复位，t_1 必须大于两个机器周期的时间，机器周期取决于单片机系统采用的晶振频率。图 2.11 中，R 不能取得太小，典型值为 8.2 kΩ；t_1 与 RC 电路的时间常数有关，由晶振频率和 R 可以算出 C 的取值。

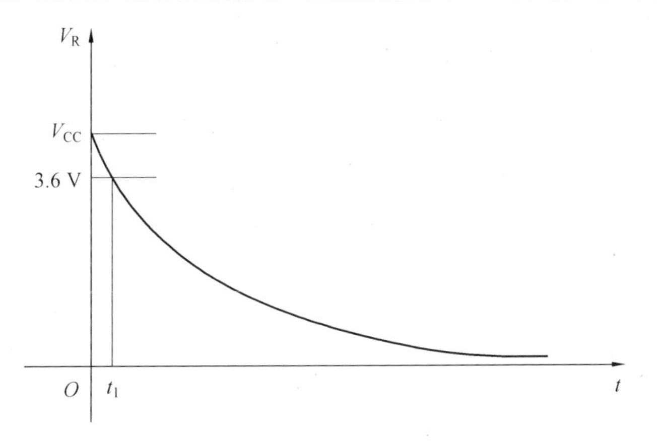

图 2.11　RST 引脚电压与时间的关系

2. 上电复位和按键复位组合电路

图 2.12 所示为上电复位和按键复位组合电路，R_2 的阻值一般很小，只有几十欧姆，当按下复位按键后，电容迅速通过 R_2 放电，放电结束时的 V_R 为

$$V_R = \frac{R_1 V_{CC}}{R_1 + R_2}$$

由于 R_1 远大于 R_2，V_R 非常接近 V_{CC}，使 RST 引脚为高电平，松开复位按键后，过程与上电复位相同。

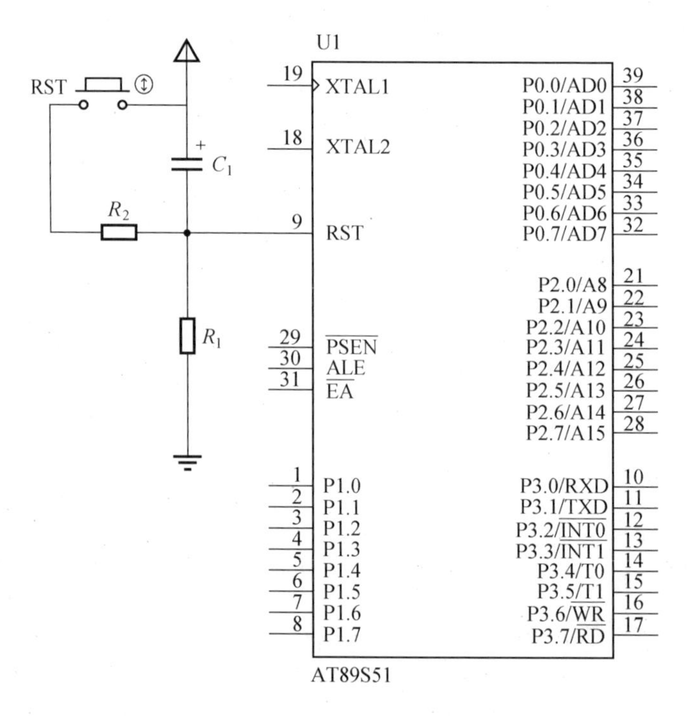

图 2.12　上电复位和按键复位组合电路

以下为实际应用中的复位电路。实际应用中常采用两种复位电路，即施密特触发器复位电路和微处理器复位、监控专用集成电路。

（1）施密特触发器复位电路。

在单片机应用系统中，为了保证复位电路正常工作，常将 RC 复位电路接施密特触发器整形后，再接入单片机复位端，这样做可以提高系统的抗干扰能力。当系统中有多个需要复位的芯片时，如果这些芯片对复位信号要求与单片机相同，也可以将这些芯片的复位端和单片机的复位端接在一起，实现同步复位。施密特触发器的复位电路如图 2.13 所示，图中 74HC14 为六施密特反相器。

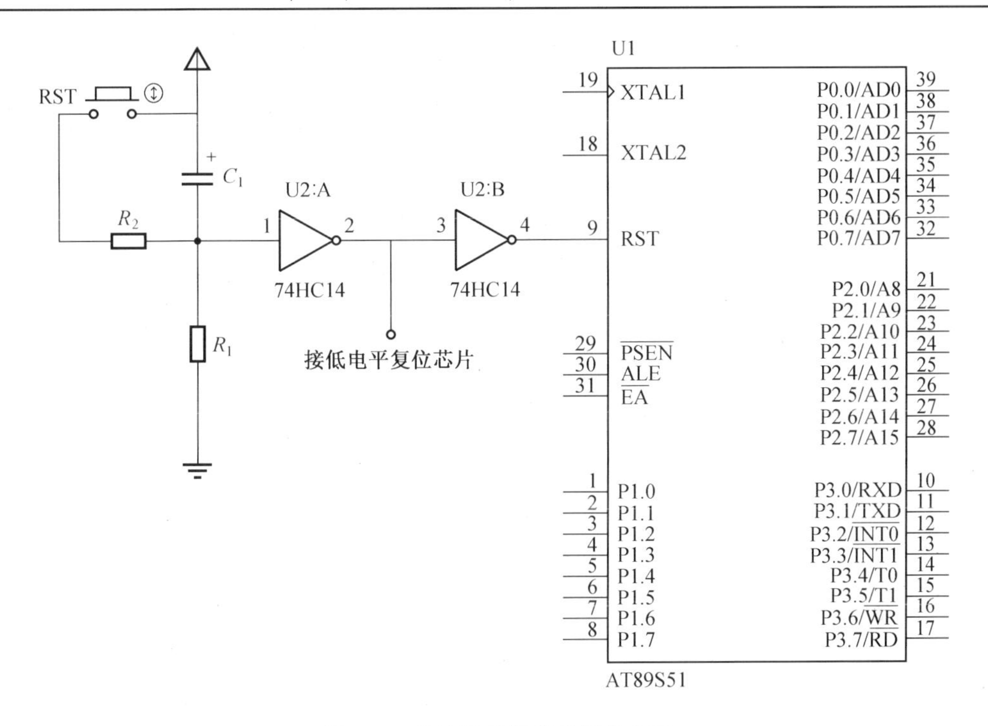

图 2.13　施密特触发器的复位电路

（2）微处理器复位、监控专用集成电路。

为了保证单片机应用系统更可靠地工作，实际应用系统的复位电路也常采用微处理器复位、监控集成电路，如 MAX706 等。这种专用集成电路除了提供可靠的、足够宽的高低电平的复位信号外，同时还具备电源监控、看门狗定时器功能，有的芯片内部还集成了一定数量的串行带电可擦可编程只读存储器（EEPROM）或 RAM，功能强大，接线简单。在单片机应用系统中经常使用。单片机复位后，ALE 和 $\overline{\text{PSEN}}$ 为输入状态，片内 RAM 不受复位影响；P0～P3 端口输出高电平，且这些双向口皆处于输入状态，堆栈指针 SP 被置成 07H，PC 被置成 0000H；接着，单片机将从程序存储器的 0000H 开始重新执行程序。因此，单片机运行出错或进入死循环时，可通过复位使其重新运行。

2.6　时钟电路和工作时序

2.6.1　时钟电路

单片机系统中的各个部件是在一个统一的时钟脉冲控制下有序地进行工作的，时钟电路是单片机系统最基本、最重要的电路。

AT89S51 单片机内部有一个高增益反相放大器，引脚 XTAL1 和 XTAL2 分别是该放大器的输入端和输出端。如果在引脚 XTAL1 和 XTAL2 两端跨接上晶体振荡器（晶振）

或陶瓷振荡器，那么就构成了稳定的自激振荡电路，该振荡器电路的输出可直接送入内部时序电路。AT89S51 单片机的时钟可由两种方式产生，分别为内部时钟方式和外部时钟方式。

1. 内部时钟方式

内部时钟方式即由单片机内部的高增益反相放大器和外部跨接的晶振、微调电容构成时钟电路产生时钟的方法，具体电路如图 2.14 所示。

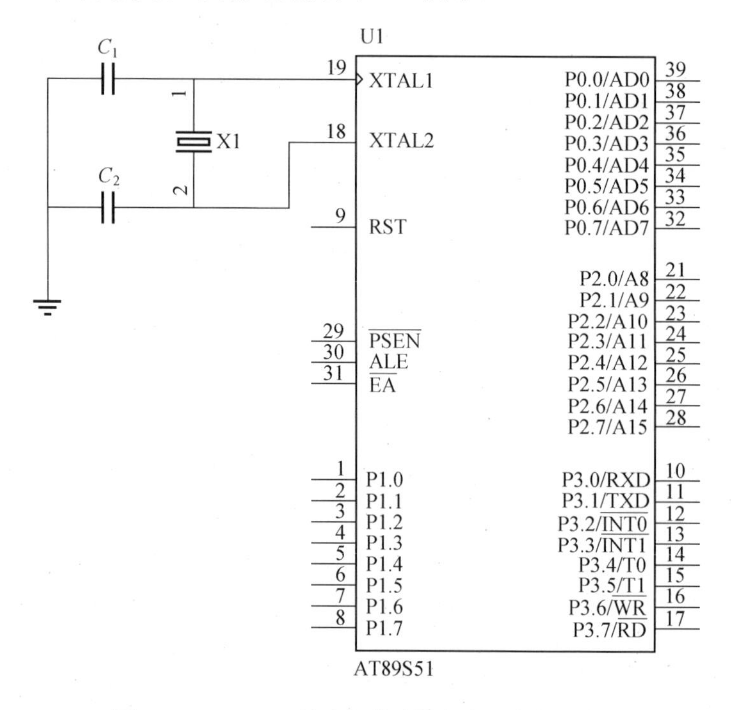

图 2.14　AT89S51 单片机的时钟电路（内部时钟）

外接晶振（陶瓷振荡器）时，C_1、C_2 的值通常选择为 30 pF（40 pF）左右；C_1、C_2 对频率有微调作用，晶振或陶瓷谐振器的频率范围可在 1.2～12 MHz 之间选择。为了减小寄生电容，更好地保证振荡器稳定、可靠地工作，振荡器和电容应尽可能安装得靠近单片机引脚 XTAL1 和 XTAL2。由于内部时钟方式外部电路接线简单，因此单片机应用系统中大多采用这种方式。内部时钟方式产生的时钟脉冲频率就是晶振的固有频率，常用 f_{osc} 来表示。如选择 12 MHz 晶振，则

$$f_{osc}=12\times10^6\ (\text{Hz})$$

2. 外部时钟方式

外部时钟方式即完全用单片机外部电路产生时钟的方法，外部电路产生的时钟信号被直接接到单片机的 XTAL1 引脚，此时 XTAL2 引脚开路，具体电路如图 2.15 所示。

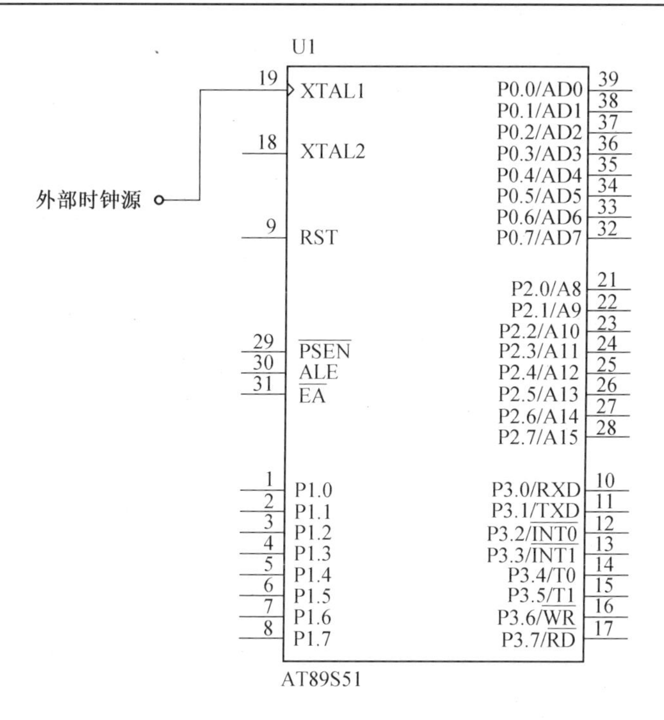

图 2.15　AT89S51 单片机的时钟电路（外部时钟）

2.6.2　工作时序

CPU 在执行指令时都是按照一定顺序进行的，指令的字节数不同，取指所需时间也就不同，即使是字节数相同的指令，执行操作也会有很大差别，不同指令的执行时间当然也不相同，即 CPU 在执行各个指令时，所需要的节拍数是不同的。为了便于对 CPU 时序的理解，人们按指令的执行过程定义了几个名词，即时钟周期、机器周期和指令周期。

1. 时钟周期

时钟周期也称为振荡周期，定义为时钟脉冲频率（f_{osc}）的倒数，是单片机中最基本的、最小的时间单位。由于时钟脉冲控制着计算机的工作节奏，对同一型号的单片机，时钟脉冲频率越高，计算机的工作速度显然就会越快。然而，受硬件电路的限制，时钟脉冲频率也不能无限提高，对某一种型号的单片机，时钟脉冲频率都有一个范围。如对 AT89S51 单片机，其时钟脉冲频率范围为 0～33 MHz。为方便描述，振荡周期一般用 P（pause）表示。

2. 机器周期

完成一个最基本操作（读或写）所需要的时间称为机器周期，执行一条指令的过程分几个机器周期进行。每个机器周期完成一个基本操作，如取指令、读数据或写数据等。

1 个机器周期包含 12 个时钟周期，分为 S_1～S_6 共 6 个状态。每个状态又分为 P_1 和 P_2 两拍。因此，一个机器周期中的 12 个时钟周期分别表示为 S_1P_1、S_1P_2、S_2P_1、S_2P_2、…、S_6P_2。AT89S51 单片机的机器周期是固定的，即一个机器周期由 12 个时钟周期组成。若采用 6 MHz 的时钟脉冲频率，一个机器周期就是 2 μs；若采用 12 MHz 的时钟脉冲频率，一个机器周期就是 1 μs。AT89S51 单片机的机器周期如图 2.16 所示。

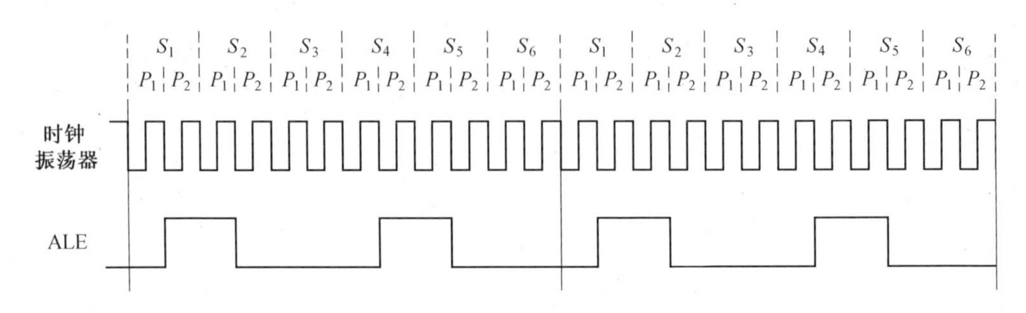

图 2.16　AT89S51 单片机的机器周期

3. 指令周期

指令周期是执行一条指令所需要的时间，一般由若干个机器周期组成。指令不同，所需要的机器周期数也不同。对于一些简单的单字节指令，指令周期可能和机器周期时间相同；而对于一些比较复杂的指令，如乘、除运算，则需要多个机器周期才能完成，这时指令周期大于机器周期。

通常，一个机器周期即可完成的指令称为单周期指令，两个机器周期才能完成的指令称为双周期指令。AT89S51 单片机中的大多数指令都是单周期或双周期指令，只有乘、除运算为四周期指令。

2.7　单片机的最小系统

单片机能正常工作且构成器件最少的系统，称为单片机的最小系统。对 51 系列单片机，最小系统一般应该包括单片机、电源、晶振电路和复位电路。对于 AT89S51 单片机，因其内部已包含 4 KB 的可在线编程的 Flash 存储器，其最小系统就不再需要外接程序存储器，只需要有复位电路和时钟电路即可。AT89S51 单片机的最小系统如图 2.17 所示。

图 2.17 是一个实际应用的最小系统，对复位电路做了改进，增加了斯密特触发反相器 74HC14，可以提高复位的可靠性。

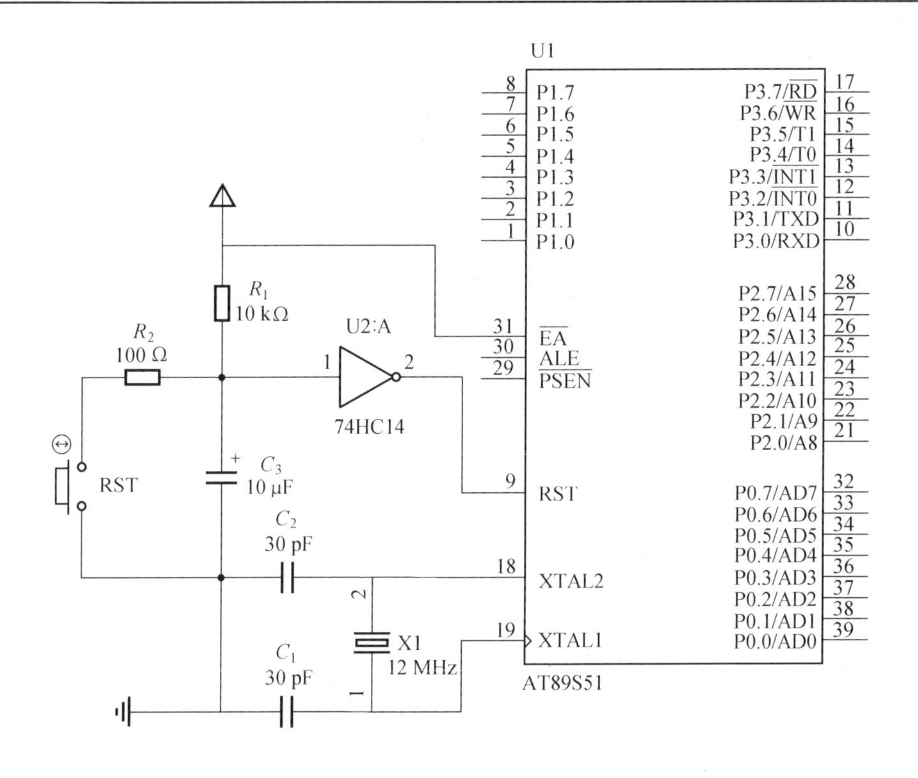

图 2.17　AT89S51 单片机的最小系统

2.8　低功耗节电模式

低功耗节电工作模式分为空闲模式（idle mode）和掉电模式（power down mode）两种。 掉电模式下，V_{CC} 可由后备电源供电。两种节电模式可通过 PCON 的位 IDL 和位 PD 的设置来实现，格式如下所示：

	D7	D6	D5	D4	D3	D2	D1	D0	
PCON	SMOD	—	—	—	GF1	GF0	PD	IDL	87H

PCON 寄存器各位定义：

①SMOD：串行通信波特率选择（见第 7 章单片机串行接口及应用部分的介绍）。

②—：保留位。

③GF1、GF0：通用标志位，两个标志位用户使用。

④PD：掉电保持模式控制位，若 PD=1，则进入掉电模式。

⑤IDL：空闲模式控制位，若 IDL=1，则进入空闲模式。

2.8.1 空闲模式

1. 进入空闲模式

如把 PCON 中的 IDL 位置“1”，则使通往 CPU 的时钟信号关断，进入空闲模式。虽然振荡器仍然运行，但是 CPU 进入空闲状态。所有外围电路（中断系统、串行接口和定时器）仍继续工作，SP、PC、PSW、A、P0～P3 端口等，以及所有其他寄存器、内部 RAM 和 SFR 中内容均保持进入空闲模式前的状态。

2. 退出空闲模式

退出空闲模式的方法有响应中断和硬件复位两种。空闲模式下，若任意一个允许的中断请求被响应，则 IDL 位被片内硬件自动清零，从而退出空闲模式。当执行完中断服务程序返回时，将从设置空闲模式指令的下一条指令（断点处）继续执行程序。当使用硬件复位方法退出空闲模式时，在复位逻辑电路发挥控制作用前，有长达两个机器周期时间，单片机要从断点处（IDL 位置“1”指令的下一条指令处）继续执行程序。在这期间，片内硬件阻止 CPU 对片内 RAM 的访问，但不阻止对外部端口（或外部 RAM）的访问。为了避免在硬件复位退出空闲模式时出现对端口（或外部 RAM）进行不希望的写入情况，在进入空闲模式时，紧随 IDL 位置“1”指令后的不应是写端口（或外部 RAM）的指令。

2.8.2 掉电模式

1. 进入掉电模式

用指令把 PCON 寄存器的 PD 位置“1”，便进入掉电模式。在掉电模式下，进入时钟振荡器的信号被封锁，振荡器停止工作。由于没有时钟信号，内部的所有功能部件均停止工作，但片内 RAM 和 SFR 中原来的内容都被保留，有关端口的输出状态值都保存在对应的特殊功能寄存器中。

2. 退出掉电模式

退出掉电模式的方法有硬件复位和外部中断两种。 硬件复位时要重新初始化 SFR，但不改变片内 RAM 的内容。当 V_{CC} 恢复到正常工作水平时，只要硬件复位信号维持 10 ms，便可使单片机退出掉电模式。

3. 掉电和空闲模式下对 WDT 的处理

掉电模式下振荡器停止，也就意味着 WDT 停止计数。用户在掉电模式下无须操作 WDT。

当用硬件复位方法退出掉电模式时，对 WDT 的操作与正常情况相同。当用外部中断方法退出掉电模式时，应使中断输入保持足够长时间的低电平，以使振荡器达到稳定。中断变为高电平之后，该中断被执行，在中断服务程序中复位寄存器 WDTRST。在外部中断引脚保持低电平时，为防止 WDT 溢出复位，在系统进入掉电模式前先对寄存器 WDTRST 复位。在进入空闲模式前，应先设置 AUXR 中的 WDIDLE 位，以确认 WDT 是否继续计数。当 WDIDLE=0 时，空闲模式下的 WDT 保持继续计数。为防止复位单片机，用户可设计一个定时器，该定时器使器件定时退出空闲模式，然后复位 WDTRST，再重新进入空闲模式。当 WDIDLE=1 时，WDT 在空闲模式下暂停计数，退出空闲模式后方可恢复计数。

习题

一、填空题

1. 单片机复位后，SP、PC 和 I/O 端口的内容分别为（　　）。

2. 单片机有（　　）个工作寄存器区，由 PSW 状态字中的（　　）两位的状态来决定。单片机复位后，若执行 SETB RS0 指令，此时只能使用（　　）区的工作寄存器，地址范围是（　　）。

3. 51 单片机驱动能力最强的并行接口为（　　）端口。

4. 51 单片机 PC 的长度为（　　）位，SP 的长度为（　　）位，DPTR 的长度为（　　）位。

5. 若寄存器 A 中的内容为 57H，那么 P 标志位的值为（　　）。

6. 当扩展外部存储器或 I/O 端口时，（　　）端口用作高八位地址总线。

7. 51 单片机内部 RAM 区有（　　）个位地址。

8. 外部中断（　　）的中断入口地址为 0013H；定时器 1 的中断入口地址为（　　）。

9. 51 单片机有（　　）个并行 I/O 端口，都是准双向端口，所以由输出转输入时必须先写入 1。

10. 51 单片机的堆栈建立在（　　）内开辟的区域。

11. 单片机的最小系统包括以下三部分：（　　　　　　　　）。

12. 单片机复位后，PC 寄存器的值是（　　）。

13. 单片机的内部 RAM 中，可作为工作寄存器区的单元地址为（　）H ～（　）H。

14. 内部 RAM 中，对于位地址为 40H、88H 的位，该位所在字节的字节地址分别为（　　）和（　　）。

15. 片内字节地址为 2AH 单元最低位的位地址是（　　）；片内字节地址为 A8H 单元的最低位的位地址是（　　）。

二、选择题

1. 对程序计数器 PC 的操作（　　）。

A. 是自动进行的　　B. 是通过传送进行的

C. 是通过加 1 指令进行的　　D. 是通过减 1 指令进行的

2. 程序运行时 PC 的值是（　　）。

A. 当前指令前一条指令的地址　B. 当前正在执行指令的地址

C. 下一条指令的地址　　D. 控制器中指令寄存器的地址

3. 假定设置堆栈指针 SP 的值为 37H，在进行子程序调用时把断点地址进栈保护后，SP 的值为（　　）。

A. 36H　　B. 37H　　C. 38H　　D. 39H

4. 在 MCS-51 单片机的运算电路中，不能为 ALU 提供数据的是（　　）。

A. 累加器 A　　B. 暂存器　　C. 寄存器 B　　D. 状态寄存器 PSW

5. MCS-51 单片机（　　）。

A. 具有独立的专用的地址线

B. 由 P0 端口和 P1 端口的端口线作地址线

C. 由 P0 端口和 P2 端口的端口线作地址线

D. 由 P1 端口和 P2 端口的端口线作地址线

6. 判断下列哪一种说法是正确的？（　　）

A. PC 是一个可寻址的寄存器

B. 单片机的主频越高，其运算速度越快

C. AT89S51 单片机中的一个机器周期为 1 μs

D. 特殊功能寄存器 SP 内存放的是堆栈栈顶单元的内容。

三、简答题

1. AT89S51 单片机内部 RAM 可划分为几个区域？各个区域的特点是什么？

2. AT89S51 单片机的 $\overline{EA}$ 引脚有何作用？

3. AT89S51 单片机如何摆脱“跑飞”或“死锁”状态？

4. AT89S51 单片机的 64 KB 程序存储器空间中，有 5 个单元地址对应 AT89S51 单片机 5 个中断源的中断入口地址，请列出这些中断入口地址单元及其对应的中断源。

5. 请从官网下载 AT89S51 单片机的数据手册，仔细阅读后列出其片内集成的功能部件。

第3章　C51语言基础

在单片机应用系统开发过程中，应用程序设计是最重要的组成部分，它直接决定着应用系统开发周期的长短和系统性能的优劣。早期单片机应用系统程序主要采用汇编语言编写，其优点是可直接操作单片机系统的硬件资源，编写出的程序代码运行效率高、运行速度快。但是，汇编语言比较难学、可读性较差、修改和调式不方便，编写比较复杂的数值计算程序非常困难。其实，不管是高级语言程序还是汇编语言程序都不是计算机能直接运行的程序，只有机器语言程序计算机才能直接运行。因此，为了提高编写单片机系统和其应用程序的效率，缩短开发周期，改善程序的可读性和可移植性，必须采用高级语言编程。目前国内在 MCS-51 单片机开发中使用的 C 语言基本上都是 Keil 或 Franklin C 语言，简称 C51 语言。本章主要介绍 C51 语言编程的基本技术和方法。

3.1　C51语言简介

3.1.1　C51语言与8051汇编语言的比较

C51 语言是一种结构化的高级程序设计语言，能直接对计算机的硬件进行操作。应用于 MCS-51 单片机开发的 C51 语言与 8051 汇编语言相比，有如下优势：

①不要求了解单片机的指令系统，仅要求对 MCS-51 的存储器结构有初步了解。

②寄存器分配、不同存储器的寻址及数据类型等细节可由编译器管理。

③程序有规范的结构，可分为不同的函数，便于程序的结构化设计。

④采用自然描述语言，以近似人的思维过程方式编程，改善了程序的可读性。

⑤编程及程序调试时间显著缩短，大大提高了系统开发效率。

⑥提供的库包含许多标准子程序，且具有较强的数据处理能力。

⑦程序易于移植。

用高级语言编程时，不必考虑计算机的硬件特性与接口结构。其实，任何高级语言程序最终都要转换成计算机可识别、能直接执行的机器指令，并将其定位于存储器中，程序中的数据也必须以一定的存储结构定位于存储器中。这种转换定位由高级语言编译器来实现。在高级语言程序中，对不同类型数据的存储及引用是通过不同类型的变量来实现的，即高级语言的变量就代表存储单元，变量的类型结构就表示了数据的存储和引用结构。

C51 语言的特点：

①语言简洁。

②可移植性好。

③表达能力强。

④表达方式灵活。

⑤可进行结构化程序设计。

⑥可以直接操作计算机硬件。

⑦生成目标代码质量高。

3.1.2　C51 语言与标准 C 语言的比较

C51 语言是标准 C 语言的扩展，C51 语言主要面向的是硬件，使用专用的编译器，如 Keil 与 Franklin 等。深入理解并应用 C51 语言，对标准 C 的扩展是学习 C51 语言的关键，大多数扩展功能都直接针对 8051 系列 MCU 的内部硬件。用 C51 语言编写单片机应用程序与用标准的 C 语言编写程序的不同之处是：用 C51 语言编程时，必须根据单片机存储结构及内部资源来定义相应的数据类型和变量。所以，用 C51 语言设计单片机应用程序就是定义与单片机相对应的数据类型和变量，其他的语法规定、程序结构及程序设计方法都与标准 C 语言相同。

C51 语言与标准 C 语言比较，主要有以下几个不同点：

① C51 语言中定义的库函数与标准 C 语言中定义的库函数不同。

② C51 语言中的数据类型和标准 C 语言中的数据类型有一定的区别。

③ C51 语言中的变量存储模式与标准 C 语言中的变量的存储模式不同。

④ C51 语言与标准 C 语言的输入输出处理不相同。

⑤ C51 语言与标准 C 语言在函数使用方面有一定的区别。

3.2　C51 语言的数据类型和存储类型

3.2.1　C51 语言的数据类型

数据的格式通常称为数据类型。C51 语言是面向 51 系列单片机及其硬件控制系统的开发语言。它定义的任何数据类型必须以一定存储类型的方式定位在相应的存储区中，否则便没有任何实际意义，代码也无法正常运行。Keil 编译器通过将变量、常量定义成不同的存储类型（data，bdata，idata，pdata，xdata，code）的方法，将它们定位在不同的存储区中。51 系列单片机将程序存储器（ROM，存储空间）和数据存储器（RAM，运算空间）分开，并有各自的针对汇编语言的寻址方式。

Keil C51 语言编译器支持的基本数据类型见表 3.1。

表 3.1　Keil C51 语言编译器支持的基本数据类型

数据类型	位数	字节数	值域
unsigned char	8	1	0～255
signed char	8	1	-128～+127
unsigned int	16	2	0～65 535
signed int	16	2	-32 768～+32 767
unsigned long	32	4	0～4 294 967 295
signed long	32	4	-2 147 483 648～+2 147 483 647
float	32	4	±1.175 494E-38～±3.402 823E+38
double	32	4	±1.175 494E-38～±3.402 823E+38
*	8～24	1～3	对象的地址
bit	1		0 或 1
sfr	8	1	0～255
sfr16	16	2	0～65 535
sbit	1		0 或 1

标准 C 语言的数据类型可分为基本数据类型和组合数据类型。基本数据类型包括字符型 char、短整型 short、整型 int、长整型 long、浮点型 float 和双精度型 double；组合数据类型由基本数据类型构造而成，包括数组类型、结构体类型、联合体类型、枚举类型、指针类型和空类型。

C51 语言的数据类型也分为基本数据类型和组合数据类型，情况与标准 C 语言中的数据类型基本相同，其中 float 型与 double 型相同。另外，C51 语言中还有专门针对 MCS-51 单片机的特殊功能寄存器型和位类型，部分类形介绍如下。

1. 字符型 char

char 型有 signed char 和 unsigned char 之分，默认为 signed char。它们的长度均为一个字节， 用于存放一个单字节的数据。对于 signed char，它用于定义带符号字节数据，其字节的最高位为符号位，“0”表示正数，“1”表示负数，用补码表示，所能表示的数值范围为-128～+127；对于 unsigned char，它用于定义无符号的字节数据或字符，可以存放一个字节的无符号数，所能表示的数值范围为 0～255。Unsigned char 可以用来存放无符号数，也可以存放西文字符，一个西文字符占一个字节，在计算机内部用 ASCII 码存放。

2. 整型 int

int 型有 signed int 和 unsigned int 之分，默认为 signed int。它们的长度均为 2 个字节，用于存放一个双字节数据。对于 signed int，它用于存放 2 字节带符号数，用补码表示，所能表示的数值范围为-32 768～+32 767；对于 unsigned int，它用于存放 2 字节无符号数，所能表示的数值范围为 0～65 535。

3. 长整型 long

long 型有 signed long 和 unsigned long 之分，默认为 signed long。它们的长度均为 4 个字节，用于存放一个 4 字节数据。对于 signed long，它用于存放 4 字节带符号数，用补码表示，所能表示的数值范围为-2 147 483 648～+2 147 483 647；对于 unsigned long，它用于存放 4 字节无符号数，所能表示的数值范围为 0～4 294 967 295。

4. 浮点型 float

float 型数据的长度为 4 个字节，格式符合 IEEE-754 标准的单精度浮点型数据，它包含指数和尾数两部分，最高位为符号位，“1”表示负数，“0”表示正数，其次的 8 位为阶码位，最后的 23 位为尾数的有效位，由于尾数的整数部分隐含为“1”，所以尾数的精度为 24 位。float 型数据在内存中的格式见表 3.2。

表 3.2　float 型数据在内存中的格式

字节地址	3	2	1	0
浮点数的内容	SEEE,EEEE	EMMM,MMMM	MMMM,MMMM	MMMM,MMMM

表 3.2 中，S 为符号位；E 为阶码位，共 8 位，用移码表示。阶码位 E 的取值范围为 1～254，而对应的指数实际取值范围为-126～+127；M 为尾数的小数部分，共 23 位，尾数的整数部分始终为“1”。故一个浮点数表示为

$$X = (-1)^{S} \times (1.M) \times 2^{E}$$

其中，尾数域表示的值是 1.M。因为规格化的浮点数的尾数域最左位总是 1，故这一位不予存储，而认为隐藏在小数点的左边。

移码又称增码或偏置码，通常情况下就是把补码的符号位（最高位）取反，常用在浮点数值的二进制表示中，用于表示浮点数的阶码。其表示形式与补码相似，只是其符号位用“1”表示正数，用“0”表示负数，数值部分与补码相同。

但是，在 IEEE-754 标准中，移码的偏置值是 $2^{n-1}-1$，8 位移码的偏置值为

$$2^7-1 = 127\text{ D} = 0111\ 1111\text{ B}$$

例如，−126 D = −0111 1110 B，其移码为−0111 1110 B + 0111 1111 B = 0000 0001。假设由 1 位符号位和 $n-1$ 位数值位组成阶码，则

$$[X]_{移} = 2^{n-1} - 1 + X \quad (-2^{n-1} \leqslant X < 2^{n-1})$$

例如，n=8 时，

若 X=+2，则$[X]_{移}$= 0111 1111 + 0000 0010 B = 1000 0001 B。

若 X=−3，则$[X]_{移}$= 0111 1111 − 0000 0011 B = 0111 1100 B。

再例如，浮点数+124.75D = +1111 100.11 B = +1.1111 0011 B×2^{+110B}，符号位为“0”，8 位阶码位 E 为 0111 1111 B + 0000 0110 B = 1000 0101 B，23 位数值位为 111 1001 1000 0000 0000 0000 B，32 位浮点数表示形式为 0100 0010 1111 1001 1000 0000 0000 0000 B = 42F98000H，浮点数+124.75 在内存中的格式见表 3.3。

表 3.3　浮点数+124.75 在内存中的格式

字节地址	3	2	1	0
浮点数的内容	0100 0010	1111 1001	1000 0000	0000 0000

需要指出的是，对于浮点型数据，除了正常数值之外，还可能出现非正常数值。根据 IEEE 标准，当浮点数据取以下数值（16 进制数）时即为非正常值：

① FFFF FFFFH（非数 NaN）。

② 7F80 0000H（正溢出+1NF）。

③ FF80 0000H（负溢出−1NF）。

另外，由于 MCS-51 单片机不包括捕获浮点运算错误的中断向量，因此必须由用户自己根据可能出现的错误条件用软件来进行适当的处理。

5. 指针型*

指针型本身就是一个变量，在这个变量中存放着指向另一个数据的地址。这个指针变量要占用一定的内存单元。对于不同的处理器其长度也不一样，在 C51 语言中它的长度一般为 1～3 个字节。关于 C51 语言中的指针，在稍后的 3.3.5 小节中将有进一步的介绍。

6. 特殊功能寄存器

特殊功能寄存器是 C51 语言扩充的数据类型，用于访问 MCS-51 单片机中的特殊功能寄存器数据。它分为 sfr 和 sfr16 两种类型，其中 sfr 为字节型特殊功能寄存器类型，占一个内存单元，利用它可以访问 MCS-51 内部的所有特殊功能寄存器；sfr16 为双字节型特殊功能寄存器类型，占用 2 个字节单元，利用它可以访问 MCS-51 内部的所有 2 个字节的特殊功能寄存器。在 C51 语言中，对特殊功能寄存器的访问必须先用 sfr 或 sfr16 进行声明。

7. 位类型

位类型也是 C51 语言中扩充的数据类型，用于访问 MCS-51 单片机中可寻址的位单元。C51 语言支持两种位类型：bit 型和 sbit 型。它们在内存中都只占一个二进制位，其值可以是“1”或“0”。其中，用 bit 定义的位变量在 C51 语言编译器中进行编译时，其位地址是可以变化的；而用 sbit 定义的位变量必须与 MCS-51 单片机的一个可以寻址位单元或可位寻址的字节单元中的某一位联系在一起，在 C51 语言编译器中进行编译时，其对应的位地址是不可变化的。

在 C51 语言程序中，有可能会出现运算中数据类型不一致的情况。C51 语言允许任何标准数据类型的隐式转换，隐式转换的优先级顺序如下：

bit → char → int→ long → float

signed → unsigned

也就是说，当 char 型与 int 型进行运算时，会自动将 char 型扩展为 int 型，然后与 int 型进行运算，运算结果为 int 型。C51 语言除了支持隐式类型转换外，还可以通过强制类型转换符“()”对数据类型进行强制转换。

3.2.2　C51 语言的存储类型

8051 系列单片机的存储空间和存储类型介绍如下。

8051 系列单片机在物理上有以下 4 个存储空间：

①片内程序存储空间。

②片外程序存储空间。

③片内数据存储空间。

④片外数据存储空间。

C51 语言的存储类型见表 3.4。

表 3.4　C51 语言的存储类型

存储类型	存储区	与存储空间的对应关系
data	DATA	直接寻址内部数据存储器，访问变量速度最快（128 B）
bdata	BDATA	可位寻址内部数据存储器，允许位与字节混合访问（16 B）
idata	IDATA	间接寻址内部数据存储器，可访问全部地址空间（256 B）
pdata	PDATA	分页（256 B）外部数据存储器，由操作码 MOVX @Ri 访问
xdata	XDATA	外部数据存储器（64 K），由 MOVX @DPTR 访问
code	CODE	代码数据存储器（64 K），由 MOVC @A+DPTR 访问

Keil C51 语言存储区域分为程序存储区和数据存储区。

1. 程序存储区（program area）

欲将声明的数据存放在程序存储区域，可以使用关键字“code”说明。

例如，unsigned char code i=10；表示 i 为无符号字符型数据，存放区域为程序存储区。

2. 数据存储区（data memory）

数据存储区分为内部数据存储区、外部数据存储区和特殊功能寄存器（SFR）寻址区。

（1）内部数据存储区（internal data memory）。

内部数据存储区可以使关键字“data、iadta、bdata”进行相应说明。

register：寄存器区，4 组寄存器 R0～R7。

bdata：可位寻址区，寻址范围为 0x20～0x2F。

data：直接寻址区，声明的数据存储范围为内部 RAM 低 128 B 的 0x00～0x7F。

例如，unsigned char data i=10；表示 i 为无符号字符型数据，存放区域为数据存储区（RAM）的低 128 B 范围内。

idata：间接寻址区，声明的数据存储范围为整个内部 RAM 区 0x00～0xFF。

例如，unsigned char idata i=10；表示 i 为无符号字符型数据，存放区域为数据存储区（RAM）内。

（2）外部数据存储区（external data memory）。

外部数据存储区可以使用关键字“pdata、xdata”进行相应说明。

pdata：主要用于紧凑模式，能访问 1 页（256 B）的外部 RAM，即在访问使用 pdata 定义的数据时，不会影响 P2 端口的输出电平（在访问某些自身内部扩展的外部 RAM 时本身就不会影响 I/O 端口）。

例如，unsigned char pdata i；表示 i 为无符号字符型数据，存放区域为外部数据存储区（RAM）内（只能在一页范围内），具体操作哪一页可由其他 I/O 端口设定。

xdata：可访问 64 K 的外部数据存储区，地址范围为 0x0000～0xFFFF，同 pdata 一样在访问芯片自身内部扩展的 RAM 时不会影响 I/O 端口。

例如，unsigned char pdata i；表示 i 为无符号字符型数据，存放区域为外部数据存储区（RAM）。

（3）特殊功能寄存器寻址区。

8051 系列单片机提供 128 B 的 SFR 寻址区，该区域可以进行字节寻址、字寻址，能被 8 整除的地址单元还可以位寻址。该区域用于控制定时器、计数器、串行接口（简称串口）等外围接口，使用时可用关键字“sfr、sfr16、sbit”进行相应说明。

例如，

sfr P0=0x80 ;　　　//字节寻址：P0 端口地址为 0x80。

sfr16 T2=0xCC;　　//字寻址：指定 Timer2 端口地址为 T2L=0xCC、T2H=0xCD。

sbit EA=0xAF;　　　//位寻址：中断允许位 EA 在内存中的位寻址空间地址为 0xAF。

以上 3 句通常出现在单片机的头文件中。

3. 变量空间分配的注意事项

在单片机 C51 语言中变量的空间分配有以下几点要注意：

（1）data 区空间小，所以只有频繁用到或对运算速度要求很高的变量才放到 data 区内，如 for 循环中的计数值。

（2）data 区内最好放局部变量。

因为局部变量的空间是能覆盖某个函数的局部变量空间，在退出该函数后就释放，由别的函数的局部变量覆盖，能提高内存利用率。当然，静态局部变量除外，其内存使用方式与全局变量相同。

（3）确保程序中没有未调用的函数。

在 Keil C51 语言中遇到未调用函数时，编译器就可能会将其认为中断函数。函数里调用的局部变量空间是不释放的，也就是和全局变量一样处理。因此，应尽量避免出现未调用函数。

（4）程序中遇到的逻辑标志变量能定义到 bdata 中，可大大降低内存空间占用。

在 8051 系列单片机中有 16 个字节位寻址区 bdata，能定义 8×16=128 个逻辑变量。定义方法示例：bdata bit LedState；但位类型不能用在数组和结构体中。

（5）其他不频繁用到和对运算速度要求不高的变量都放到 xdata 区。

(6)如果想节省 data 空间就必须用 large 模式，将未定义内存位置的变量却放到 xdata 区。当然，最好对所有变量都指定内存类型。

（7）当使用到指针时，要指定指针指向的内存类型。

在单片机 C51 语言中未定义指向内存类型的通用指针占用 3 个字节，而指定指向 data 区的指针只占 1 个字节。

指定指向 xdata 区的指针占 2 个字节。如指针 p 指向 data 区，则应定义为 char data *p;。还可指定指针本身的存放内存类型，如 char data * xdata p;。其含义是指针 p 指向 data 区变量，而其本身存放在 xdata 区。

3.2.3 数据存储模式

在使用 C51 语言时，有时并没有明确指定所定义数据的存储类型却依然正确。这是由于存储模式决定了没有明确指定存储类型的变量、函数参数等的缺省存储区域。

1. Small 模式

所有缺省变量参数均装入内部 RAM，优点是访问速度快，缺点是空间有限，只适用于小程序。

2. Compact 模式

所有缺省变量均位于外部 RAM 区的一页（256 B）。

3. Large 模式

所有缺省变量可放在多达 64 KB 的外部 RAM 区，优点是空间大、可存变量多，缺点是速度较慢。

3.3 C51 语言的基本运算

3.3.1 算术运算

1. 算术运算符和算术表达式

C51 语言共支持 7 种算术运算符号，见表 3.5。

表 3.5 C51 语言支持的 7 种算术运算符号

运算符	意义	举例说明（a=13, b=4）
+	加法运算	c=a+b; //c=17
−	减法运算	c=a−b; //c=9
*	乘法运算	c=a*b; //c=52
/	除法运算	c=a/b; //c=3
%	取余数运算	c=a%b; //c=1
++	自增 1	++a; //a=14
−−	自减 1	−−b; //b=3

在 C51 语言中，用算术运算符和括号将运算对象连接起来的式子称为算术表达式，运算对象包括常量、变量、函数、数组和结构等。

在算术表达式中需要遵守一定的运算优先级，规定先乘（除），后加减，括号优先级最高，同级别则从左到右运算，规律与数学计算相同。

加、减、乘运算相对比较简单。对于除运算，如果相除的两个数之一为浮点数，则运算的结果也为浮点数；如果相除的两个数为整数，则运算的结果也为整数，即为整除。

例如：

25.0/20.0 的结果为 1.25；

25.0/20 的结果为 1.25；

25/20.0 的结果为 1.25；

25/20 的结果为 1。

对于取余运算，则要求参加运算的两个数必须为整数，运算结果为它们的余数，余数的符号与被除数的符号相同。

例如：

x=10%3，结果为 x=1；

x=−10%3，结果为 x=−1；

x=−10%−3，结果为 x=−1。

2. 赋值运算符和赋值表达式

赋值运算符包括普通赋值运算符和复合赋值运算符，普通赋值运算符使用“=”，复合赋值运算符是在普通赋值运算符之前加上其他运算符所构成的赋值符。

使用赋值运算符连接的变量和表达式构成赋值表达式。

在 C51 语言中，“=”的功能是将一个数据的值赋给一个变量，如 x=10。利用赋值运算符将一个变量与一个表达式连接起来的式子称为赋值表达式，在赋值表达式的后面加一个分号“;”就构成了赋值语句。赋值语句的格式如下：

变量=表达式;

执行时，应先计算出右边表达式的值，然后将其赋给左边的变量。

赋值运算表达式举例：

```
x=8+9;          /* 将 8+9 的值赋给变量 x */
x=y=5;          /* 将常数 5 同时赋给变量 x 和 y */
a=3*z;          /* 将常数 3 和变量 z 的乘积赋给变量 a */
a+=b;           /* 等同于 a=a+b */
```

赋值运算还涉及变量类型的转换，一般分为自动转换和强制转换两种。

（1）自动转换。

自动转换不使用强制类型转化符，而是直接将赋值运算符号右边表达式或变量的值类型转化为左边的类型，一般是从“低字节宽度”向“高字节宽度”转换。类型转换说明见表 3.6。

表 3.6　类型转换说明

类型	说明
浮点型和整型	浮点型变量转换为整型时，小数点部分被省略，只保留整数部分；反之，只把整型修改为浮点型
单、双精度浮点型	单精度变量转换为双精度时，在尾部添 0；反之，进行四舍五入的截断操作
字符型和整型	字符型变量转换为整型时，仅仅修改其类型；反之，只保留整型的低 8 位

（2）强制转换。

强制转换使用强制类型转换符将一种类型转换为另一种类型，强制类型转换符号和变量类型相同。

强制类型转换示例：

```
double(y);                /* 将 y 转换为 double 类型 */
int(x);                   /* 将 x 转化为 int 类型 */
z=unsigned char(x+y);     /* 将 double 类型数据 y 和 int 类型数据 x 相加之后转换为
                             unsigned char 类型赋给 z */
```

3.3.2　逻辑运算

C51 语言有 3 种逻辑运算符：

①逻辑与（&&）。

②逻辑或（‖）。

③逻辑非（！）。

在 C51 语言系统中，逻辑运算的结果用“真”或“假”表示，规则是“0”为“假”，“非 0”为“真”。“真”的值是 1，“假”的值是 0。

关系运算符用于反映两个表达式之间的大小关系，逻辑运算符则用于求条件式的逻辑值。

逻辑与的格式为

条件式 1 && 条件式 2

当条件式 1 与条件式 2 都为真时结果为真（非 0 值），否则为假（0 值）。

逻辑或的格式为

条件式 1 ‖ 条件式 2

当条件式 1 与条件式 2 都为假时结果为假（0 值），否则为真（非 0 值）。

逻辑非的格式为

！条件式

当条件式为真（非 0 值）时，逻辑非后结果为假（0 值）；当条件式为假（0 值）时，逻辑非后结果为真（非 0 值）。

使用逻辑运算符将表达式或变量连接起来的式子称为逻辑表达式，逻辑运算内部运算次序是先逻辑非后逻辑与、逻辑或，相同等级时从左到右运算。

逻辑运算表达式示例：

若 a=8，b=3，c=0，则

!a=0，因为 a=8 为真，则!a 为假，值为 0。

a&&b=1，因为 a=8 和 b=3 都为真，则与运算的结果为真，值为 1。

a ‖ c=1，因为 a=8 为真，c=0 为假，则或运算的结果为真，值为 1。

b &&c =0，因为 b=3 为真，c=0 为假，则与运算的结果为假，值为 0。

3.3.3　关系运算

C51 语言有 6 种关系运算符，如下所示。

①小于：＜。

②大于：>。

③小于等于：≤。

④大于等于：≥。

⑤如果等于：==。

⑥如果不等于：！=。

关系运算符运算示例：

如果 x、y、z 的值分别为 4、3、2，则

x>y=1，因为 x>y 为真，所以表达式结果为 1。

y+z<y=0，因为 y+z=5，所以 y+z<y 为假，表达式结果为 0。

x>y>z=0，因为 x>y 为真，所以 x>y 为 1，而 1>2 为假，表达式结果为 0。

3.3.4 位运算

单片机有位寻址空间，支持位变量操作，恰当的位操作会大大提高单片机程序的运行效率，还能极大地方便用户编程。

位运算包括位逻辑运算和移位运算，以及自增自减运算、复合运算。

1. 位逻辑运算

C51 语言中的位运算符有 6 种：

①&：按位与。

②|：按位或。

③^：按位异或。

④~：按位取反。

⑤<<：左移。

⑥>>：右移。

位逻辑运算包括位与、位或、位异或、位取反。

位与：关键字“&”，如果两位都为“1”，则结果为“1”，否则为“0”。

位或：关键字“|”，如果两位其中有一个为“1”，则结果为“1”，否则为“0”。

位异或：关键字“^”，如果两位相等则为“0”，否则为“1”。

位取反：关键字“~”，如果该位为“1”，则取反后为“0”；如果该位为“0”，则取反后为“1”。

位逻辑运算操作示例：

如果 x=0x54，y=0x3B，则

x&y=01010100 B & 00111011 B=00010000 B=0x10;

x|y=01010100 B | 00111011 B=01111111 B=0x7F；

x^y=01010100 B ^ 00111011 B=01101111 B=0x6F；

~x=~01010100 B = 10101011 B=0xAB。

2. 移位运算

移位运算包括左移位运算和右移位运算。

①左移位运算：关键字“<<”，将一个变量的各个位全部左移，空出来的位补 0，被移出变量的位则舍弃。

②右移位运算：关键字“>>”，操作方式和左移位相同，移动方向向右。

移位运算示例：

如果 X=0xEA=1110 1010 B，则

X<<2=1010 1000 B=0xA 8；

X>>2=0011 1010 B=0x3A。

各种位运算举例：

设 m=0x54=01010100B，n=0x3B=00111011B，则 m&n、m|n、m^n、~m、m <<2、n >>2 分别为多少？

a&b=00010000B =0x10；

m|n=01111111B=0x7F；

m^n=01101111B=0x6F；

~m=10101011B=0xAB；

m<<3=10100000B=0xA0；

n>>3=00000111B=0x07。

3. 自增自减运算、复合运算

自增自减运算和复合运算是 C 语言的特色，C51 语言继承了 C 语言的这种特色。

（1）自增减运算。

自增减运算分别是使变量的值增加或减少 1 的运算，相当于“变量=变量+1”或“变量=变量-1”操作。

①先赋值再自增示例。

```
unsigned char x=0x23;
unsigned char y;
y=x++;          /* 运算结果：y=0x23，x=0x24 */
```

②先自增再赋值示例。

```
unsigned char x=0x23;
unsigned char y
y=++x;          /* 运算结果：y=0x24，x=0x24 */
```

③先赋值再自减示例。

```
unsigned char x=0x23;
unsigned char y
y=x--;          /* 运算结果：y=0x23 ，x=0x22 */
```

④先自减再赋值示例。

```
unsigned char x=0x23;
unsigned char y
y=--x;          /* 运算结果：y=0x22 ，x=0x22 */
```

可以看出，在程序中，x++是先赋值，后自加 1；++x 是先自加 1，后赋值。自减运算和自加运算处理顺序类似。

（2）复合运算。

C51 语言支持在赋值运算符“=”前加上其他运算符，组成复合赋值运算符。复合运算是将普通运算符和赋值符号结合起来的运算，有两个操作数的运算符都可以写成“变量 运算符 = 变量”的形式，相当于“变量 = 变量 运算符 变量”。

下面是 C51 语言中支持的复合赋值运算符：

①+=：加法赋值。

②-=：减法赋值。

③*=：乘法赋值。

④/=：除法赋值。

⑤%=：取模赋值。

⑥&=：逻辑与赋值。

⑦ |=：逻辑或赋值。

⑧^=：逻辑异或赋值。

⑨~=：逻辑非赋值。

⑩>>=：右移位赋值。

⑪<<=：左移位赋值。

复合赋值运算的一般格式如下：

变量 复合运算 赋值符 表达式

其处理过程是，先把变量与后面的表达式进行某种运算，然后将运算的结果赋给前面的变量。这是 C51 语言中简化程序的一种方法，大多数二目运算都可以用复合赋值运算符简化表示。

复合运算举例：

```
x+=y;           /* 相当于 x=x+y */
x>>=y;          /* 相当于 x=x>>y */
a+=6;           /* 相当于 a=a+6 */
a*=5;           /* 相当于 a=a*5 */
b&=0x55;        /* 相当于 b=b&0x55 */
x>>=4;          /* 相当于 x=x>>4 */
```

（3）逗号运算符。

在 C51 语言中，逗号“，”是一个特殊的运算符，可以用它将两个或两个以上的表达式连接起来，称为逗号表达式。逗号表达式的一般格式为

表达式 1，表达式 2，…，表达式 *n*

程序执行时对逗号表达式的处理：按从左至右的顺序依次计算出各个表达式的值，而整个逗号表达式的值是最右边的表达式（表达式 *n*）的值。

例如：

```
x=(a=3,6*3);                //结果为 x=18
假设 b=2，c=7，d=5，则
a1=(++b, c--, d+3);         // 结果为 a1=8
a2=(i=1, j=i+2, k=j+3);     // 结果为 a2=6
```

3.3.5　指针和取地址运算

学习数据类型时学习过指针类型，它是一种存放指向另一个数据的地址的变量类型。指针是单片机 C51 语言中一个十分重要的概念，也是学习单片机 C51 语言的一个难点。单片机 C51 语言中供给的两个专门用于指针和地址的运算符为：

①*：取内容。

②&：取地址。

取内容和取地址的一般形式分别为：

①变量=*指针变量。

②指针变量=&目标变量。

取内容运算是将指针变量所指向的目标变量的值赋给左边的变量；取地址运算是将目标变量的地址赋给左边的变量。

注意：指针变量中只能存放地址（也就是指针型数据），一般情况下不要将非指针类型的数据赋值给一个指针变量。

例如，

```
int a=2;
int *i_pointer = &a;
```

其中，

①i_pointe：指针变量，它的内容是地址量。

②&a：变量指针，就是变量 a 的地址。

③*i_pointer：指针的目标变量，它的内容是数据，即变量 a 的值 2。

单片机 C51 语言支持一般指针（generic pointer）和存储器指针（memory_specific pointer）。

1. 一般指针

一般指针的声明和使用均与标准 C 语言相同，同时还能说明指针的存储类型，例如：

long * state; //为一个指向 long 型整数的指针，而 state 本身则按照存储模式存放。

char * xdata ptr; //为一个指向 char 型数据的指针，而 ptr 本身存储于外部 RAM 区。

以上的 long、char 指针指向的数据可存放于任何存储器中。

一般指针本身用 3 个字节存放，分别为存储器类型、高位偏移量和低位偏移量。

2. 存储器指针

基于存储器的指针说明时即指定了存储类型，例如：

```
char data * str;      //str 为指向 data 区中 char 型变量
int xdata * pow;      //pow 为指向外部 RAM 的 int 型变量
```

这种指针存放时，只需一个字节或 2 个字节就够了，因为只需存放偏移量。

3. 指针转换

指针转换即指针在上述两种类型之间转换。

当基于存储器的指针作为一个实参传递给需要一般指针的函数时，指针自动转换。

如果不说明外部函数原形，基于存储器的指针自动转换为一般指针可能导致错误，因而要用“#include”说明所用函数原形。此外，还可以强行转换指针类型。

以上各种运算符有不同的优先级等级，运算符优先级见表 3.7。

表 3.7　运算符优先级

级别	类别	名称	运算符	结合方向	说明
1	强制转换、数组、结构、联合	强制类型转换	( )	左到右	—
		下标	[ ]		
		选择对象的成员	.		
		选择对象指针的成员	->		
2	逻辑	存取结构或联合成员	!	右到左	单目运算符
	字位	按位取反	~		
	增量	加一	++		
	减量	减一	--		
	指针	取地址	&		
		取内容	*		
	算术	单目减	-		
	长度计算	长度计算	sizeof		
3	算术	乘	*	左到右	双目运算符
		除	/		
		取模	%		
4	算术和指针运算	加	+		
		减	-		
5	字位	左移	<<		
		右移	>>		
6	关系	大于等于	>=		
		大于	>		
		小于等于	<=		
		小于	<		
7		恒等于	==		
		不等于	!=		
8	字位	按位与	&		
9		按位异或	^		
10		按位或	|		
11	逻辑	逻辑与	&&		
12		逻辑或	||		

续表 3.7

<table>
<tr><th>级别</th><th>类别</th><th>名称</th><th>运算符</th><th>结合方向</th><th>说明</th></tr>
<tr><td>13</td><td>条件</td><td>条件运算</td><td>?:</td><td rowspan="13">右到左</td><td>三目运算符</td></tr>
<tr><td rowspan="12">14</td><td rowspan="12">赋值</td><td>赋值</td><td>=</td><td rowspan="12">—</td></tr>
<tr><td>除后赋值</td><td>/=</td></tr>
<tr><td>乘后赋值</td><td>*=</td></tr>
<tr><td>取模后赋值</td><td>%=</td></tr>
<tr><td>加后赋值</td><td>+=</td></tr>
<tr><td>减后赋值</td><td>-=</td></tr>
<tr><td>左移后赋值</td><td><<=</td></tr>
<tr><td>右移后赋值</td><td>>>=</td></tr>
<tr><td>按位与后赋值</td><td>&=</td></tr>
<tr><td>按位异或后赋值</td><td>^=</td></tr>
<tr><td>按位或后赋值</td><td>|=</td></tr>
<tr><td>15</td><td>逗号</td><td>逗号运算</td><td>,</td><td>左到右</td><td>—</td></tr>
</table>

3.4 C51 语言程序的基本结构

C51 语言是一种结构化的编程语言。其基本元素是模块，它是程序的一部分，只有一个入口和一个出口，不允许有中途插入或从模块的其他路径退出。

C51 语言有 3 种基本结构：

①顺序结构。

②选择结构。

③循环结构。

3.4.1 顺序结构

顺序结构是最简单、最基本的程序结构，其特点是按指令的排列顺序一条条地执行。如图 3.1 所示，程序先执行 A 操作，再执行 B 操作，两者是顺序执行的关系。

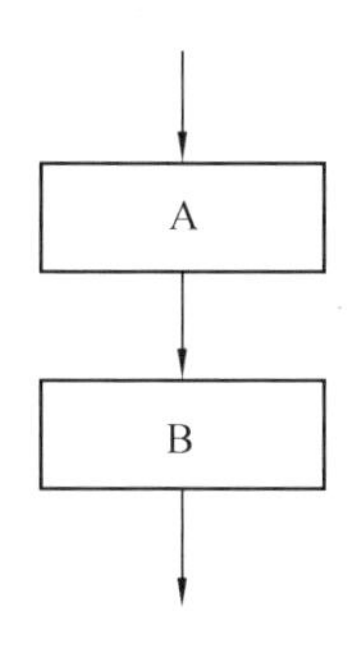

图 3.1　顺序结构

3.4.2　选择结构

选择结构中必然包含一个判断框，根据给定的条件 P 是否成立而选择执行 A 框或 B 框。选择结构由条件语句构成。

1. 条件语句

条件语句又称为分支语句，其关键字由 if 语句或 switch-case 构成。

C 语言提供了 3 种形式的 if 语句结构。

（1）if 形式。

```
if (条件表达式)
    语句
```

描述：当条件表达式的结果为真时，执行语句，否则跳过语句。

例如：

```
if(a>=3)
    b=0;
```

若 a>=3，将 b 的值赋为 0，否则 b 的值不变。

（2）if-else 形式。

```
if (条件表达式)
    语句 1
else
    语句 2
```

描述：当条件表达式成立时，执行语句 1，否则执行语句 2，其结构如图 3.2 所示。

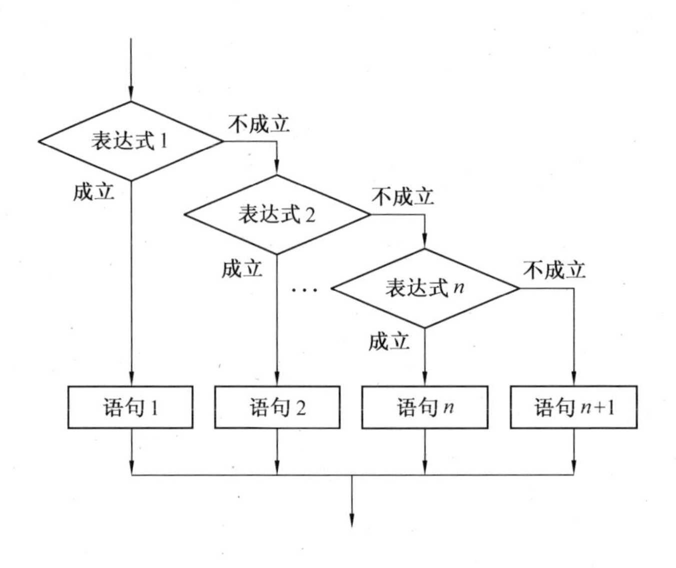

图 3.2　if-else 结构

例如：

```
if (a==b)
    a++;
else
    a--;
```

当 a 等于 b 时，a 加 1，否则 a 减 1。

（3）if-else if 形式。

```
if (条件表达式 1)
    语句 1;
else if (条件表达式 2)
        语句 2;
    else if (条件表达式 3)
            语句 3;
              ⋮
        else if (条件表达式 n)
                语句 n;
            else
                语句 n+1;
```

描述：如果表达式 1 为真，则执行语句 1，退出 if 语句；否则判断表达式 2，如果为真，则执行语句 2，退出 if 语句；否则判断表达式 3……最后，如果表达式 *n* 也不成立，则执行 else 后面的语句 *n*+1。else 和语句 *n*+1 也可省略不用。

例如：

```
if (a>=3)
    b=10;
else if (a>=2)
        b=20;
    else if (a>=1)
            b=30;
        else
            b=0;
```

若 a>=3 成立，则 b=10；否则判断 a>=2 是否成立，若成立则 b=20；否则判断 a>=1 是否成立，若成立则 b=30；否则 b=0。

2. switch-case 语句结构

学习了条件语句后，用多个条件语句可以实现多方向条件分支，但是使用过多的条件语句来实现多方向分支会使条件语句嵌套过多，程序冗长，这样读起来也很不方便。这时使用开关语句既可以达到处理多分支选择的目的，又可以使程序结构清晰。

语法如下：

```
switch (表达式)
{
    case 常量表达式 1:  语句 1; break ;
    case 常量表达式 2:  语句 2; break ;
    case 常量表达式 3:  语句 3; break ;
                        ⋮
    case 常量表达式 n:  语句 n; break ;
    default:  语句 n+1
}
```

描述：该语句中 switch 后面表达式的值将会作为条件，与 case 后面的各个常量表达式的值对比，如果相等则执行后面的语句，再执行 break（间断语句）语句，跳出 switch

语句；如果 case 中没有符合条件的值就执行 default 后的语句。若要求在没有符合的条件时不做任何处理，则可以不写 default 语句。switch-case 结构如图 3.3 所示。

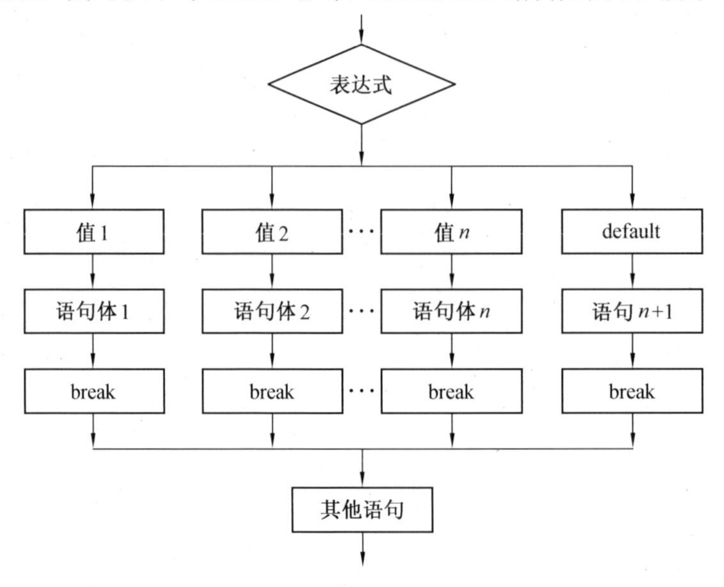

图 3.3　switch-case 结构

3.4.3　循环结构

循环程序的作用就是用来实现需要反复执行某一部分程序行的操作。C51 语言有如下几类循环结构。

1. while 循环

在 while 循环结构中，当判断条件 P 成立时，执行操作 A，执行完毕后再一次判断条件 P，如果条件成立则继续循环 A，否则退出循环，其结构如图 3.4 所示。

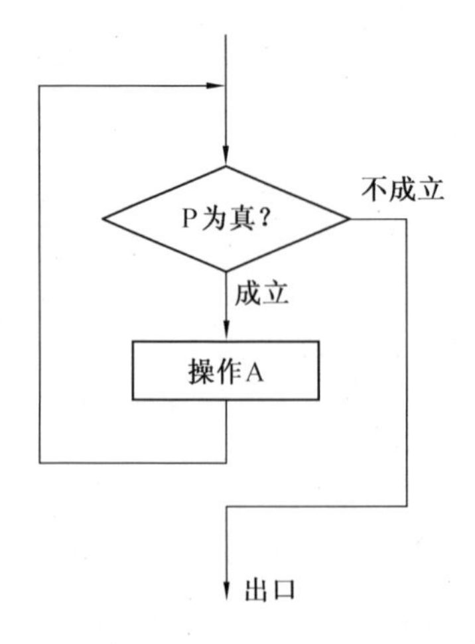

图 3.4　while 循环结构

其形式如下：

```
while （表达式）
{
    循环语句;
}
```

描述：当表达式为真（非 0）时，执行 while 中的内嵌循环语句。

2. do-while 循环

在 do-while 循环结构中，先执行循环操作 A，然后判断条件 P 是否成立，成立时执行循环体 A，执行完毕后再一次判断条件 P，如果条件成立则继续循环 A，否则退出循环，其结构如图 3.5 所示。

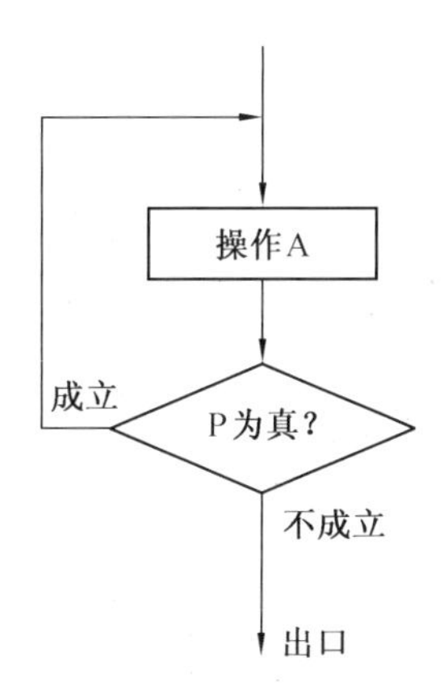

图 3.5　do-while 循环结构

其形式如下：

```
do
{
    循环语句;
}
while（表达式）
```

描述：先执行 do-while 中的内嵌循环语句，再判断表达式，为真（非 0）时继续执行内嵌循环语句。

3. for 循环

for 循环语句的一般形式如下：

for（表达式 1; 表达式 2; 表达式 3）

```
{
循环语句;
}
```

描述：

①求解表达式 1。

②求解表达式 2，若其为真，则执行 for 语句中的循环语句，否则转到第③步。

③如果表达式 2 为假，则结束循环，转到第⑥步。

④求解表达式 3。

⑤转回第②步继续执行。

⑥退出 for 循环。

3.4.4　C51 语言的 break 语句、continue 语句和 goto 语句

1. break 语句

格式：

break;

功能：该语句可以使程序运行时中途跳出循环体，即强制结束循环，执行循环下面的语句。

【说明】

（1）break 语句不能用于循环语句和 switch 语句之外的任何语句。

（2）在多重循环的情况下，break 语句只能跳出一层循环，即从当前循环中跳出。

2. continue 语句

格式：

continue;

功能：结束本次循环，即跳过循环体中尚未执行的语句，接着进行下一次是否执行循环的判定。

continue 语句和 break 语句的区别是：continue 语句只是结束本次循环，不终止整个循环的执行；而 break 语句则是强制终止整个循环过程。

3. goto 语句

goto 为无条件转向语句，作用是将程序运行的流向转到它所指定的标号处去执行。其一般形式如下：

goto 语句标号;

结构化程序设计方法主张限制使用 goto 语句，因为滥用 goto 语句将使程序流程无规律，可读性变差。但也不是绝对禁止使用 goto 语句，一般来说，goto 语句可以有以下两种用途。

（1）与 if 语句一起构成循环结构。

（2）用来从循环体内跳转到循环体外。但在 C51 语言中，可以使用 break 语句和 continue 语句跳出本层循环和结束本次循环，故 goto 语句的使用机会已大大减少，只有需要从多层循环的内层循环跳到外层循环时才用到 goto 语句。但是这种用法不符合结构化原则，一般不宜采用，只有在不得已时（例如能够大大提高效率）才使用。

3.5　C51 语言的函数

3.5.1　标准库函数

通常 C 语言的编译器会自带标准的函数库，其中都是一些常用的函数，Keil 中也是如此。Keil C51 语言中有丰富的可直接调用的库函数，灵活使用库函数可使程序代码简洁、结构清晰，并且易于调试和维护。每个库函数都在相应的头文件中给出了函数原型声明，如果用户需要使用库函数，必须在源程序的开始处用预处理命令“#include”将有关的头文件包含进来。库函数可分为以下 6 类。

1. 本征库函数

使用本征库函数时，C51 语言源程序中必须包含预处理命令“#include<intrins.h>”。本征库函数在编译时直接将固定的代码插入当前行，而不是用汇编语言中的“ACALL”和“LCALL”指令来实现调用，从而大大提高了函数的访问效率。Keil C51 语言的本征库函数有 9 个，数量少但非常实用。

2. 字符判断转换库函数

字符判断转换库函数的原型声明在头文件 ctype.h 中定义。

3. 输入/输出库函数

输入/输出库函数的原型声明在头文件 stdio.h 中定义，通过 8051 的串行接口工作。如果希望支持其他 I/O 端口，需要改动_getkey()和 putchar()函数。库中所有其他的 I/O 支持函数都依赖于这两个函数模块。在使用 8051 系列单片机的串行接口之前，应先对其进行初始化。

例如，以 2 400 波特率（12 MHz 时钟频率）初始化串行接口的语句如下：

```
SCON=0x52;                //SCON 置初值
```

```
TMOD=0x20;              //TMOD 置初值
TH1=0xF3;               //TH1 置初值
TR1=1;                  //启动 TR1
```

4. 字符串处理库函数

字符串处理库函数的原型声明包含在头文件 string.h 中，字符串函数通常接收指针串作为输入值。一个字符串包括两个或多个字符，字符串的结尾以空字符表示。在函数 memcmp、memcpy、memchr、memccpy、memset 和 memmove 中，字符串的长度由调用者明确规定，这些函数可在任何模式下工作。

5. 类型转换及内存分配库函数

类型转换及内存分配库函数的原型声明包含在头文件 stdlib.h 中，利用该库函数可以完成数据类型转换以及存储器分配操作。

6. 数学计算库函数

数学计算库函数的原型声明包含在头文件 math.h 中。

3.5.2 用户自定义函数

1. 函数的定义

标准函数已由编译器软件商编写定义，使用者直接调用即可，无须定义。但是，标准的函数不足以满足使用者的特殊要求，因此 C51 语言允许使用者根据需要编写特定功能的函数，要调用它必须要先对其进行定义。定义的格式如下：

```
函数类型 函数名称(形式参数表)
{
    函数体
}
```

函数类型是说明所定义函数返回值的类型。返回值其实就是一个变量，按变量类型来定义函数类型即可。如果函数为不需要返回值的函数类型，则写作“void”，表示该函数没有返回值。

注意：

①函数体返回值的类型一定要和函数类型一致，否则会出错。

②函数名称的定义在遵循 C 语言变量命名规则的同时，还要注意不能在同一程序中定义同名的函数，否则会造成编译错误。

③同一程序中允许有同名变量，因为变量有全局变量和局部变量之分。

形式参数是指调用函数时要传入函数体内参与运算的变量，它可以有一个、多个或没有。当不需要形式参数也就是无参函数时，括号内可为空或写入“void”，但括号不能缺少。函数体中能包含局部变量的定义和程序语句，如果函数要返回运算值，则要使用 return 语句进行返回。在函数的{}号中也可以什么都不写，即空函数。在一个程序项目中可以写一些空函数，以便在以后的修改和升级中在这些空函数中进行功能扩充。

2. 函数的调用

函数定义好以后，要被其他函数调用才能执行。C51 语言的函数是能相互调用的，但在调用函数前，必须对函数的类型进行说明，就算是标准库函数也不例外。标准库函数的说明会被按功能区别开，分别写在不同的头文件中，使用时只需在文件最前面用“#include”预处理语句引入相应的头文件即可。如 sqrt 函数说明就是放在文件名为 math.h 的头文件中。调用是指在一个函数体中引用另一个已定义的函数来实现所需要的功能，这时函数体称为主调用函数，函数体中所引用的函数称为被调用函数。一个函数体中能调用数个其他的函数，这些被调用的函数同样也能调用其他函数，也能嵌套调用。在 C51 语言中有一个函数是不能被其他函数调用的，它就是 main 函数。

调用函数的一般形式如下：

函数名（实际参数表）

“函数名”指被调用的函数。实际参数表可以为零或有多个参数，有多个参数时要用逗号隔开，每个参数的类型、位置应与函数定义时的形式参数一一对应，它的作用就是把参数传到被调用函数中的形式参数，如果类型不一致就会产生错误。调用的函数是无参函数时不写参数，但不能省略后面的括号。

函数的调用方式如下：

（1）函数语句。

printf ("Hello World!\t"); 是一个程序中出现的语句，它以"Hello World!\t"为参数调用 printf 这个库函数。在这里函数调用被看作了一条语句。

注意：在 C51 语言中是将信息打印到串口的。

（2）函数参数。

函数参数指被调用函数的返回值当作另一个被调用函数的实际参数，例如：

temp=StrToInt(CharB(16));　　//函数 CharB 的返回值作为 StrToInt 函数的实际参数传递

（3）函数表达式。

例如，int temp = Count();，此时函数的调用作为一个运算对象出现在表达式中，称为函数表达式。其中，Count()返回一个 int 类型的返回值直接赋值给 temp。

注意：这种调用方式要求被调用的函数能返回一个同类型的值，不然会出现错误。

调用函数前要对被调用的函数进行说明。对于标准库函数，只要用“#include”引入已写好说明的头文件，程序就能直接调用函数。但若调用的是自定义的函数，则要用如下形式编写函数类型说明：

类型标识符 函数的名称（形式参数表）;

这样的说明方式是用在被调函数定义和主调函数在同一文件中的情况。也可以把这些写到“文件名.h”的文件中，用#include "文件名.h"引入。如果被调函数的定义和主调函数不是在同一文件中，则要用如下的方式，说明被调函数的定义在同一项目的另一个文件中，其实库函数的头文件也是如此声明库函数的，如此声明的函数也称为外部函数。

extern 类型标识符 函数的名称（形式参数表）;

函数的定义和说明是完全不一样的，从编译的角度来看，函数的定义是把函数编译存放在 ROM 的某一段地址上，而函数的说明是告诉编译器要在程序中使用哪些函数并确定函数的地址。如果在同一文件中被调函数的定义在主调函数之前，此时不用说明函数类型。也就是说，在 main 函数之前定义的函数，在程序中就不用写函数类型说明。可以在一个函数体中调用另一个函数（嵌套调用），但不可以在一个函数定义中定义另一个函数。

注意：函数定义和说明中的“类型、形参表、名称”等都要保持一致。

3.5.3　中断服务函数

在编写单片机应用程序时，中断服务函数不可缺少。中断服务函数只有在中断源的中断请求被 CPU 响应时才会被执行。因此，它在处理突发事件和实时控制时非常有效。

例如，电路中有一个按键，要求按键后 LED 灯点亮。这个按键何时会被按下是不可预知的，为了捕获这个按键事件，通常会有 3 种方法：一是用循环语句不断对按键进行查询；二是用定时中断在间隔时间内扫描按键；三是用外部中断服务函数对按键进行捕获。在这个应用中，如果只有单一的按键功能，那么第一种方式就能胜任了，程序也很简单，但是它会不停地对按键进行查询，这样会占用大量的 CPU 时间。而实际应用场景中，通常还会有其他的功能需求，此时可根据需要选用第二或第三种方式，其中第三种方式占用的 CPU 时间最少，因为只有在有按键事件发生时中断服务函数才会被执行，其余的时间则可执行其他任务。

单片机 C51 语言扩展了函数的定义，使它能直接编写中断服务函数，编程者不必考虑出入堆栈的问题，从而提高了开发的效率。扩展的关键字是 interrupt，它是函数定义时的一个选项，只要在一个函数定义后面加上这个选项，那么这个函数就变成了中断服务函数。在后面还能加上一个选项 using，这个选项用来指定选用 51 芯片内部 4 组工作寄存器中的哪个组。初学者可不必去做工作寄存器设定，由编译器自动选择即可，避免产生不必要的错误。

定义中断服务函数可用如下形式：

函数类型 函数名 (形式参数) interrupt n [using n]

interrupt 关键字是不可缺少的，由它告诉编译器该函数是中断服务函数，并由后面的 *n* 指明所使用的中断号。*n* 的取值范围为 0～31，但具体的中断号要取决于单片机的型号，必须仔细研读芯片手册。例如，AT89S51 单片机有 5 个中断源，那么，*n* 的取值范围为 0～4。每个中断号都对应一个中断向量，具体地址为 8*n*+3，中断源对应的中断请求被处理器响应后，处理器会跳转到中断向量所处的地址执行程序，编译器会在这地址上产生一个无条件跳转语句，使程序跳转到中断服务函数所在的地址继续执行。

使用中断服务函数时应注意：用户不能直接调用中断服务函数；中断服务函数不能直接调用中断服务函数；不能通过中断服务函数的形参传递参数；中断服务函数不能有返回值。若要在中断服务函数中调用其他函数，那么两者所使用的寄存器组必须相同。

以下是简单的例子。首先要在实验电路中用一个按键，接在 P3.2（12 引脚外部中断 $\overline{\text{INT0}}$）和地线之间，控制 P2.7 管脚上的 LED 灯亮和灯灭。把编译好的程序烧录到芯片后，当接在 P3.2 引脚的按键按下时，中断服务函数 Int0Demo 就会被执行，LED 灯状态会随着每一次按键发生状态翻转。放开 P3.2 上的按键后，P1LED 状态保持在按下 P3.2 时 P3 的状态。用外部中断控制 LED 灯如图 3.6 所示。

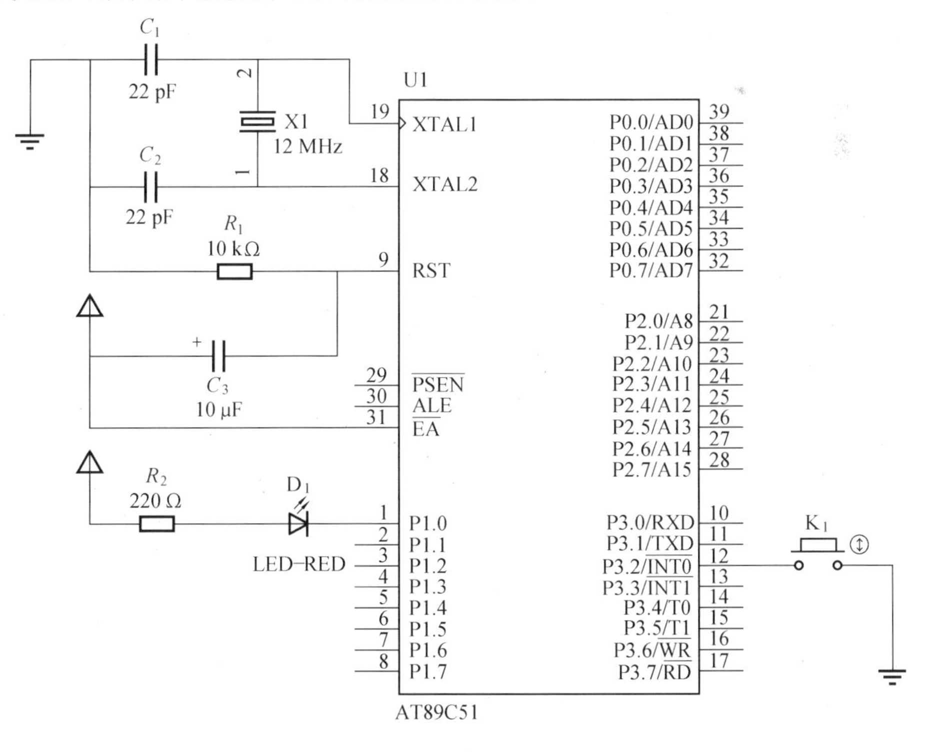

图 3.6　用外部中断控制 LED 灯

源代码如下：

```
#include "reg51.h"                //此头文件中定义了单片机的一些特殊功能寄存器
typedef unsigned int u16;         //对数据类型进行声明定义
typedef unsigned char u8;
sbit k1=P3^2;                     //定义P3.2口按键K1
sbit LED=P1^0;                    //定义P1.0口接LED
/*
* 函 数 名: delay
* 函数功能: 延时函数，i=1时，大约延时10 μs
*/
void delay(u16 i)
{
    while(i--);
}
/*
* 函 数 名: Int0Init()
* 函数功能: 设置外部中断 0
* 输 入: 无
* 输 出: 无
*/
void Int0Init()
{
    //设置INT0
    IT0=1;                        //跳变沿触发方式（下降沿）
    EX0=1;                        //打开INT0的中断允许
    EA=1;                         //打开总中断
}
/*
* 函 数 名: main
* 函数功能: 主函数
* 输 入: 无
* 输 出: 无
```

```
*/
void main()
{
    Int0Init();  //设置外部中断 0
    while(1);   //等待下降沿的产生，若 K1 按键按下，下降沿产生，立即进入中断服务函数
}
/*
* 函数名：Int0Demo () interrupt 0
* 函数功能：外部中断 0 的中断函数
* 输入：无
* 输出：无
*/
void Int0Demo() interrupt 0              //外部中断 0 的中断函数
{
    delay(1000);                         //延时消抖
    if(k1==0)                            //判断按键是否按下
    {
        LED=~LED;                        //控制灯亮或灯灭
    }
}
```

习题

一、填空题

1. C51 语言支持的指针有一般指针和（　　　）指针。C51 语言中一般指针变量占用（　　　）字节存储。

2. C51 语言中，没有专门的循环语句，可以用函数（　　　　　　　）完成一个字节的循环左移，用（　　　　　　　）完成两个字节的循环左移。

3. C51 语言的基本数据类型有（　　　　　　　　　　　　　　　　）。

4. C51 语言的存储类型有（　　　　　　　　　　　　　　　　）。

5. C51 语言的存储模式有（　　　　　　　　　　　　　　　　）。

6. C51语言程序与其他语言程序一样，程序结构也分为（　　　　　　　　）3种。

7. C51语言中int型变量的长度为（　　　），其值域为（　　　　）。

8. C51语言中关键字sfr的作用是（　　　　　），sbit的作用（　　　　　）。

9. C51语言提供了（　　　　）存储类型来访问程序存储区。

10. C51语言中“！”运算符的作用是（　　　　　）。

11. 若函数无返回值，用（　　）关键字指定。

12. 若局部变量未初始化，其初值为（　　）。

13. 8051单片机存储区可分为（　　　　　）、（　　　　　）及（　　　　　）。

14. 8051的中断服务函数通过使用（　　　　　）关键字和中断号（0～31）来实现，中断号提供给编译器中断服务函数的入口地址。

15. 定义中断服务函数时，（　　　　）是一个选项，可以省略不用。如果不用此选项，则由编译器选择一个寄存器组作为绝对寄存器组。

16. C51语言编译器允许用C51语言创建中断服务函数，中断服务函数是由（　　　　）自动调用的。

二、选择题

1. 在C51语言程序中常常把（　　）作为循环体，用于消耗CPU运行时间，产生延时效果。

A. 赋值语句　　B. 表达式语句　　C. 循环语句　　D. 空语句

2. 在C51语言中，当do-while语句中条件表达式的值为（　　）时，循环结束。

A. 0　　B. 1　　C. 2　　D. 3

3. 以下选项中合法的C51语言变量名是（　　）。

A. xdata　　B. sbit　　C. start　　D. interrupt

4. C51语言数据类型中关键词sfr用于定义（　　）。

A. 指针变量　　B. 字符型变量

C. 无符号变量　　D. 特殊功能寄存器变量

5. 在C51语言的数据类型中，unsigned char型的数据长度和值域为（　　）。

A. 单字节，-128～127　　B. 双字节，-32 768～32 767

C. 单字节，0～255　　D. 双字节，0～65 535

6. C51语言数据类型中关键词bit用于定义（　　）。

A. 位变量　　B. 字节变量

C. 无符号变量　　D. 特殊功能寄存器变量

7. 已知P1端口第0位的位地址是0x90，将其定义为位变量P1_0的正确命令是（ ）。

A. bit P1_0 = 0x90;　　B. sbit P1_0 = 0x90;

C. sfr P1_0 = 0x90;　　D. sfr16 P1_0 = 0x90;

8. 将 aa 定义为片外 RAM 区的无符号字符型自动变量的正确写法是（ ）。

A. unsigned char data aa;　　B. signed char xdata aa;

C. extern signed char data aa;　　D. unsigned char xdata aa;

9. 将 bmp 定义为片内 RAM 区的有符号字符型静态变量的正确写法是（ ）。

A. static char xdata bmp;　　B. signed char data bmp;

C. static char data bmp;　　D. static unsigend char data bmp;

10. 设编译模式为 SMALL，将 csk 定义为片外 RAM 区的浮点型变量的正确写法是（ ）。

A. char data csk;　　B. float csk;

C. signed char data csk;　　D. float xdata csk;

11. 下面叙述中不正确的是（ ）。

A. 一个 C51 语言源程序可以由一个或多个函数组成

B. 一个 C51 语言源程序必须包含一个 main()函数

C. C51 语言中的注释语句只能位于可执行语句的后面

D. C51 语言程序的基本组成单位是函数

12. C 51 语言程序总是从（ ）开始运行的。

A. 主函数　　B. 形参函数　　C. 库函数　　D. 自定义函数

13. 在 C51 语言中，函数类型是由（ ）决定的。

A. return 语句表达式的存储类型　　B. 函数形参的数据类型

C. 定义函数时指定的返回类型　　D. 编译系统的编译模式

14. 下列语句中，（ ）能满足如下要求：定义一个指向位于 xdata 存储区（small 编译模式）中 char 型变量的指针变量 px。

A. char * xdata px;　　B. char xdata * px;

C. char data * xdata px;　　D. char * px xdata;

三、简答题

1. C51 语言的特点有哪些？C51 语言的变量定义包含哪些要素？其中哪些不能省略？

2. C51 语言中有哪几类运算符和哪些表达式？

3. C51 语言中的 while 和 do-while 语句的不同点是什么？

4. 若在 C51 语言的 switch 的语句组中漏掉 break 会出现什么问题？
5. sbit 型变量与 bit 型变量都是位变量，二者的不同点是什么？
6. 在 C51 语言中为何要尽量采用无符号的字节变量或位变量？
7. 为了加快程序的运行速度，C51 语言中频繁使用的变量应定义在哪个存储区？
8. 对于 C51 语言来讲，指针变量定义还应该包括标准 C 语言以外的哪些信息？
9. 何为自动型变量？它有哪些特点？

第4章　单片机与开关、键盘及显示器件的接口技术

4.1　单片机点亮发光二极管

发光二极管（Light-Emitting Diode，LED）是一种能发光的半导体电子元器件。它诞生于1962年，是一种由三价与五价元素所组成的复合光源，早期只能发出低光度的红光，后来用作指示灯，之后又发展出其他单色光的版本，至今能发出的光已遍及可见光、红外线及紫外线，光度也得到了提高。而随着白光发光二极管的出现，其用途从起初仅作为指示灯、显示板等逐渐拓展，近年来已发展为照明工具。

发光二极管可以看成恒压负载，其电压降取决于内部光子发射所需跃过的能量势垒。能量势垒由发光颜色决定，因此电压降也取决于发光颜色。由于生产过程和工艺的差异，使其发光的波长不尽相同，因此造成了电压降上的差异。

普通二极管（非发光型）正常工作时，硅管正向管压降为0.7 V，锗管正向管压降为0.3 V。而发光二极管正向管压降则会随着封装的不同和发光颜色的不同而不同。

（1）直插超亮发光二极管的压降（正常发光时的额定电流为 20 mA）。

①红色发光二极管的压降为2.0～2.2 V。

②黄色发光二极管的压降为1.8～2.0 V。

③绿色发光二极管的压降为3.0～3.2 V。

（2）贴片发光二极管的压降。

①红色发光二极管的压降为1.82～1.88 V，电流为5～8 mA。

②绿色发光二极管的压降为1.75～1.82 V，电流为3～5 mA。

③橙色发光二极管的压降为1.7～1.8 V，电流为3～5 mA。

④蓝色发光二极管的压降为3.1～3.3 V，电流为8～10 mA。

⑤白色发光二极管的压降为3～3.2 V，电流为10～15 mA。

4.1.1 发光二极管闪烁的设计

发光二极管闪烁电路如图 4.1 所示，P1.0 接发光二极管 D_1（红色，直插超亮发光二极管）的阴极，其阳极通过 220 Ω 电阻连接到+5 V 电源上。若 P1.0 输出高电平，那么流过 D_1 的电流值为 0，D_1 不亮；若 P1.0 输出低电平，那么流过 D_1 的电流值为（5 V−2 V）/ 220 Ω=13.6 mA，D_1 亮。

要想看到闪烁效果，延时必不可少。一般采用几百毫秒的延时。因为在晶振频率为 12 MHz 时，处理器的一个机器周期为 1 μs，而执行一条 C51 语言语句所需时间是一个或几个机器周期，所需时间是几微秒，此时人眼无法分辨出闪烁效果。

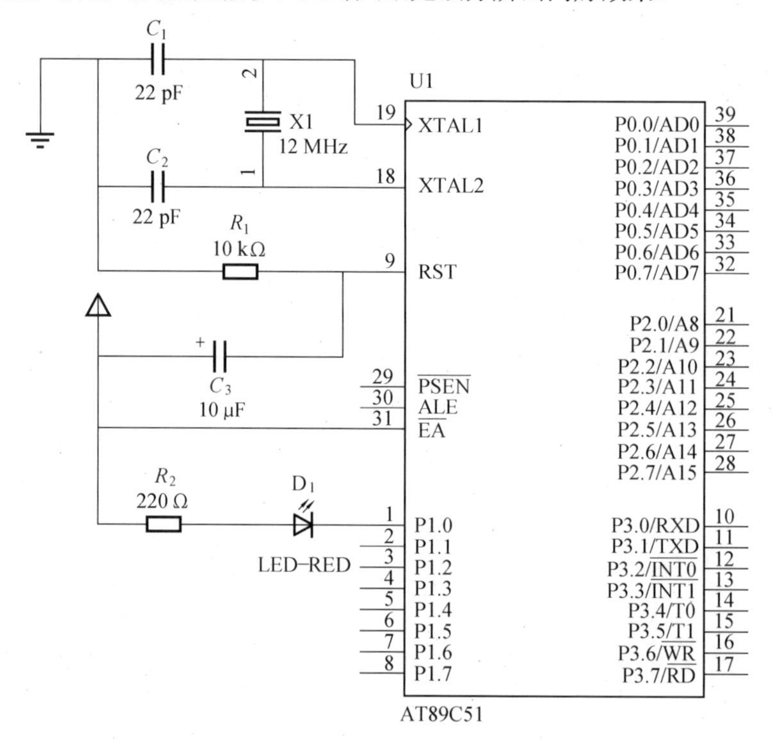

图 4.1　发光二极管闪烁电路

发光二极管闪烁电路源代码具体如下。

```
#include<reg51.h>
#define uchar unsigned char
#define uint unsigned int
sbit LED=P1^0;
//延时
void DelayMS(uint x)
{
```

```
        uchar i;
        while(x--)
        {
            for(i=0;i<120;i++);
        }
}
//主程序
void main()
{
        while(1)
        {
            LED=~LED;
            DelayMS(200);
        }
}
```

4.1.2　流水灯的设计

流水灯电路如图 4.2 所示，P0 端口的 P0.0～P0.7 接 8 只发光二极管 D_1～D_8 的阴极，它们的阳极分别经过 220 Ω 电阻接到+5 V 电源上。

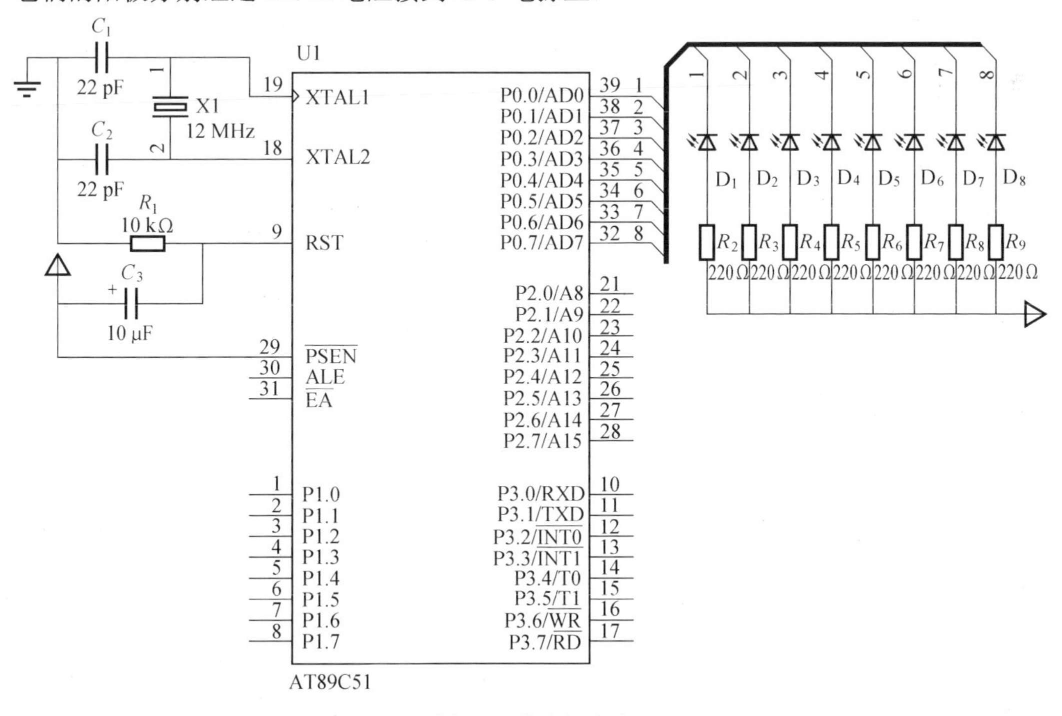

图 4.2　流水灯电路

流水灯主程序流程：当程序启动时，使 P0=0xfe，即 P0.0=0，P0.0 引脚输出低电平，此时 D_1 点亮，将 temp 的值 0xfe 循环左移 1 位后，从 D_1 至 D_8，按顺序每次只点亮一只发光二极管，并延时一段时间，然后点亮下一只发光二极管。

流水灯电路源代码具体如下。

```
#include<reg51.h>
#include<intrins.h>                    //函数_crol_ 和_cror_ 的头文件

void delay(unsigned int z)             //延时子函数
{
        unsigned int i,j;
        for(i=0;i<z;i++)
        for(j=0;j<200;j++);
}

void main()
{
        unsigned char temp;
        temp =0xfe;
        while(1)
                {
                for(;temp>0x7f;)
                {
                        P0= temp;
                        delay(100);            //调用延时子函数延时
                        temp =_crol_(temp,1); //循环左移
                }

                for(;temp<0xfe;)
                {
                        P0= temp;
                        delay(100);
                        temp =_cror_(temp,1); // 循环右移，让灯倒回去
                }
        }
}
```

4.2　数码管显示

数码管是一种可以显示数字和其他信息的电子设备。发光二极管常常在各种电子设备中充当指示灯使用，除发光二极管外，常见用于显示的器件还有数码管，如电子时钟中显示时间的部分就可能使用数码管，公交车的显示屏也是利用了数码管。其实数码管的本质就是发光二极管的组合使用，最常见的就是七段数码管和八段数码管。七段数码管由 7 个长条形的发光二极管组成，而八段数码管仅比七段数码管多了一个小圆点。图 4.3 所示就是一个两位的八段数码管，它只比七段数码管多了右下角的一个点。

图 4.3　数码管实物

数码管又称 LED 数码管，按发光二极管单元连接方式可分为共阳极数码管和共阴极数码管。共阳极数码管是指将所有发光二极管的阳极接到一起形成公共阳极（COM）的数码管。共阳极数码管在应用时应将公共极 COM 接到+5 V 电源上，当某一字段发光二极管的阴极为低电平时，相应字段就点亮；当某一字段发光二极管的阴极为高电平时，相应字段就不亮。共阴极数码管是指将所有发光二极管的阴极接到一起形成公共阴极（COM）的数码管。共阴极数码管在应用时应将公共极 COM 接到地线 GND 上，当某一字段发光二极管的阳极为高电平时，相应字段就点亮；当某一字段发光二极管的阳极为低电平时，相应字段就不亮。数码管引脚图如图 4.4 所示。

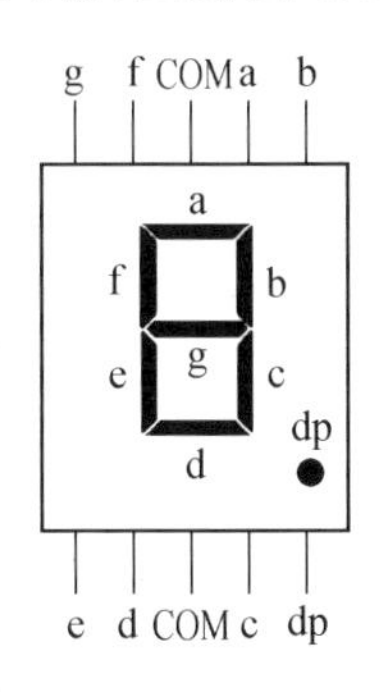

图 4.4　数码管引脚图

图 4.5 所示为数码管的共阴极与共阳极结构，其发光原理与普通发光二极管相同，所以可将数码管的几段当成几个发光二极管。根据内部发光二极管的共连接端不同，可以

分为共阳极接法和共阴极接法。共阳极接法就是将 8 个发光二极管的正极共同接电源 V_{CC}，通过控制每个发光二极管的负极是否接地来显示数字。共阴极接法就是将 8 个发光二极管的负极共同接地 GND，通过控制每个发光二极管的正极是否接电源来显示数字。图 4.5 中 a～g 和 dp 管脚分别控制着每个发光二极管的亮暗，所以，如果要显示 1，只需要点亮 b、c 两段即可；如果要显示数字 5，则只需要点亮 a、f、g、c、d 段即可。

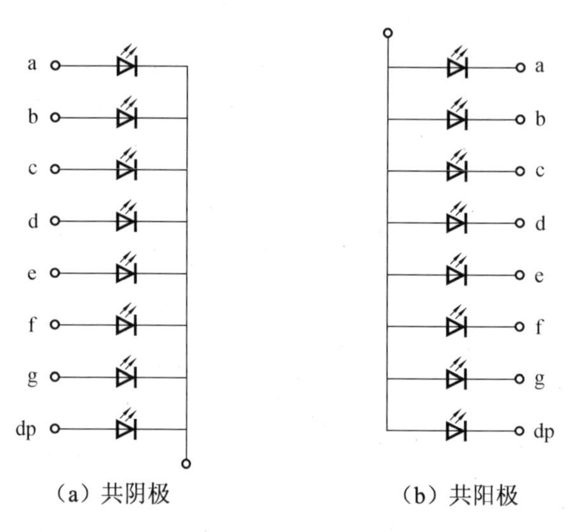

（a）共阴极　　（b）共阳极

图 4.5　数码管的共阴极与共阳极结构

下面把数码管能够显示的数字以及符号用表格整理出来（以共阴极数码管为例），数码管显示字符与输入值的对应关系，见表 4.1。

表 4.1　数码管显示字符与输入值的对应关系

显示数字	十六进制	二进制	显示数字	十六进制	二进制
0	0x3f	00111111	b	0x7c	01111100
1	0x06	00000110	C	0x39	00111001
2	0x5b	01011011	d	0x5e	01011110
3	0x4f	01001111	E	0x79	01111001
4	0x66	01100110	F	0x71	01110001
5	0x6d	01101101	H	0x76	01110110
6	0x7d	01111101	L	0x38	00111000
7	0x07	00000111	P	0x73	01110011
8	0x7f	01111111	n	0x37	00110111
9	0x6f	01101111	u	0x3e	00111110
A	0x77	01110111			

数码管动态显示和静态显示的区别是，字符变更不同、占用 CPU 时间不同、硬件资源不同。

1. 字符变更不同

（1）动态显示。动态显示轮流显示各个字符。利用人眼视觉暂留的特点，循环顺序变更位码，同时数据线上发送相应的显示内容。

（2）静态显示。静态显示同时显示各个字符。位码始终有效，显示内容完全跟数据线上的值一致。

2. 占用 CPU 时间不同

（1）动态显示。动态显示需要 CPU 不断地扫描位码发送显示数据，占用 CPU 时间长。

（2）静态显示。静态显示由于不用不断变换位码，占用 CPU 时间短。

3. 硬件资源不同

（1）动态显示。相较于静态显示，动态显示消耗的硬件资源较少。

（2）静态显示。相较于动态显示，静态显示消耗的硬件资源较多。

4.2.1　数码管静态显示

数码管静态显示电路如图 4.6 所示，共阳极数码管与单片机的 P0 端口相连，位码由 P0 端口输出，始终有效，数码管显示内容完全和 P0 端口的输出值一致。

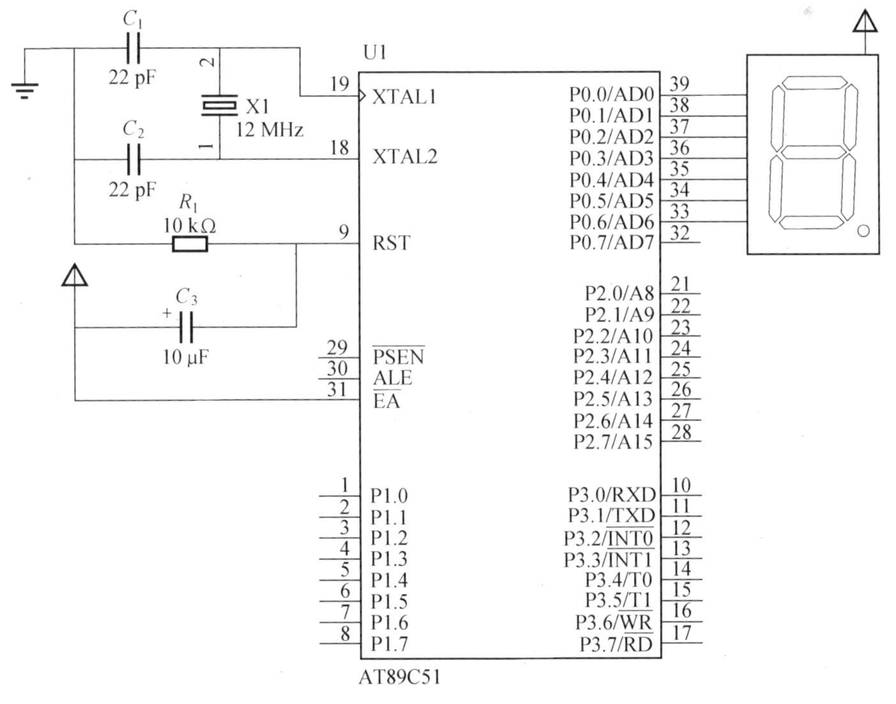

图 4.6　数码管静态显示电路

数码管静态显示电路源代码具体如下。

```
#include <reg51.h>
typedef unsigned char u8;
typedef unsigned int u16;
u8 code smgduan[16]= {0x3f, 0x06, 0x5b, 0x4f,
                      0x66, 0x6d, 0x7d, 0x07,
                      0x7f, 0x6f, 0x77, 0x7c,
                      0x39, 0x5e, 0x79, 0x71};  // 0~f   16 个数字，共阴极
u8 k = 0;

void delay1s(u8 x)                            //延时函数
{
    u16 i=0;
    u16 j=0;
    for(;i < x*14665; i++)
        for(;j < 10000; j++)
        ;
}

void main()
{
   P0 = ~smgduan[0];                          //显示 0
   while(1)
   {
        for(;k < 16; k++)
        {
            P0 = ~smgduan[k];                 //显示 0~f 16 个数
            delay1s(1);                       //延时
        }
        k = 0;
   }
}
```

4.2.2 数码管动态显示

数码管动态显示接口是单片机中应用最为广泛的一种显示方式。动态驱动是将所有数码管的 8 个显示笔画 a～g、dp 的同名端连在一起，另外为每个数码管的公共极 COM 增加位选通控制电路，位选通由各自独立的 I/O 线控制，单片机输出字形码时，所有数码

管都接收到相同的字形码，但究竟哪个数码管会显示出字形则取决于单片机对位选通 COM 端电路的控制。所以，只要将需要显示的数码管的选通控制打开，该位即可就显示出字形，反之没有选通的数码管就不会亮。通过分时轮流控制各个数码管的 COM 端，使各个数码管轮流受控显示，这就是动态驱动。在轮流显示过程中，每位数码管的点亮时间为 1～2 ms，由于人的视觉暂留现象及发光二极管的余晖效应，尽管实际上各位数码管并非同时点亮，但只要扫描的速度足够快，其给人的印象就是一组稳定的显示信息，不会有闪烁感。动态显示的效果和静态显示是一样的，能够节省大量的 I/O 端口，而且功耗更低。

以下案例实现了 3 个字符构成的数字串在 8 只数码管上从右向左滚动显示。数码管动态显示电路如图 4.7 所示。

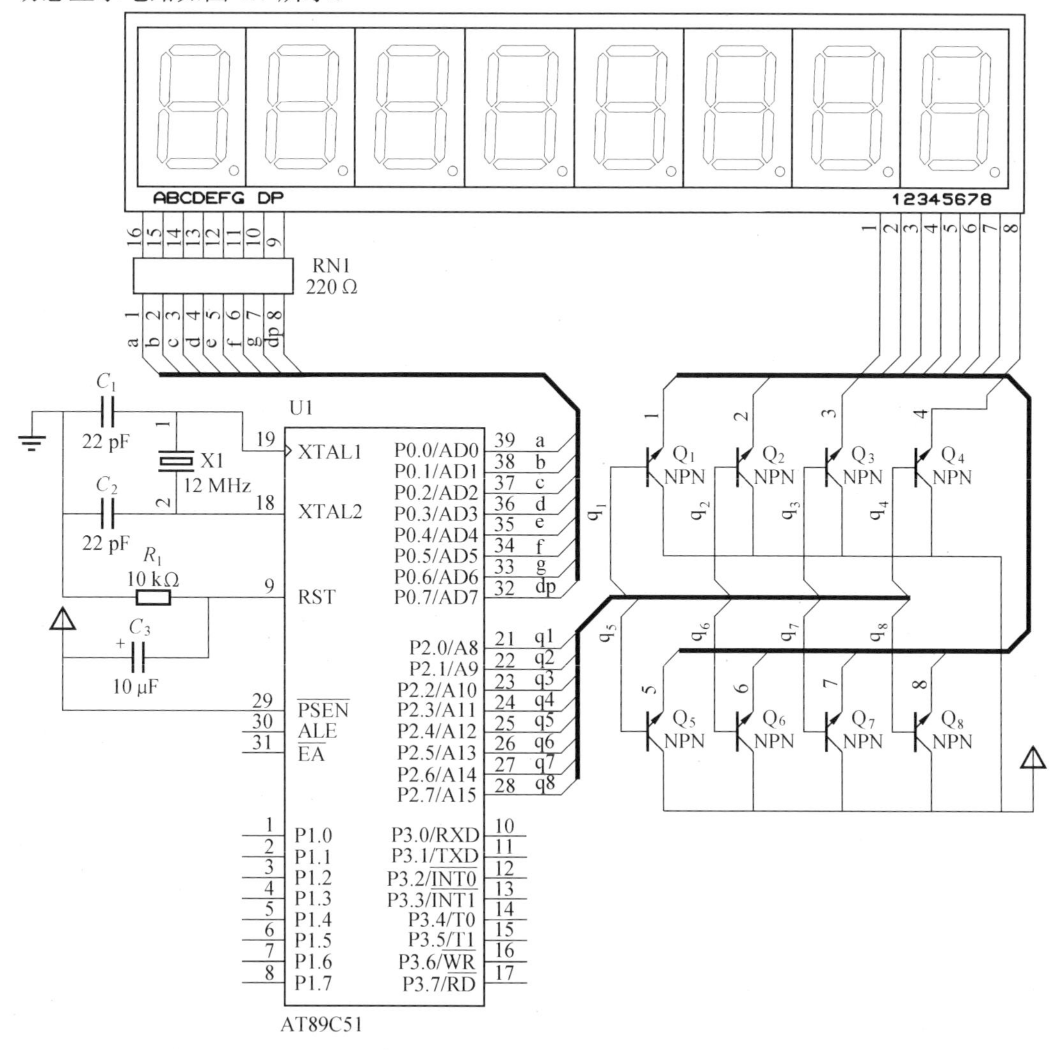

图 4.7　数码管动态显示电路

数码管动态显示电路源代码具体如下。

```
/*
	名称：8 只数码滚动显示数字串
	功能：数码管向左滚动显示 3 个字符构成的数字串
*/
#include <reg51.h>
#include <intrins.h>
#define	uint unsigned int		//宏定义
#define uchar unsigned char
void delay(uint);			//函数声名

uchar code table[] = {
0xc0, 0xf9, 0xa4, 0xb0, 0x99, 0x92,
0x82, 0xf8, 0x80, 0x90, 0xff};

uchar num[] = {10,10,10,10,10,10,10,10,1,2,3};

void main(){
	uchar i, j;
	uchar k = 0, m = 0x80;		//80 表示 0000 0001，从最右边生成数字

	while(1)
	{
		//刷新若干次，保持一段时间稳定
		for(i = 0; i < 30; i++)
		{
			for(j = 0; j < 8; j++)
			{
				//发送段码，采用环形取法，从第 k 个开始取第 j 个
				P0 = 0xff;		//关闭显示
				P0 = table[num[(k+j) % 11]];	//输入段选数据
				m = _crol_(m, 1);
				P1 = m;
				delay(2);
			}
		}
		k = (k+1) % 11;		//num 下标范围为 0-10，所以对 11 取余
	}
```

```
}
void delay(uint z){
        uint x,y;
        for(x = z; x > 0; x--)
                for(y = 114; y > 0; y--);
}
```

4.3　键盘输入检测

4.3.1　独立按键检测

在单片机应用系统中，很多场合都会用到独立按键，本节主要讲解独立按键的检测原理及程序实现方法。

1. 按键的检测原理

按键与单片机的连接如图 4.8 所示，按键的一端与地相连，另一端直接与单片机的 I/O 端口相连。此时在程序中先给 I/O 端口赋值高电平，然后不断地检测 I/O 端口电平的变化。在按键没有被按下时，I/O 端口一直为高电平；当按键被按下时，由于按键的另一端直接与地相连，相当于低电平，此时从 I/O 端口读出的即为低电平。程序一旦检测到 I/O 端口由高电平变为低电平，则说明按键被按下，此时马上执行相应的动作，这就是按键检测的原理。

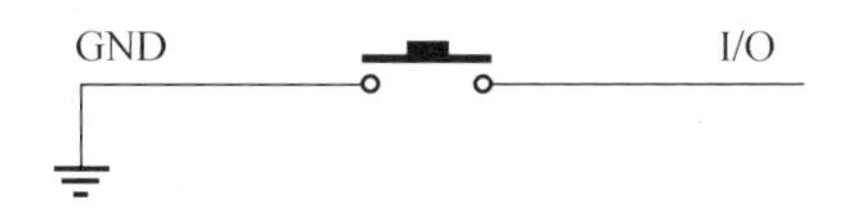

图 4.8　按键与单片机连接图

2. 按键的抖动与消除

由于机械触点的弹性作用，一个按键开关在闭合时不会立刻稳定地接通，在断开时也不会立刻断开。因而在闭合及断开的瞬间均伴随有一连串的抖动，与单片机 I/O 端口相接的一端的电压会出现相应的变化，如图 4.9 所示。

从图 4.9 中可以看出，实际的电压波形在按下按键与松手的时候都会出现一定的抖动，经过实验可知，这一时间为 5～10 ms。在开发单片机与按键相关的系统时必须考虑消抖。按键消抖的方法有两种，一种是硬件方法，一种是软件方法。而从节约成本和尽量简化硬件电路的角度出发，一般是通过在程序中加上消抖语句的方法来实现，即软件方法。通常采用延时的方法来给按键消抖。

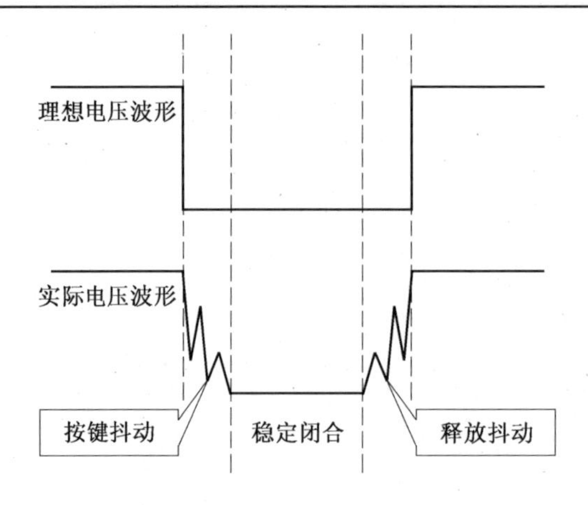

图 4.9　按键按下时电压的变化情况

采用软件进行按键消抖具体的做法是，检测出按键按下后执行一个延时程序，产生 5～10 ms 的延时，在前沿抖动消失后再一次检测按键的状态，如果仍保持闭合状态电平，则确认真正有按键按下。当检测到按键抬起后，也要给予 5～10 ms 的延时，待后沿抖动消失后才能转入该按键的处理程序。

图 4.10 所示为单个按键的应用，此处的关注重点是 key_scan()函数，学习如何采用软件进行按键消抖。

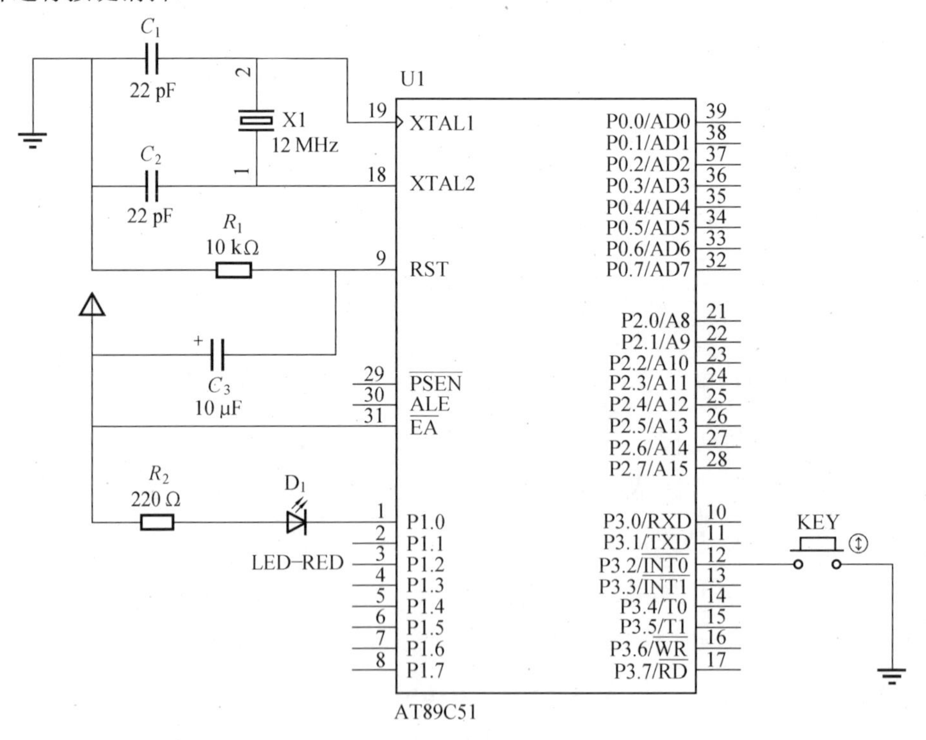

图 4.10　单个按键的应用

按键消抖具体实现代码如下。

```
#include<reg51.h>
#define uchar unsigned char
#define uint unsigned int

sbit key=P3^3;                          //位定义与 P3^3 相连的独立按键
sbit led=P1^0;                          //位定义与 P1^0 相连的 LED 灯
uchar num;

void delay(uint z)
{
        uint i,j;
        for(i=z;i>0;i--)
                for(j=110;j>0;j--);
}

void key_scan()
{
        if(key==0)                      //判断按键是否被按下
        {
                delay(1);               //延时用以消除抖动
                if(key==0)              //再次判断按键是否依然是按下状态
                {
                        while(!key);    //等待按键弹起
                        num++;
                }
        }
}

void main()
{
        led=0x01;
        while(1)
        {
                key_scan();             //调用按键扫描程序
                if(num==5)
        {
        num=0;
```

```
led=~led;
        }
    }
}
```

4.3.2 矩阵键盘的检测

一个 4×4 键盘检测程序，按下按键后相应的代码显示在数码管上，按下时喇叭发声。矩阵键盘的应用如图 4.11 所示。

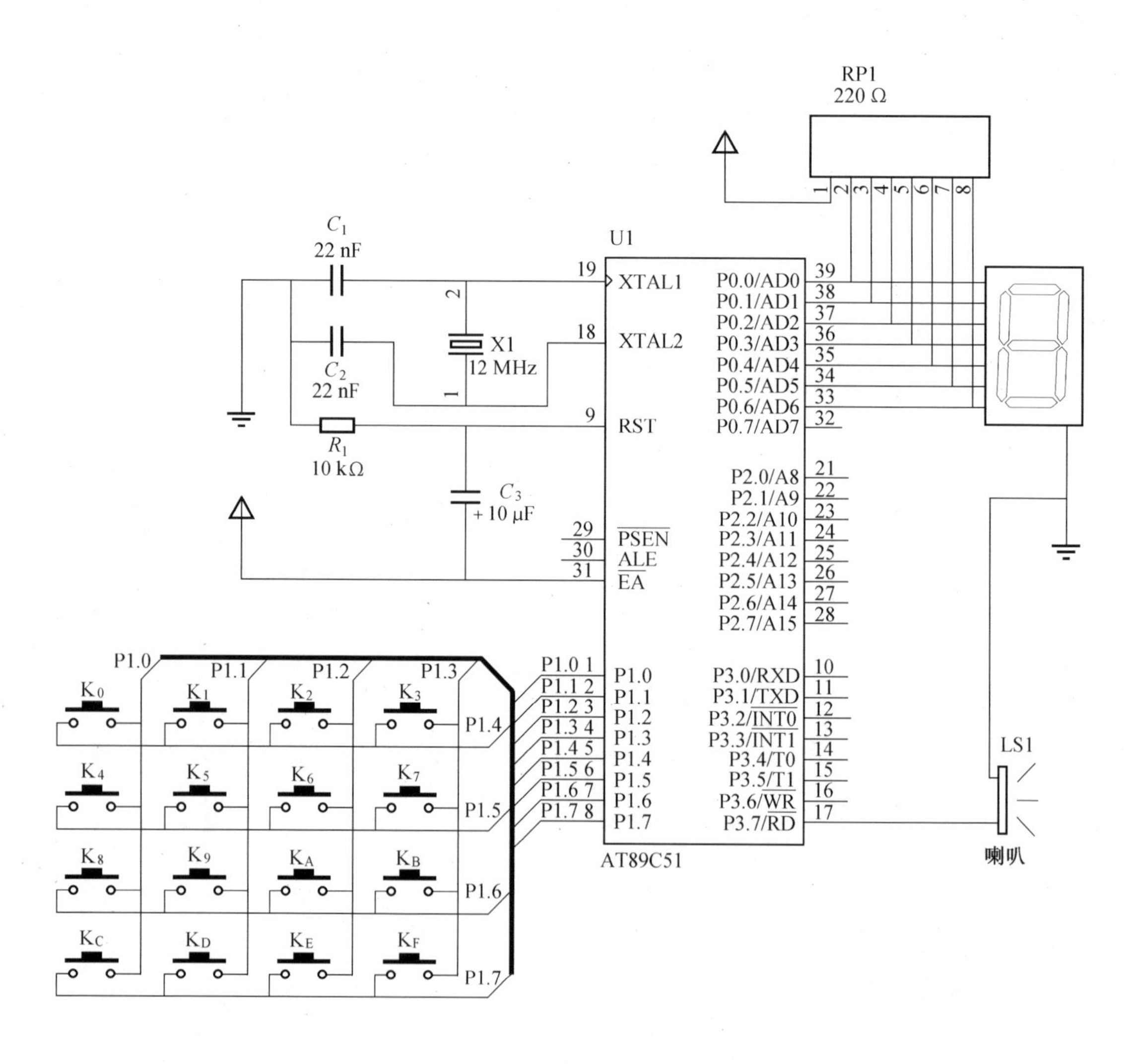

图 4.11　矩阵键盘的应用

矩阵键盘的应用源程序具体如下。

```
/*
    名称：数码管显示矩阵键盘号
    功能：按下按键，数码管显示按键号
*/
#include <reg51.h>
#include <intrins.h>
#define    uint unsigned int            //宏定义
#define    uchar unsigned char
void delay(uint);                       //函数声明

sbit beep = P3^7;
uchar pre_key = 16, key_now = 16;

uchar code table[] = {
0xc0, 0xf9, 0xa4,
0xb0, 0x99, 0x92,
0x82, 0xf8, 0x80,
0x90, 0x88, 0x83,
0xc6, 0xa1, 0x86,
0x8e, 0x00};

void key_scan()
{
    uchar temp;
    P1 = 0x0f;                          //高 4 位置 0，放入 4 行
    delay(1);
    temp = P1^0x0f;                     //按键后 0f 转置
    switch(temp)
    {
        case 1: key_now = 0; break;
        case 2: key_now = 1; break;
        case 4: key_now = 2; break;
        case 8: key_now = 3; break;
        default: key_now = 16;
    }
    P1 = 0xf0;                          //低 4 位置 0，放入 4 列
    delay(1);
```

```
        temp = P1>>4^0x0f;
        switch(temp)
        {
            case 1: key_now += 0; break;
            case 2: key_now += 4; break;
            case 4: key_now += 8; break;
            case 8: key_now += 12; break;
        }
}

void Beep()
{
        uchar i;
        for(i = 0; i < 100; i++)
        {
            delay(1);
            beep = ~beep;
        }
        beep = 0;
}

void main(){
        P0 = 0x00;
        beep = 0;
        while(1)
        {
            P1 = 0xf0;
            if(P1 != 0xf0) key_scan();
            if(pre_key != key_now)
            {
                P0 = ~table[key_now];
                Beep();
                pre_key = key_now;
            }
            delay(100);
        }
}
```

```
void delay(uint z){
    uint x,y;
    for(x = z; x > 0; x--)
        for(y = 114; y > 0; y--);
}
```

4.4　LED 点阵显示

早在 20 世纪 80 年代就出现了组合型 LED 点阵显示器。它以发光二极管为像素，用高亮度发光二极管芯阵列组合后，以环氧树脂和塑模封装而成，具有亮度高、功耗低、引脚少、视角大、寿命长、耐湿、耐冷热、耐腐蚀等特点。点阵显示器有单色和双色两类，可显示红、黄、绿、橙等颜色。LED 点阵有 4×4、4×8、5×7、5×8、8×8、16×16、24×24、40×40 等多种；根据像素的数目分为单色、双基色、三基色等，根据像素颜色的不同，所显示的文字、图像等内容的颜色也不同。单基色点阵只能显示固定颜色如红、绿、黄等单色；双基色和三基色点阵显示内容的颜色由像素内不同颜色发光二极管点亮组合方式决定，如红绿都亮时可显示黄色；如果按照脉冲方式控制发光二极管的点亮时间，则可实现 256 或更高级灰度显示，还可实现真彩色显示。LED 点阵如图 4.12 所示。

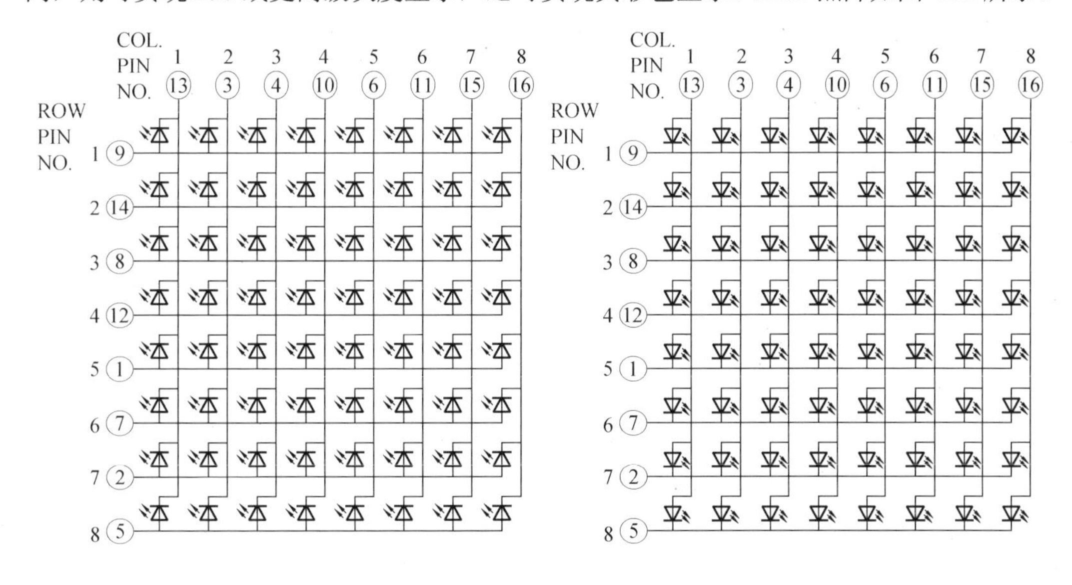

图 4.12　LED 点阵

LED 点阵扫描驱动方案：由 LED 点阵显示器（图 4.13）的内部结构可知，元器件宜采用动态扫描驱动方式工作。由于 LED 管芯大多为高亮度型，因此某行或某列的单体 LED 驱动电流可选用窄脉冲，但其平均电流应限制在 20 mA 内。多数点阵显示器的单体 LED 的正向压降为 2 V，但大亮点 ϕ10 的点阵显示器单体 LED 的正向压降为 6 V。大屏幕显示系统一般是由多个 LED 点阵组成的小模块以搭积木的方式组合而成，每一个小模块都有自己独立的控制系统，组合在一起后只要引入一个总控制器控制各模块的命令和数据即可，这种方法简单而且易扩展、易维修。

例如，在 8×8 LED 点阵上显示柱形，让其先从左到右平滑移动 3 次，再从右到左平滑移动 3 次，然后从上到下平滑移动 3 次，最后从下到上平滑移动 3 次，如此循环下去。从图中可以看出，8×8 点阵共需要 64 个发光二极管，且每个发光二极管放置在行线和列线的交叉点上，当对应的某一列置 1 电平、某一行置 0 电平时，则相应的发光二极管就亮。因此要实现一根柱形的亮法，需要满足对应的一列为一根竖柱或对应的一行为一根横柱，具体方法如下：

①一根竖柱：对应的列置 1，而行则采用扫描的方法来实现。

②一根横柱：对应的行置 0，而列则采用扫描的方法来实现。

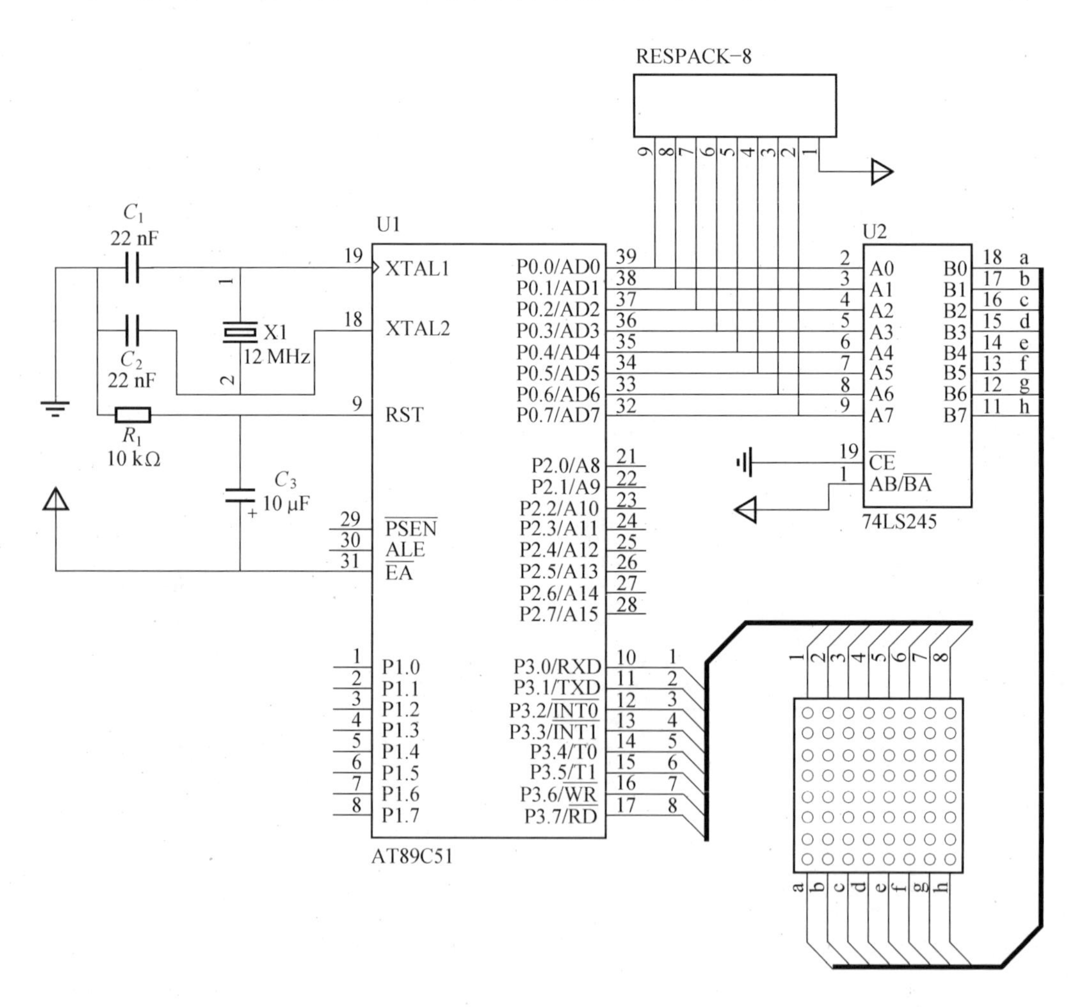

图 4.13　LED 点阵显示器

74LS245 是 8 路同相三态双向总线收发器，可双向传输数据用来驱动 LED 或者其他设备。74LS245 还具有双向三态功能，既可以输出数据又可以输入数据。当 8051 系列单片机的 P0 端口总线负载达到或超过其最大负载能力时，必须接入 74LS245 等总线驱动器。P0 端口与 74LS245 输入端相连，E 端接地，保证数据线畅通。如果用 51 单片机的 P0 端口输出到数码管，那就要考虑到数码管的亮度以及 P0 端口带负载的能力，也可增加 74LS245 提高负载驱动能力。P0 端口的输出经过 74LS245 提高驱动后，输出到数码管显示电路。74LS245 芯片的引脚 1 为方向控制端 DIR，当 DIR=“0”时，信号由 B 向 A 传输（接收）；当 DIR=“1”时，信号由 A 向 B 传输（发送）；当 $\overline{CE}$ 为高电平时，A、B 均为高阻态。

LED 点降显示器实现代码如下。

```
#include <reg51.h>
#include <intrins.h>
unsigned char code taba[]={0xfe,0xfd,0xfb,0xf7,0xef,
0xdf,0xbf,0x7f};
unsigned char code tabb[]={0x01,0x02,0x04,0x08,0x10,
0x20,0x40,0x80};
void delay(void)
{
    unsigned char i,j,k;
    for(k=10;k>0;k--)
      for(i=20;i>0;i--)
        for(j=248;j>0;j--);
}

void main(void)
{
    unsigned char i,j;
    while(1)
    {
      //垂直滚动
      for(j=0;j<3;j++)                    //从左到右 3 次
      {
        for(i=0;i<8;i++)
        {
```

```
            P2=taba[i];
            P0=0xff;
            delay();
        }
    }
    for(j=0;j<3;j++)                        //从右到左 3 次
    {
        for(i=0;i<8;i++)
        {
            P2=taba[7-i];
            P0=0xff;
            delay();
        }
    }

    //水平滚动
    for(j=0;j<3;j++)                        //从上到下 3 次
    {
        for(i=0;i<8;i++)
        {
            P2=0x00;
            P0=tabb[7-i];
            delay();
        }
    }
    for(j=0;j<3;j++)                        //从下到上 3 次
    {
        for(i=0;i<8;i++)
        {
            P2=0x00;
            P0=tabb[i];
            delay();
        }
    }
  }
}
```

4.5　字符型液晶显示器显示

4.5.1　字符型液晶显示器简介

在小型的智能化电子产品中，普通的七段 LED 数码管只能用来显示数字，若要显示英文字母或图像、汉字时，必须选择使用液晶显示器（简称 LCD）。LCD 的应用范围很广，简单如电子手表、计算器上的显示器，复杂如电视机、台式计算机、笔记本电脑上的显示器等，都使用 LCD。在一般的商务办公机器如复印机和传真机以及一些娱乐器材、医疗仪器上，也常常看见 LCD。

LCD 可分为两种类型，一种是字符模式 LCD，另一种是图形模式 LCD。首先要介绍的是字符型点矩阵式 LCD 模组（Liquid Crystal Display Module，LCM），或称字符型 LCD。市场上有各种不同品牌的字符型 LCD，但大部分的控制器都是使用同一块芯片来控制，型号为 HD44780，或是与其兼容的控制芯片。字符型液晶显示模块是一类专门用于显示字母、数字、符号等的点阵型液晶显示模块。在显示器的电极图形设计上，它由若干个 5×7 或 5×11 等点阵字符位组成，每一个点阵字符位都可以显示一个字符。点阵字符位之间空有一个点距的间隔，起到了字符间距和行距的作用。目前常用的有 16 字×1 行、16 字×2 行、20 字×2 行和 40 字×2 行的字符模组等。这些 LCM 虽然显示的字数各不相同，但是都具有相同的输入/输出界面。

4.5.2　1602 字符型液晶显示

此处以 16 字×2 行字符型液晶显示模块为例来学习。1602 字符型液晶显示模块是一种专门用来显示字母、数字、符号等的点阵型液晶模块，能够同时显示 16×2 即 32 个字符。1602LCD 分为带背光和不带背光两种，其控制器大部分为 HD44780，带背光的比不带背光的厚，是否带背光在应用开发中并无差别。1602LCD 模块引脚分配如图 4.14 所示。

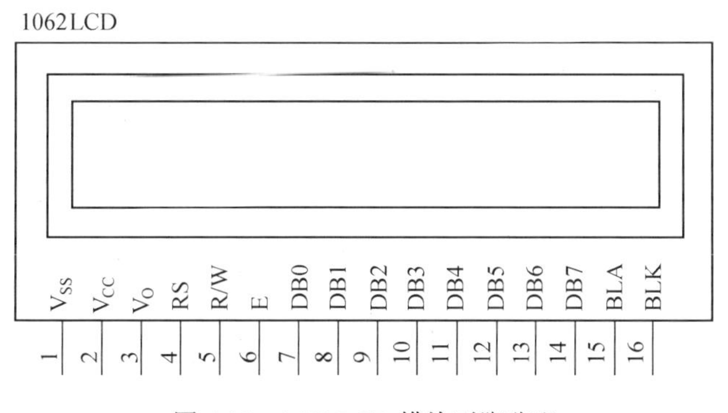

图 4.14　1602 LCD 模块引脚分配

1602LCD 的主要技术参数如下：

①显示容量：16×2 个字符。

②芯片工作电压：4.5～5.5 V。

③工作电流：2.0 mA（5.0 V）。

④模块最佳工作电压：5.0 V。

⑤字符尺寸：2.95×4.35（宽×高）mm。

引脚功能说明：

①第 1 脚：V_{SS} 为地电源。

②第 2 脚：V_{CC} 接 5 V 正电源。

③第 3 脚：V_O 为液晶显示器对比度调整端，接正电源时对比度最弱，接地时对比度最高，对比度过高时会产生“鬼影”，使用时可以通过一个 10 K 的电位器调整对比度。

④第 4 脚：RS 为寄存器选择，高电平时选择数据寄存器、低电平时选择指令寄存器。

⑤第 5 脚：R/W 为读/写信号线，高电平时进行读操作，低电平时进行写操作。当 RS 和 R/W 共同为低电平时可以写入指令或者显示地址，当 RS 为低电平 R/W 为高电平时可以读忙信号，当 RS 为高电平 R/W 为低电平时可以写入数据。

⑥第 6 脚：E 端为使能端，当 E 端由高电平跳变成低电平时，液晶模块执行命令。

⑦第 7～14 脚：DB0～DB7 为 8 位双向数据线。

⑧第 15 脚：BLA 为背光源正极。

⑨第 16 脚：BLK 为背光源负极。

4.5.3　1602LCD 的指令说明及时序

1602LCD 内部的控制器共有 11 条控制指令，详见表 4.2。

表 4.2　控制指令

序号	指令	RS	R/W	DB7	DB6	DB5	DB4	DB3	DB2	DB1	DB0
1	清显示	0	0	0	0	0	0	0	0	0	1
2	光标返回	0	0	0	0	0	0	0	0	1	×
3	置输入模式	0	0	0	0	0	0	0	1	I/D	S
4	显示开/关控制	0	0	0	0	0	0	1	D	C	B
5	光标或字符移位	0	0	0	0	0	1	S/C	R/L	×	×
6	置功能	0	0	0	0	1	DL	N	F	×	×
7	置字符发生存储器地址	0	0	0	1	字符发生存储器地址					
8	置数据存储器地址	0	0	1	显示数据存储器地址						
9	读忙标志或地址	0	0	BF	计数器地址						
10	写数到 CGRAM 或 DDRAM	1	0	要写的数据内容							
11	从 CGRAM 或 DDRAM 读数	1	1	读出的数据内容							

1602LCD 的读/写操作、屏幕和光标的操作都是通过指令编程来实现的。

（说明：1 为高电平、0 为低电平）。

（1）指令 1，清显示。指令码 01H，光标复位到地址 00H 位置。

（2）指令 2，光标复位，光标返回到地址 00H 位置。

（3）指令 3，光标和显示模式设置。

①I/D：光标移动方向，高电平右移，低电平左移。

②S：屏幕上所有文字是否左移或者右移。高电平表示有效，低电平表示无效。

（4）指令 4，显示开关控制。

①D：控制整体显示的开与关，高电平表示开显示，低电平表示关显示。

②C：控制光标的开与关，高电平表示有光标，低电平表示无光标。

③B：控制光标是否闪烁，高电平闪烁，低电平不闪烁。

（5）指令 5，光标或显示移位。

S/C：高电平时移动显示的文字，低电平时移动光标。

（6）指令 6，功能设置命令。

①DL：高电平时为 4 位总线，低电平时为 8 位总线。

②N：低电平时为单行显示，高电平时双行显示。

③F：低电平时显示 5×7 的点阵字符，高电平时显示 5×10 的点阵字符。

（7）指令 7，字符发生器 RAM 地址设置。

（8）指令 8，DDRAM 地址设置。

（9）指令 9，读忙信号和光标地址。

BF 为忙标志位，高电平表示忙，此时模块不能接收命令或者数据，如果为低电平表示不忙。

（10）指令 10，写数据。

（11）指令 11，读数据。

读/写操作时序如图 4.15 和图 4.16 所示。

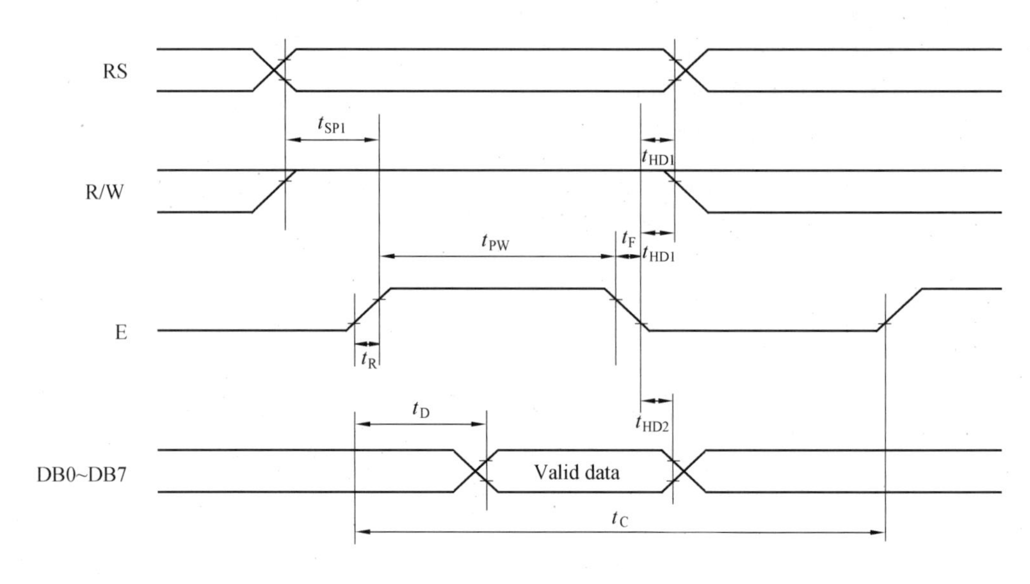

图 4.15　读操作时序

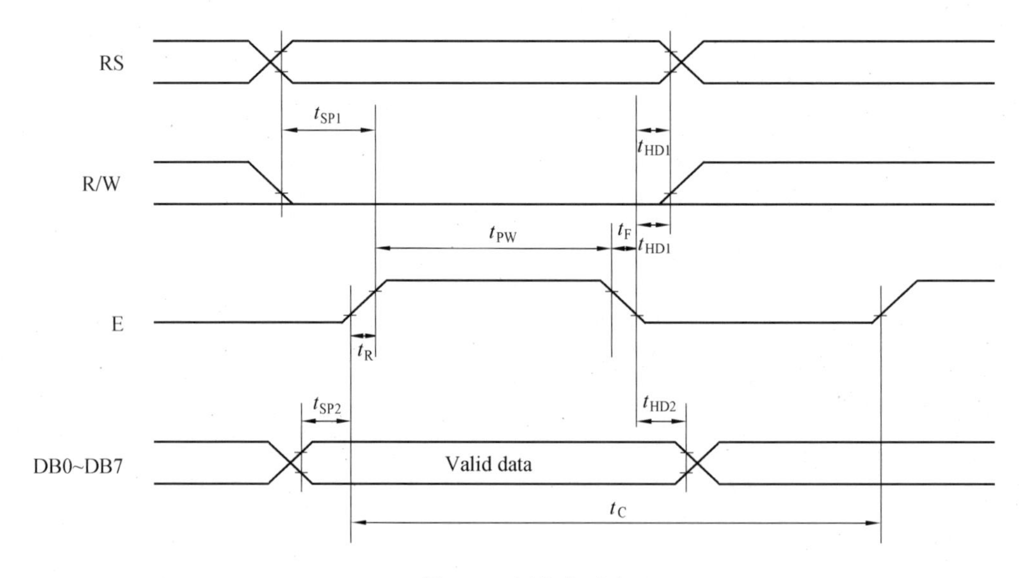

图 4.16　写操作时序

1602LCD 的 RAM 地址映射及标准字库表具体介绍如下。

液晶显示模块是一个慢显示器件，所以在执行每条指令之前一定要确认模块的忙标志为低电平，表示不忙，否则此指令失效。要显示字符时要先输入显示字符地址，也就是告诉模块在哪里显示字符。图 4.17 所示为 1602LCD 的内部显示地址。

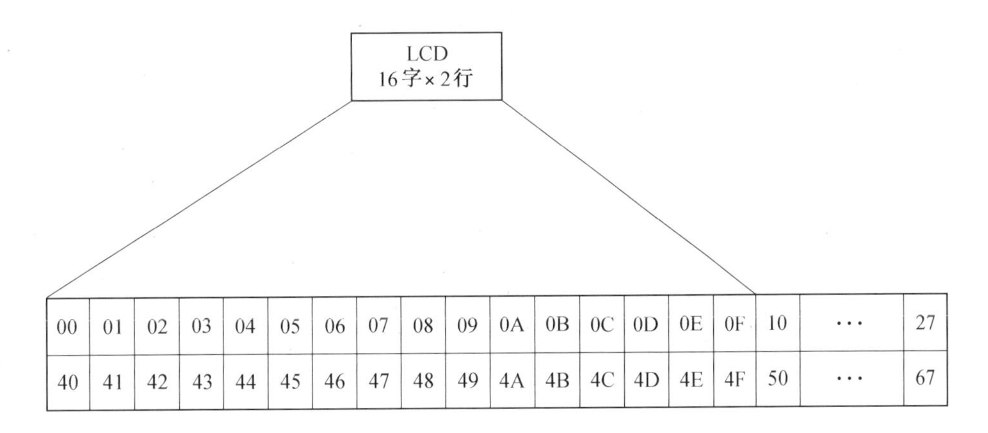

图 4.17 1602LCD 内部显示地址

例如，第二行第一个字符的地址是 40H ，那么是否直接写入 40H 就可以将光标定位在第二行第一个字符的位置呢？不可以，因为写入显示地址时要求最高位 D7 恒定为高电平，所以实际写入的数据应该是 01000000B（40H）+10000000B（80H）=11000000B（C0H）。

在对液晶模块初始化时，要先设置其显示模式，在液晶模块显示字符时光标是自动右移的，无须人工干预。每次输入指令前都要判断液晶模块是否处于忙碌状态。

1602LCD 内部的字符发生存储器（CGROM）已经存储了 160 个不同的点阵字符图形，其字符代码与字符图形的对应关系如图 4.18 所示。这些字符有阿拉伯数字、英文字母的大小写、常用的符号、日文假名等，每一个字符都有一个固定的代码，如大写的英文字母“A”的代码是 01000001B（41H），显示时模块把地址 41H 中的点阵字符图形显示出来，就能看到字母“A”。

1602LCD 的一般初始化（复位）过程如下：

①延时 15 ms。

②写指令 38H（不检测忙信号）。

③延时 5 ms。

④写指令 38H（不检测忙信号）。

⑤延时 5 ms。

⑥写指令 38H（不检测忙信号）。

⑦以后每次写指令、读/写数据操作均需要检测忙信号。

⑧写指令 38H：显示模式设置。

⑨写指令 08H：显示关闭。

⑩写指令 01H：显示清屏。

⑪写指令 06H：显示光标移动设置。

⑫写指令 0CH：显示开及光标设置。

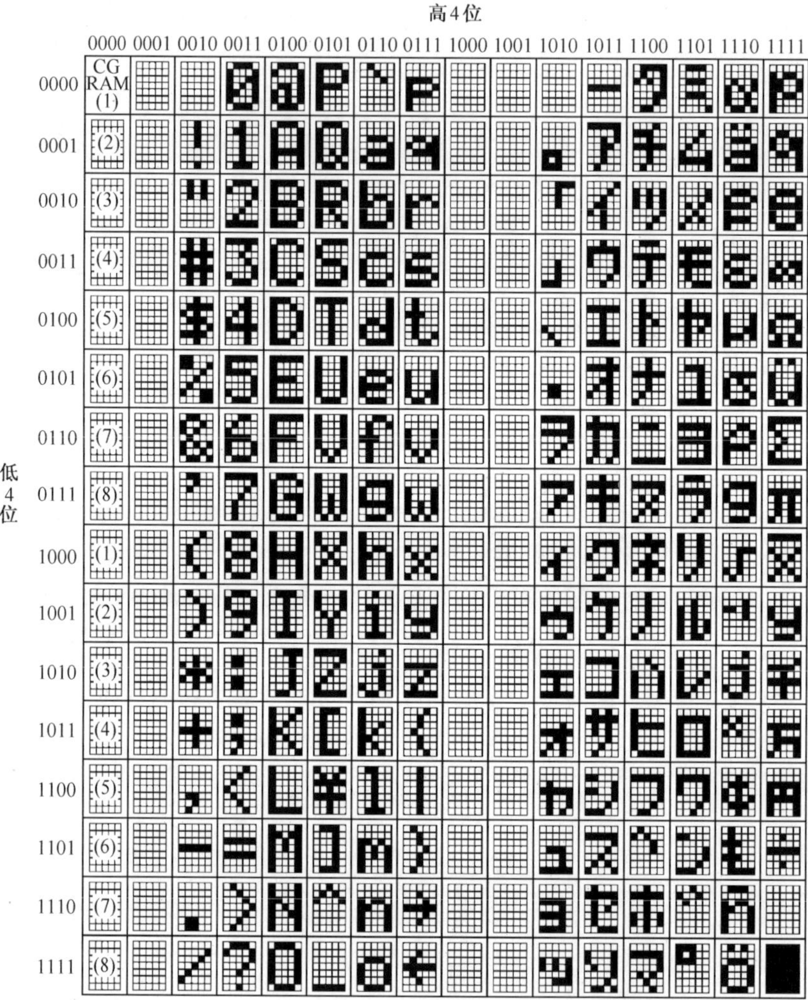

图 4.18 CGROM 中字符代码与字符图形的对应关系

例如，1602LCD 的软硬件设计实例。

在 1602LCD 第一行显示网站名“www*ccsu*cn”，在第二行显示联系电话“0731-84261501”。实验前应先将显示切换开关切换到 LCD 工作状态。单片机控制 1602LCD 显示如图 4.19 所示。

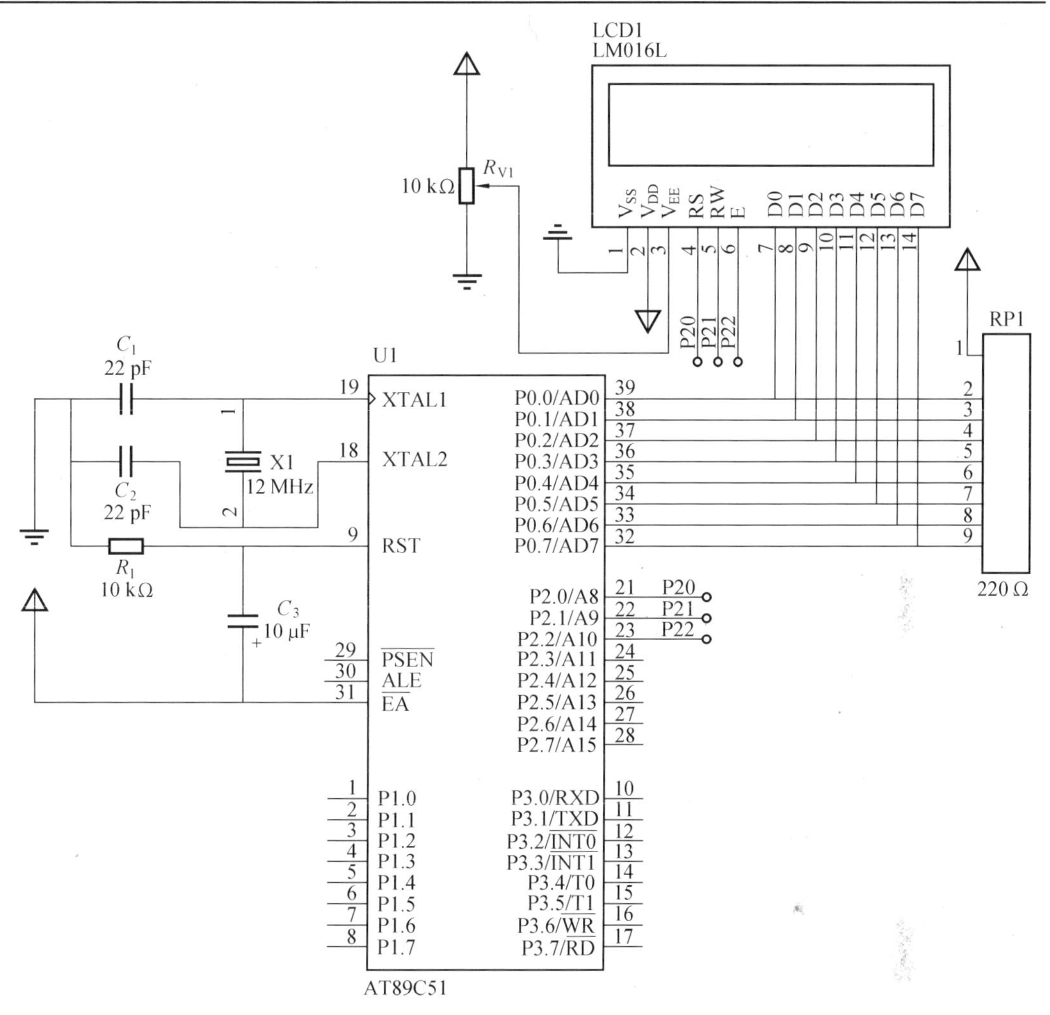

图 4.19　单片机控制 1602LCD 显示

单片机控制 1602LCD 显示源代码具体如下。

```
/*1602LCD 演示程序*/
/*目标器件：AT89S51 单片机*/
/*晶振:11.0592MHZ*/
#include <reg51.h>
#include <intrins.h>

sbit rs= P2^0;
sbit rw = P2^1;
sbit ep = P2^2;

unsigned char code dis1[] = {"www*ccsu*cn"};
unsigned char code dis2[] = {"0731-84261501"};
```

```
void delay(unsigned char ms)                //延时，单位：ms
{
    unsigned char i;
    while(ms--)
    {
        for(i= 0;i<250;i++)
        {
            _nop_();
            _nop_();
            _nop_();
            _nop_();
        }
    }
}

bit lcd_bz()                                //检测 LCD 是否忙碌
{
    bit result;
    rs = 0;
    rw = 1;
    ep = 1;
    _nop_();
    _nop_();
    _nop_();
    _nop_();
    result = (bit)(P0 & 0x80);
    ep = 0;
    return result;
}

void lcd_wcmd(unsigned char cmd)            //向 LCD 发送命令
{
    while(lcd_bz());                        //判断 LCD 是否忙碌
    rs = 0;
    rw = 0;
    ep = 0;
    _nop_();
```

```
        _nop_();
        P0 = cmd;
        _nop_();
        _nop_();
        _nop_();
        _nop_();
        ep = 1;
        _nop_();
        _nop_();
        _nop_();
        _nop_();
        ep = 0;
}

void lcd_pos(unsigned char pos)          //设定显示位置
{
        lcd_wcmd(pos | 0x80);
}

void lcd_wdat(unsigned char dat)         //写入显示数据到 LCD
{
        while(lcd_bz());                 //判断 LCD 是否忙碌
        rs = 1;
        rw = 0;
        ep = 0;
        P0 = dat;
        _nop_();
        _nop_();
        _nop_();
        _nop_();
        ep = 1;
        _nop_();
        _nop_();
        _nop_();
        _nop_();
        ep = 0;
}
```

```
void lcd_init()                        //LCD 初始化
{
        lcd_wcmd(0x38);
        delay(1);
        lcd_wcmd(0x0c);
        delay(1);
        lcd_wcmd(0x06);
        delay(1);
        lcd_wcmd(0x01);
        delay(1);
}

void main(void)
{
        unsigned char i;
        lcd_init();                    //初始化 LCD
        delay(10);
        lcd_pos(0x01);                 //设置显示位置
        i = 0;
        while(dis1[i] != '\0')
        {
            lcd_wdat(dis1[i]);         //显示字符
            i++;
        }
        lcd_pos(0x42);                 //设置显示位置
        i = 0;
        while(dis2[i] != '\0')
        {
            lcd_wdat(dis2[i]);         //显示字符
            i++;
        }
        while(1);
}
```

4.6　点阵型液晶显示器显示

4.6.1　点阵型液晶显示器工作原理

在计算机中，所有的信息都是由 0 和 1 组成的。由于英文字母种类很少，若要存储英文字母，只需要 8 位（1 个字节）对其编码即可表示，如 ASCII 码表（其实只使用了低 7 位，最高位是 0）。而对于中文，常用的中文字就有 6 000 个以上，于是需要 16 位（2 个字节）对其编码才能表示，因此就将一个字节中的高 128 个很少用到的数值，以 2 个字节为一组来表示汉字，即汉字的内码；而剩下的低 128 位则留给英文字符使用，即英文的 ASCII 码。

然而，得到了汉字的内码和英文的 ASCII 码后，它们还仅是一组数字，又如何在屏幕上显示出来呢？这里就涉及文字的字模了。字模虽然也是一组数字，但它的意义却与数字的意义有了根本上的不同，它使用数字的各位信息来记载英文或汉字的形状，如英文字模“A”的记载方式如图 4.20 所示，中文字模“你”的记载方式如图 4.21 所示。

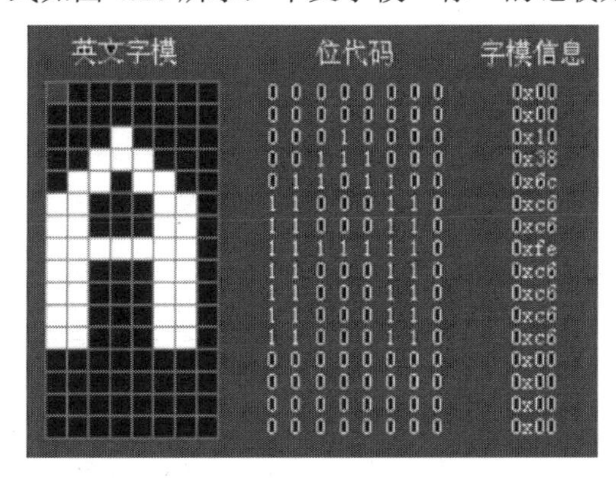

图 4.20　英文字模“A”的记载形式

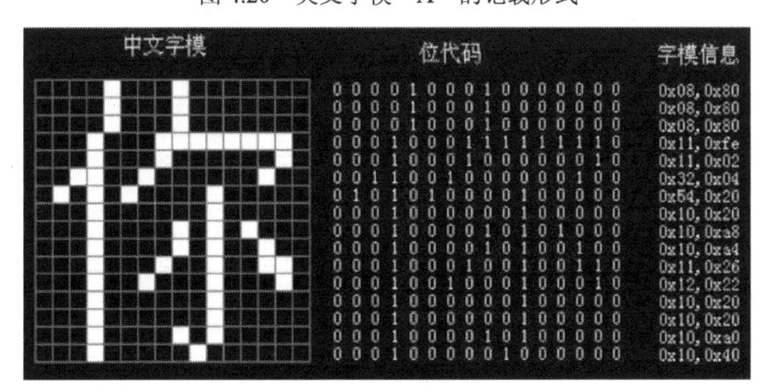

图 4.21　中文字模“你”的记载形式

对于点阵型 LCD 控制器来说，显示原理与图 4.20 和图 4.21 相同。

4.6.2 12864 点阵型 LCD 简介

12864 点阵型 LCD（AMPIRE 128×64 LCD）是一种图形点阵液晶显示器，它主要由行驱动器/列驱动器及 128×64 全点阵液晶显示器组成，可显示图形，也可以显示 8×4 个（16×16 点阵）汉字。其在 Proteus8.5 中的器件模型如图 4.22 所示。

该液晶不带字库，因此要自己编写字库。可采用字模软件，如 PCtoLCD2002 完美版、Zimo21、自摸提取 V2.1 等软件来辅助处理，以便快速获取字模信息，并将中英文字库信息制作成头文件。

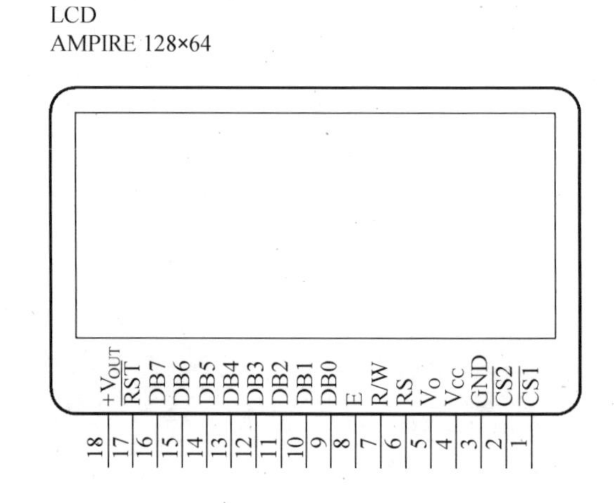

图 4.22　AMPIRE 128×64 LCD 在 Proteus8.5 中的器件模型

12864LCD 是一种统称，它只给出了屏的一个特征，即点阵数，对于液晶屏的其他特性则没有说明。12864 是 128×64 点阵型 LCD 模块的点阵数简称。12864 点阵型 LCD 模块包含了 12 864 块液晶屏及其驱动模块，共有 20 个引脚（引脚的具体分配和布局要看厂家给出的开发者手册），引脚说明见表 4.3。生产此类液晶模块的企业有很多，某企业生产的实物如图 4.23 所示。

表 4.3　12864 点阵型 LCD 的引脚说明

管脚号	管脚名称	电平	管脚功能描述
1	V_{SS}	0	电源地
2	V_{DD}	+5.0 V	电源电压
3	V_O	—	液晶显示器驱动电压
4	D/I(RS)	H/L	D/I=“H”，表示 DB7～DB0 为显示数据 D/I=“L”，表示 DB7～DB0 为显示指令数据
5	R/W	H/L	R/W=“H”，E=“H”数据被读到 DB7～DB0 R/W=“L”，E=“H→L”数据被写到 IR 或 DR

续表 4.3

管脚号	管脚名称	电平	管脚功能描述
6	E	H/L	R/W= “L”，E 信号下降沿锁存 DB7～DB0 R/W= “H”，E= “H” DDRAM 数据读到 DB7～DB0
7～14	DB0～DB7	H/L	数据线
15	$\overline{CS1}$	H/L	H：选择芯片（右半屏）信号
16	$\overline{CS2}$	H/L	H：选择芯片（左半屏）信号
17	RET	H/L	复位信号，低电平复位
18	V_{OUT}	−10 V	LCD 驱动负电压
19	LED+	—	LED 背光板电源
20	LED−	—	LED 背光板电源

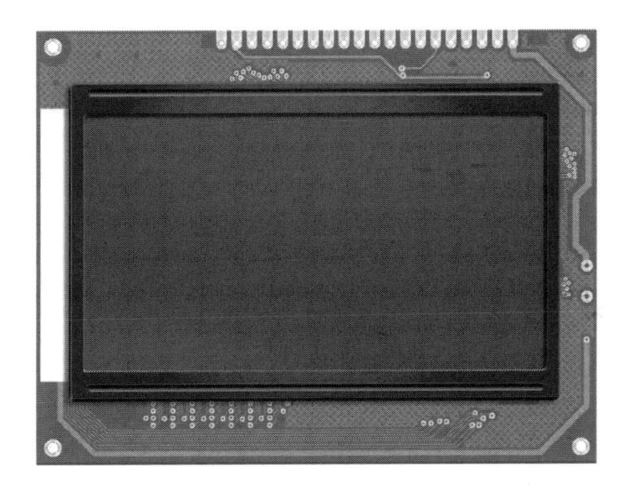

图 4.23　12864 液晶模块实物

在使用 12864 点阵型 LCD 前，必须先了解以下功能器件才能进行编程。12864 内部功能器件及相关功能如下。

1. 指令寄存器（IR）

IR 是用于寄存指令码的与数据寄存器数据相对应。当 D/I=0 时，在 E 信号下降沿的作用下，指令码写入 IR。

2. 数据寄存器（DR）

DR 是用于寄存数据的，与指令寄存器寄存指令相对应。当 D/I=1 时，在下降沿作用下，图形显示数据写入 DR，或在 E 信号高电平作用下由 DR 读到 DB7～DB0 数据总线。DR 和 DDRAM 之间的数据传输是模块内部自动执行的。

3. 忙标志（BF）

BF 提供内部工作情况。BF=1 表示模块在内部操作，此时模块不接受外部指令和数据；BF=0 表示模块为准备状态，随时可接受外部指令和数据。

利用 STATUS READ 指令，可以将 BF 读到 DB7 总线，从而检测模块的工作状态。

4. 显示控制触发器（DFF）

DDF 用于模块屏幕显示开和关的控制。DFF=1 为开显示（DISPLAY ON），DDRAM 的内容就显示在屏幕上；DFF=0 为关显示（DISPLAY OFF）。

DDF 的状态是由指令 DISPLAY ON/OFF 和 RST 信号控制的。

5. XY 地址计数器

XY 地址计数器是一个 9 位计数器。高 3 位为 X 地址计数器，低 6 位为 Y 地址计数器，XY 地址计数器实际上是作为 DDRAM 的地址指针，X 地址计数器为 DDRAM 的页指针，Y 地址计数器为 DDRAM 的 Y 地址指针。

X 地址计数器是没有计数功能的，只能用指令设置。

Y 地址计数器具有循环计数功能，各显示数据写入后，Y 地址自动加 1，Y 地址指针的范围是 0～63。

6. 显示数据 RAM（DDRAM）

DDRAM 是存储图形显示数据的。数据为 1 表示显示选择，数据为 0 表示显示非选择。DDRAM 与地址和显示位置的关系见 DDRAM 地址表。

7. Z 地址计数器

Z 地址计数器是一个 6 位计数器，此计数器具备循环计数功能，用于显示行扫描同步。当一行扫描完成时，此地址计数器自动加 1，指向下一行扫描数据。RST 复位后 Z 地址计数器为 0。

Z 地址计数器可以用指令 DISPLAY START LINE 预置。因此，显示屏幕的起始行就由此指令控制，即 DDRAM 的数据从哪一行开始显示在屏幕的第一行由此指令控制。此模块的 DDRAM 共 64 行，屏幕可以循环滚动显示 64 行。

4.6.3 12864 点阵型 LCD 的指令系统及时序

12864 点阵型 LCD（即 KS0108B 及其兼容控制驱动器）的指令系统比较简单，总共只有 7 种，其指令表见表 4.4。

表 4.4　12864 点阵型 LCD 指令表

指令名称	控制信号		控制代码							
	R/W	RS	DB7	DB6	DB5	DB4	DB3	DB2	DB1	DB0
显示开/关	0	0	0	0	1	1	1	1	1	1/0
显示起始行设置	0	0	1	1	×	×	×	×	×	×
页设置	0	0	1	0	1	1	1	×	×	×
列地址设置	0	0	0	1	×	×	×	×	×	×
读状态	1	0	BUSY	0	ON/OFF	RST	0	0	0	0
写数据	0	1	要写入的数据							
读数据	1	1	读显示数据							

12864 点阵型 LCD 各功能指令具体如下。

1. 显示开/关指令

R/W　　RS　　DB7 DB6 DB5 DB4 DB3 DB2 DB1 DB0

0　　0　　0　0　1　1　1　1　1　1/0

当 DB0＝1 时，LCD 显示 RAM 中的内容；当 DB0＝0 时，关闭显示。

2. 显示起始行（ROW）设置指令

R/W　　RS　　DB7 DB6 DB5 DB4 DB3 DB2 DB1 DB0

0　　0　　1　1　显示起始行（0～63）

该指令设置了对应液晶屏最上一行的显示 RAM 的行号，有规律地改变显示起始行，可以使 LCD 实现显示滚屏的效果。

3. 页（PAGE）设置指令

R/W　　RS　　DB7 DB6 DB5 DB4 DB3 DB2 DB1 DB0

0　　0　　1　0　1　1　1　页号（0～7）

显示 RAM 共 64 行，分 8 页，每页 8 行。

4. 列地址（Y Address）设置指令

R/W　　RS　　DB7 DB6 DB5 DB4 DB3 DB2 DB1 DB0

0　　0　　0　1　显示列地址（0 ～63）

设置了页地址和列地址，就唯一确定了显示 RAM 中的一个单元，这样 MPU 就可以用读/写指令读出该单元中的内容或向该单元写进一个字节数据。

5. 读状态指令

R/W	RS	DB7	DB6	DB5	DB4	DB3	DB2	DB1	DB0
1	0	BUSY	0	ON/OFF	RST	0	0	0	0

该指令用来查询液晶显示模块内部控制器的状态，各参量含义如下。

①BUSY：1-内部在工作，0-正常状态。

②ON/OFF：1-显示关闭，0-显示打开。

③RST：1-复位状态，0-正常状态。

在 BUSY 和 RST 状态时，除读状态指令外，其他指令均不对液晶显示模块产生作用。

在对液晶显示模块进行操作之前要查询 BUSY 状态，以确定是否可以对液晶显示模块进行操作。

6. 写数据指令

R/W	RS	DB7 DB6 DB5 DB4 DB3 DB2 DB1 DB0
0	1	写数据

7. 读数据指令

R/W	RS	DB7 DB6 DB5 DB4 DB3 DB2 DB1 DB0
1	1	读显示数据

读/写数据指令每执行完一次读/写操作，列地址就自动加 1。必须注意的是，进行读操作之前，必须有一次空读操作，紧接着再读才会读出所要读的单元中的数据。电路原理图如图 4.24 所示。

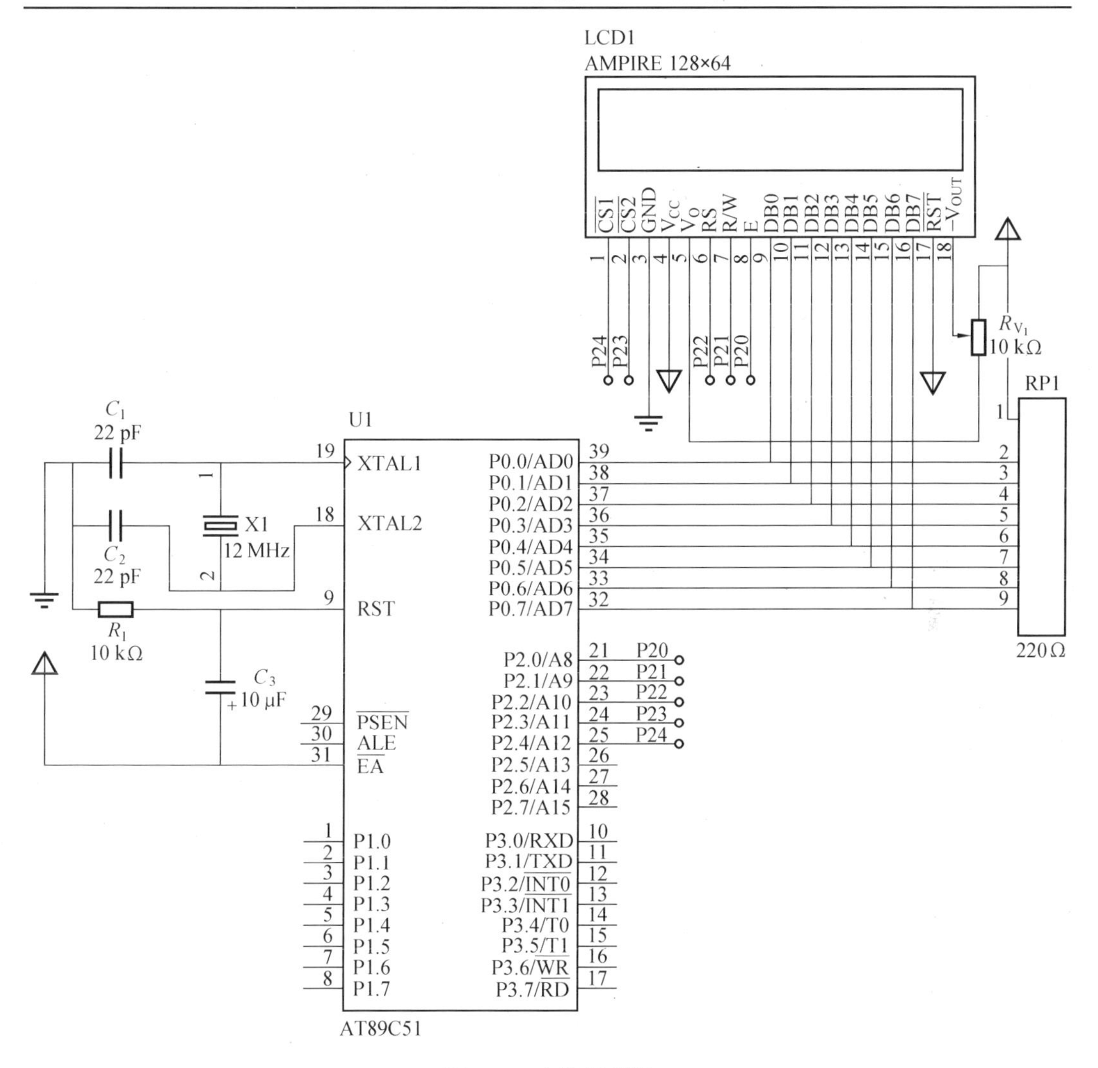

图 4.24　电路原理图

12864 点阵型 LCD 编程举例，源代码具体如下。

```
//头文件：ziku.h
#ifndef __ZIKU_H_
#define __ZIKU_H_
//交
const uchar code jiao[]={
0x08,0x08,0x88,0x68,0x08,0x08,0x09,0x0E,0x08,0x08,0x88,0x28,0x48,0x88,0x08,0x00,0x80,0x81,0x4
0,0x40,0x21,0x22,0x14,0x08,0x14,0x22,0x41,0x40,0x80,0x81,0x80,0x00, };
//流
const uchar code liu[]={
0x10,0x60,0x02,0x8C,0x00,0x44,0x64,0x54,0x4D,0x46,0x44,0x54,0x64,0xC4,0x04,0x00,0x04,0x04,0x
7E,0x01,0x80,0x40,0x3E,0x00,0x00,0xFE,0x00,0x00,0x7E,0x80,0xE0,0x00, };
```

```
//使
const uchar code shi[]={
0x80,0x60,0xF8,0x07,0x04,0xE4,0x24,0x24,0x24,0xFF,0x24,0x24,0x24,0xE4,0x04,0x00,0x00,0x00,0x
FF,0x00,0x80,0x81,0x45,0x29,0x11,0x2F,0x41,0x41,0x81,0x81,0x80,0x00, };
//用
const uchar code yong[]={
0x00,0x00,0xFE,0x22,0x22,0x22,0x22,0xFE,0x22,0x22,0x22,0x22,0xFE,0x00,0x00,0x00,0x80,0x60,0x
1F,0x02,0x02,0x02,0x02,0x7F,0x02,0x02,0x42,0x82,0x7F,0x00,0x00,0x00, };
#endif

//主程序：main.c
#include "includes.h"
void main()
{
      lcd_init();                        //初始化
      lcd_clear(0);                      //清屏
      lcd_set_line(0);                   //设置起始行为 0
      display(1,2,2*16,jiao);            //交
      display(1,2,3*16,liu);             //流
      display(2,2,4*16,shi);             //使
      display(2,2,5*16,yong);            //用
      while(1);
}

//12864LCD 驱动程序：lcd.c
#include "lcd.h"
#include "intrins.h"
#define lcd_databus P2                   //LCD 的 8 位数据总线
void lcd_r_busy()
{
      P2=0x00;
      RS=0;
      RW=1;
      EN=1;
      while(P2&0x80);
      EN=0;
}
```

```
void lcd_w_cmd(uchar value)
{
    lcd_r_busy();                        //每次读/写操作前都要进行忙判断
    RS=0;
    RW=0;
    lcd_databus=value;
    EN=1;                                //下降沿锁存写入的数据/命令
    _nop_();
    _nop_();
    EN=0;
}

void lcd_w_data(uchar value)
{
    lcd_r_busy();
    RS=1;
    RW=0;
    lcd_databus=value;
    EN=1;                                //下降沿锁存写入的数据/命令
    _nop_();
    _nop_();
    EN=0;
}

void lcd_set_page(uchar page)
{
    page=0xb8|page;                      //页首地址为 0xb8，page 或 0xb8=选择 page 页
    lcd_w_cmd(page);
}

void lcd_set_line(uchar sline)
{
    sline=0xc0 | sline;                  //起始行地址为 0xc0，sline 或 0xc0=选择行
    lcd_w_cmd(sline);
}

void lcd_set_column(uchar column)
{
```

```
        column=0x3f & column;              //与上列的最大值 63，0x3f 可得所选列值<63
        column=0x40 | column;              //得列的首地址
        lcd_w_cmd(column);
}

void lcd_on_off(uchar set)
{
        set=0x3e | set;                    //0011 111x-0x3e 为关闭显示，0x3f 为开启显示
        lcd_w_cmd(set);
}

void lcd_cs(uchar sel)
{
        switch(sel)
        {
                case 0:CS1=0; CS2=0; break;        //全屏显示
                case 1:CS1=0; CS2=1; break;        //左显示
                case 2:CS1=1; CS2=0; break;        //右显示
                default:break;
        }
}

void lcd_clear(uchar sel)
{
        uchar i,j;
        lcd_cs(sel);
        for(i=0;i<8;i++)
        {
                lcd_set_page(i);
                lcd_set_column(0);
                for(j=0;j<64;j++)
                {
                        lcd_w_data(0x00);          //每列全部写 0，列地址指针自动+1
                }
        }
}

void lcd_init()
```

```
{
    lcd_r_busy();
    lcd_cs(0);
    lcd_on_off(0);                  //关显示
    lcd_cs(0);
    lcd_on_off(1);                  //开显示
    lcd_cs(0);
    lcd_clear(0);                   //清全屏
    lcd_set_line(0);                //起始行设为 0
}

void display(uchar cs, uchar page, uchar column, uchar *p)
{
    uchar i;
    lcd_cs(cs);
    lcd_set_page(page);             //要在本页写上半个汉字 8*16
    lcd_set_column(column);         //选择起始列
    for(i=0;i<16;i++)
    {
        lcd_w_data(p[i]);           //按列输入上半个汉字的编码 8*16
    }
    lcd_set_page(page+1);           //要在下一页写下半个汉字 8*16
    lcd_set_column(column);         //选择起始列
    for(i=0;i<16;i++)
    {
        lcd_w_data(p[i+16]);
    }
}
```

习题

一、填空题

1. 发光二极管与普通二极管一样是由一个（　　）构成，也具有单向导电特性。
2. LED 数码管按显示过程分类，可分为（　　）显示和（　　）显示 2 种。
3. 为了消除按键的抖动，常用的方法有（　　）和（　　）。

4. 由 LED 点阵显示器的内部结构可知，器件宜采用（　　）方式工作。

5. LCD 可分为两种类型，一种是（　　）模式 LCD，另一种为（　　）模式 LCD。

6. 1602LCD 模块的 E 端为使能端，当 E 端电平（　　）时，液晶模块执行命令。

二、选择题

1. 以下基于通用 I/O 方式的输出电路图（图 4.25）中，正确的是（　　）。

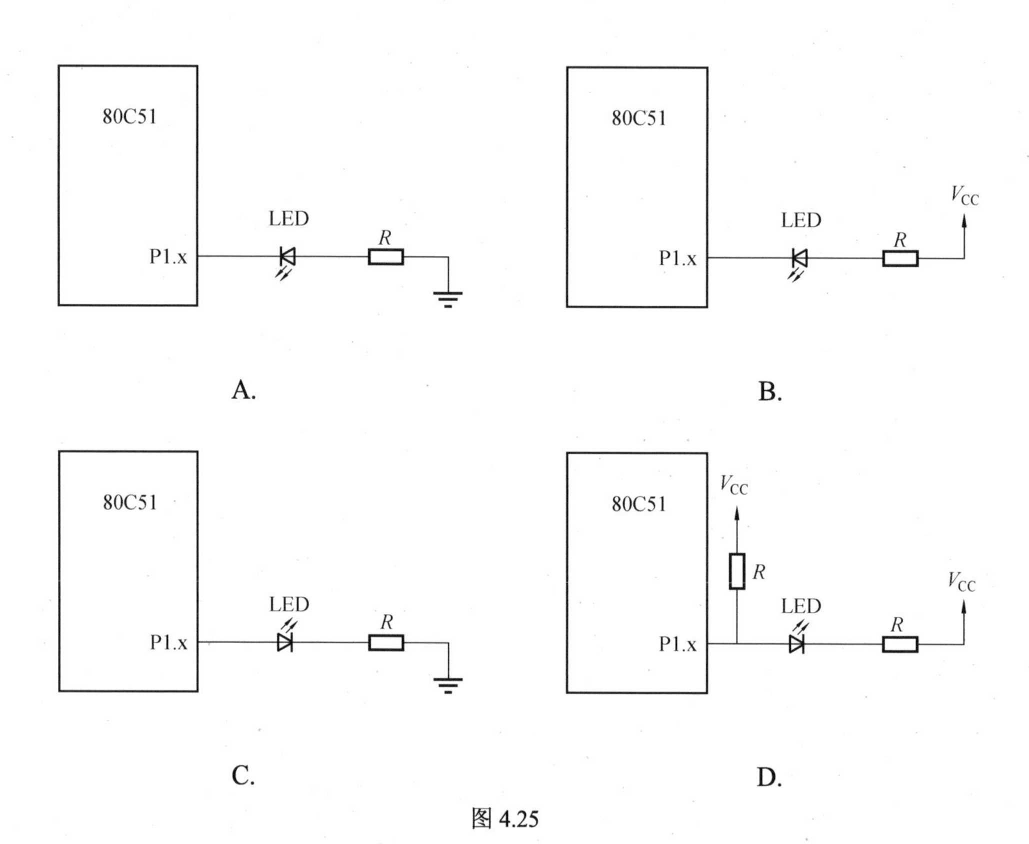

图 4.25

2. 以下基于通用 I/O 方式的输入电路图（图 4.26）中，正确的是（　　）。

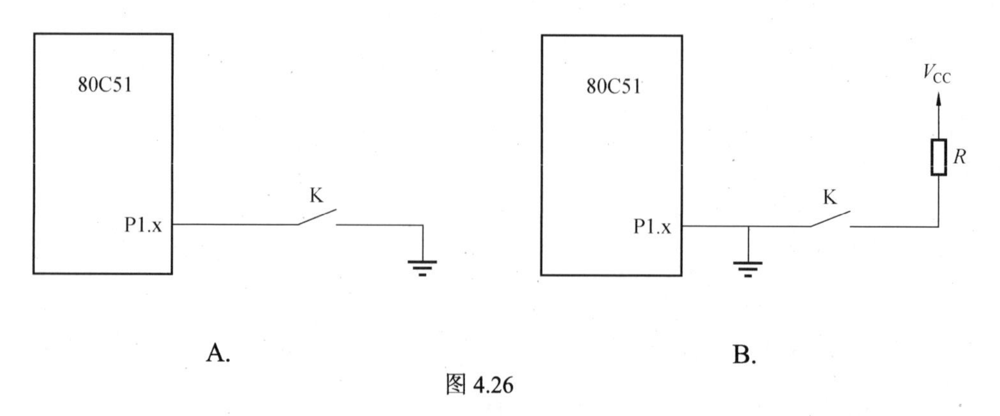

图 4.26

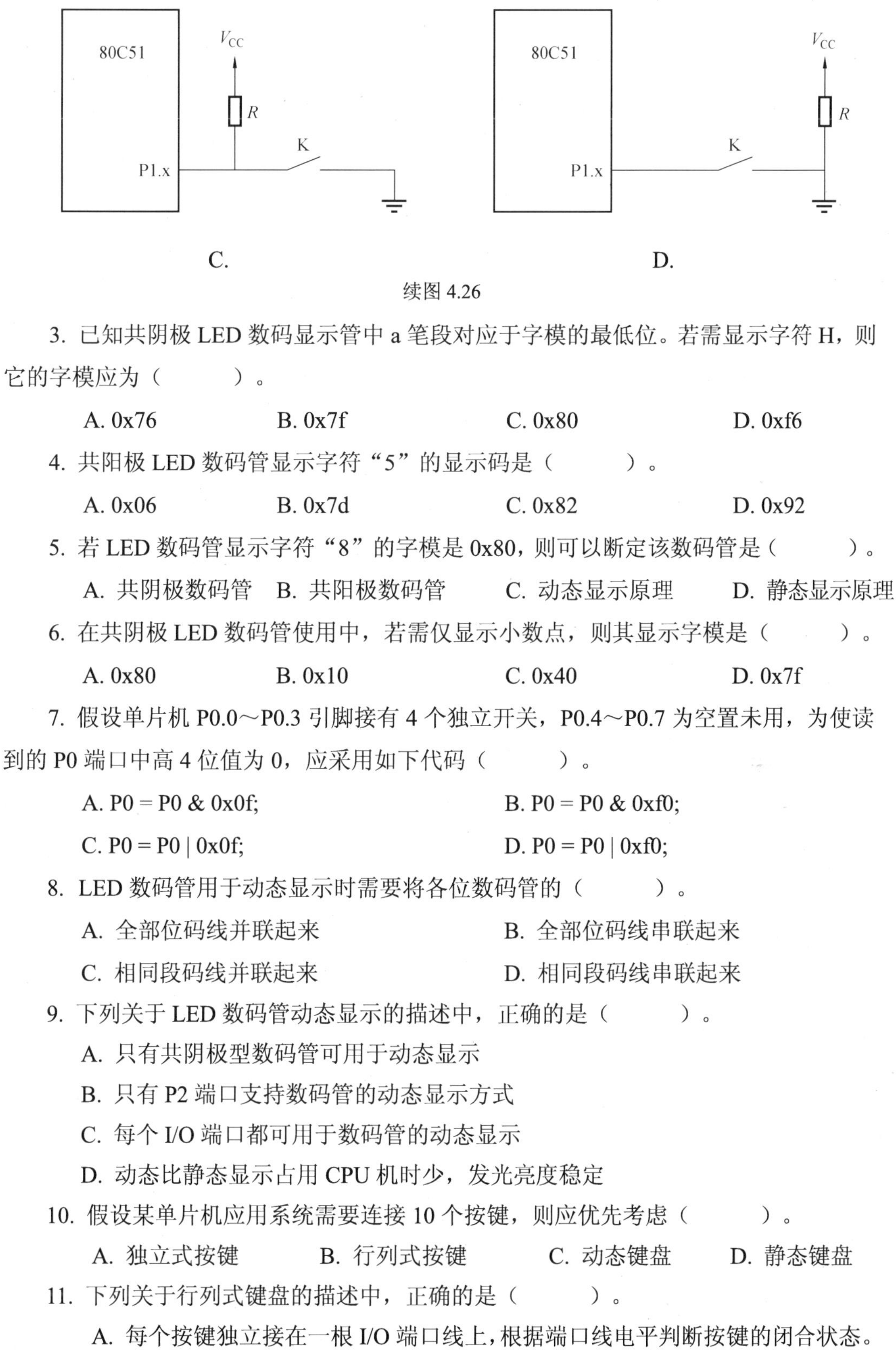

续图 4.26

3. 已知共阴极 LED 数码显示管中 a 笔段对应于字模的最低位。若需显示字符 H，则它的字模应为（　　）。

A. 0x76　　B. 0x7f　　C. 0x80　　D. 0xf6

4. 共阳极 LED 数码管显示字符“5”的显示码是（　　）。

A. 0x06　　B. 0x7d　　C. 0x82　　D. 0x92

5. 若 LED 数码管显示字符“8”的字模是 0x80，则可以断定该数码管是（　　）。

A. 共阴极数码管　　B. 共阳极数码管　　C. 动态显示原理　　D. 静态显示原理

6. 在共阴极 LED 数码管使用中，若需仅显示小数点，则其显示字模是（　　）。

A. 0x80　　B. 0x10　　C. 0x40　　D. 0x7f

7. 假设单片机 P0.0～P0.3 引脚接有 4 个独立开关，P0.4～P0.7 为空置未用，为使读到的 P0 端口中高 4 位值为 0，应采用如下代码（　　）。

A. P0 = P0 & 0x0f;　　B. P0 = P0 & 0xf0;

C. P0 = P0 | 0x0f;　　D. P0 = P0 | 0xf0;

8. LED 数码管用于动态显示时需要将各位数码管的（　　）。

A. 全部位码线并联起来　　B. 全部位码线串联起来

C. 相同段码线并联起来　　D. 相同段码线串联起来

9. 下列关于 LED 数码管动态显示的描述中，正确的是（　　）。

A. 只有共阴极型数码管可用于动态显示

B. 只有 P2 端口支持数码管的动态显示方式

C. 每个 I/O 端口都可用于数码管的动态显示

D. 动态比静态显示占用 CPU 机时少，发光亮度稳定

10. 假设某单片机应用系统需要连接 10 个按键，则应优先考虑（　　）。

A. 独立式按键　　B. 行列式按键　　C. 动态键盘　　D. 静态键盘

11. 下列关于行列式键盘的描述中，正确的是（　　）。

A. 每个按键独立接在一根 I/O 端口线上，根据端口线电平判断按键的闭合状态。

B. 按键设置在跨接行线和列线的交叉点上，根据行线电平有无反转判断按键闭合状态。

C. 独立式键盘的特点是占用 I/O 端口线较少，适合按键数量较多时的应用场合。

D. 行列式键盘的特点是占用 I/O 端口线较多，适合按键数量较少时的应用场合。

12. 下列关于按键消抖的描述中，正确的是（　　）。

A. 机械式按键在按下和释放瞬间会因弹簧开关变形而产生电压波动

B. 按键抖动会造成检测时按键状态不易确定的问题

C. 单片机编程时常用软件延时 10 ms 的办法消除抖动影响

D. 按键抖动问题对晶振频率较高的单片机基本没有影响

13. 1602LCD 模块的 RS=1，R/W=0，表示（　　）。

A. 指令寄存器写入　　B. 数据寄存器写入

C. 忙信号读出　　D. 数据寄存器读出

三、简答题

1. 什么是单片机与 LED 接口的高电平驱动？为何低电平驱动较为常用？

2. 简述 LED 数码管的字符显示原理。

3. 何为数码管静态显示？有何特点？

4. 何为数码管动态显示？有何特点？

5. 假设变量 count 中存有两位十进制数，现欲将其拆分为个位和十位两个数，简述拆分计算的方法。

6. 独立式按键的接口与特点是什么？

7. 行列式键盘的接口与特点是什么？

8. 软件法消除机械式按键抖动的原理是什么？

9. 简述 4×4 行列式键盘的软件扫描查询法。

10. 简述 1602LCD 的内部显示地址范围。

第 5 章　单片机的中断系统

5.1　中断的概念

中断是指 CPU 在执行程序的时候出现了某些异常突发情况，需要紧急处理，CPU 必须暂停当前的任务去处理紧急突发事件，处理完之后又返回原程序暂停的地方继续执行。CPU 处理事件的过程称为 CPU 的中断响应过程。

为什么引入中断？中断机制是为单片机能实时处理外部或内部发生的随机事件而设置的。中断功能的存在大大提高了单片机处理外部或内部事件的能力。如果单片机的 CPU 正在执行程序时，单片机外部或内部发生了某一“突发”事件，请求 CPU 迅速去处理（如单片机的 I/O 端口连接芯片 ADC0809 的 A/D 转换已完成，需要请求单片机读取 A/D 转换的值），那么 CPU 就会暂时中止当前的工作，转到中断服务程序处理所发生的事件。处理完该事件后，再回到原来被中止的地方，继续工作。

单片机中断系统有以下特点。

（1）分时操作。

单片机可以利用中断系统分时为多个 I/O 设备服务，提高了计算机的利用率。

（2）实时响应。

单片机能够利用中断系统及时处理应用系统中的随机事件，系统的实时性大大增强。

（3）可靠性高。

利用中断系统，单片机就具有处理设备故障及掉电等突发性事件的能力，从而使系统可靠性提高。

对于编程者而言，中断是指 CPU 在处理某一事件 A 时，发生了另一事件 B，请求 CPU 迅速去处理（这个过程称为“中断发生”）；此时，CPU 暂时停止当前的事件 A（这个过程称为“中断响应”），转去处理事件 B（这个过程称为“中断服务”）；待 CPU 将事件 B 处理完毕后，再回到事件 A 被中断的地方继续处理事件 A（这个过程称为“中断返回”）。以上过程称为中断，其处理流程如图 5.1 所示。

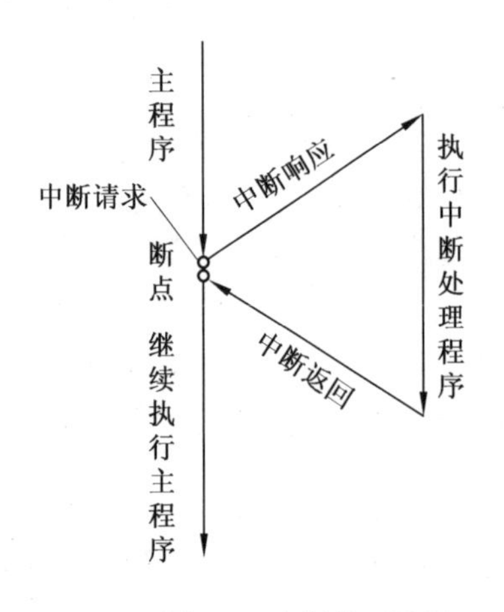

图 5.1　中断处理流程

图 5.1 中，主程序为上述的事件 A，中断请求由事件 B 发出。

仔细分析日常生活中常见的中断事例，有助于理解单片机的中断处理过程。大致可以从以下 3 个方面来分析。

（1）可引起中断的事件。

日常生活中很多事件可以引起中断，如门口有人按门铃了、座机电话铃响了、闹钟铃响了、水壶里的水烧开了等诸如此类需要尽快处理的事情，通常把可以引起中断的事件称为中断源（即指引起中断的原因或者设备）。单片机中也有一些可以引起中断的事件，例如，AT89S51 单片机总共包含有 5 个中断源，分别为两个外部中断、两个计数器/定时器中断、1 个串行接口中断。

（2）中断的嵌套与优先级处理。

设想以下情形：某人正在看书，座机电话铃响了，同时又有人按了门铃，那么他该先处理哪件事呢？如果他正在等一个很重要的电话，一般不会先去开门；反之，他若正在等待一位重要的人士上门，就可能不会先去接电话了。如果不存在以上两种情况（既不等电话，也不是等人上门），他就会按自己平时习惯的顺序去处理这两个同时发生的“突发”事件。总之，这里存在事件处理的优先级问题，单片机的运行也是如此，也存在着中断优先级。此外，优先级的问题不仅仅发生在两个中断同时产生时，也发生在一个中断已产生并正在处理过程中，又有一个中断产生的情况。如正在接听电话时，有人按了门铃；又如正开着门与他人在门口交谈时，又有电话铃响了。出现这两种情况时，都要考虑是否需要打断当前正在做的事情去处理最新发生的事件。

（3）中断的响应过程。

例如，一个人正在看书，当有事件发生时，在进入中断之前，他必须先记住现在看书到第几页了，或拿一个书签放在当前页的位置，然后再去处理其他的事情，因为处理完后他还要回来继续看书。电话铃响后他要到电话处，门铃响后他要到门口去，也就是说对于不同的中断，要在不同的地点处理，而这个地点通常是固定的。单片机也是采用这种方法工作的，MCS-51 单片机有 5 个中断源，每个中断产生后都要到一个固定的地方去寻找处理这个中断的处理程序，当然在去之前首先要保存中断处理完成后将要继续执行的指令的地址，以便处理完中断后能回到原来的地方继续执行后续程序。具体地说，MCS-51 单片机的中断响应可以分为以下几个步骤。

（1）保护断点。

保存下一条将要执行的指令的地址，把这个地址送入堆栈。

（2）寻找中断入口。

根据 5 个不同的中断源所产生的中断，查找 5 个不同的入口地址。以上工作是由单片机自动完成的，与编程者无关。在这 5 个入口地址处存放有跳转指令，以便程序跳转到中断处理程序，这是编写汇编程序时存放好的，否则中断处理程序就不能被执行。

（3）执行中断处理程序。

注意，中断处理程序要写得尽量简洁，不宜将复杂费时的处理任务放入中断处理程序中；否则将影响后续中断的处理。

（4）中断返回。

执行完中断处理程序后，就从中断处返回到主程序，继续执行后续程序。

单片机究竟是如何找到中断处理程序所在位置，又是如何返回的，之后会详细介绍。

5.2　中断控制系统

单片机的中断由单片机内的中断控制系统实现。在单片机中，中断控制系统用于管理各类中断逻辑，MCS-51 单片机中断系统内部结构示意图如图 5.2 所示。

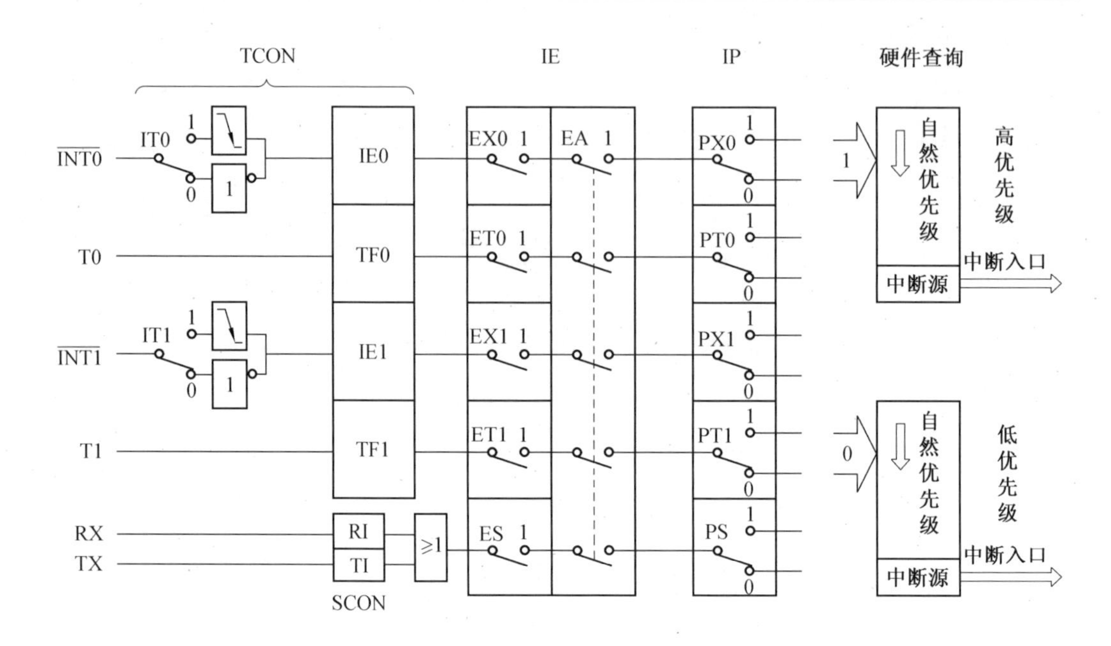

图 5.2　MCS-51 单片机中断系统内部结构示意图

单片机有 9 个主要与中断程序的书写控制有关的寄存器，具体如下。

①中断允许寄存器 IE。

②定时器控制寄存器 TCON。

③串口控制寄存器 SCON。

④中断优先级控制寄存器 IP。

⑤定时器工作方式控制寄存器 TMOD。

⑥定时器初值寄存器（TH0/TH1，TL0/TL1）。

5.2.1　中断请求源

AT89S51 单片机的中断系统有 5 个中断源，见表 5.1，有两个优先级，可实现二级中断嵌套。

表 5.1　AT89S51 单片机的 5 个中断源

中断源符号	名称	引起中断原因	中断号
$\overline{\text{INT0}}$	外部中断 0	P3.2 引脚为低电平或下降沿信号	0
T0	定时器 0 中断	定时器/计数器 0 计数回 0 溢出	1
$\overline{\text{INT1}}$	外部中断 1	P3.3 引脚为低电平或下降沿信号	2
T1	定时器 1 中断	定时器/计数器 1 计数回 0 溢出	3
TI/RI	串行接口中断	串行通信完成一帧数据发送或接收	4

1. 外部中断 0（P3.2）可由 IT0（TCON.0）选择其为低电平有效还是下降沿有效

当 CPU 检测到 P3.2 引脚上出现有效的中断信号时，中断标志 IE0（TCON.1）置 1，向 CPU 申请中断。

2. 外部中断 1（P3.3）可由 IT1（TCON.2）选择其为低电平有效还是下降沿有效

当 CPU 检测到 P3.3 引脚上出现有效的中断信号时，中断标志 IE1（TCON.3）置 1，向 CPU 申请中断。

3. TF0（TCON.5）为片内定时器/计数器 T0 溢出中断请求标志

当定时器/计数器 T0 发生溢出时，置位 TF0，并向 CPU 申请中断。

4. TF1（TCON.7）为片内定时器/计数器 T1 溢出中断请求标志

当定时器/计数器 T1 发生溢出时，置位 TF1，并向 CPU 申请中断。

5. RI（SCON.0）或 TI（SCON.1）都是串行接口中断请求标志

当串行接口接收完一帧串行数据时置位 RI，或当串行接口发送完一帧串行数据时置位 TI，向 CPU 申请中断。

5. 2. 2　中断请求标志寄存器

1. TCON 寄存器

位	7	6	5	4	3	2	1	0	
字节地址：88H	TF1	TR1	TF0	TR0	IE1	IT1	IE0	IT0	TCON

（1）IT0（TCON.0），外部中断 0 触发方式控制位。

①当 IT0=0 时，为低电平触发方式。

②当 IT0=1 时，为边沿触发方式（下降沿有效）。

（2）IE0（TCON.1），外部中断 0 中断请求标志位。

（3）IT1（TCON.2），外部中断 1 触发方式控制位。

（4）IE1（TCON.3），外部中断 1 中断请求标志位。

（5）TF0（TCON.5），定时器/计数器 T0 溢出中断请求标志位。

（6）TF1（TCON.7），定时器/计数器 T1 溢出中断请求标志位。

2. SCON 寄存器

SCON 寄存器是 51 单片机一个可寻址的专用寄存器，用于串行数据通信的控制，其字节地址为 98H，位地址为 98H～9FH。其中，与串行接口中断相关的只有最低的两位，即 RI 和 TI。

位	7	6	5	4	3	2	1	0	
字节地址：98H	—	—	—	—	—	—	TI	RI	SCON

①TI：发送中断标志。发送一帧数据后，硬件自动置1。TI位必须要由软件清零。

②RI：接收中断标志。接收一帧数据后，硬件自动置1。RI位必须要由软件清零。

5.3 中断允许和中断优先级的控制

5.3.1 中断允许寄存器

CPU对中断系统的所有中断以及某个中断源的开发和屏蔽是由中断允许寄存器IE控制的。

位	7	6	5	4	3	2	1	0	
字节地址：A8H	EA	—	—	ES	ET1	EX1	ET0	EX0	IE

①EA：中断允许总开关控制位（1：所有中断请求被允许；0：所有中断请求被屏蔽）。

②ES：串口中断允许控制位（1：允许串口中断；0：禁止串口中断）。

③ET1：定时器/计数器T1的溢出中断允许控制位（1：允许T1溢出中断；0：禁止T1溢出中断）。

④EX1：外部中断1中断允许位（1：允许外部中断1中断；0：禁止外部中断1中断）。

⑤ET0：定时器/计数器T0的溢出中断允许控制位（1：允许T1溢出中断；0：禁止T1溢出中断）。

⑥EX0：外部中断0中断允许位（1：允许外部中断1中断；0：禁止外部中断1中断）。

5.3.2 中断优先级寄存器

MCS-51单片机有2个优先级，可实现二级中断嵌套。5个中断源的自然优先级如图5.3所示。

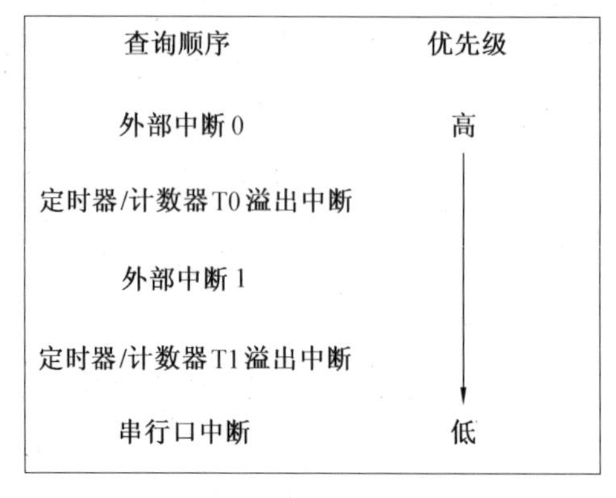

图5.3 中断的自然优先级

CPU 同一时间只能响应一个中断请求。若同时有两个或两个以上中断请求，CPU 处理就必须有先后顺序。为此，将单片机的 5 个中断源分成高级和低级两个级别，高级优先，由中断优先级寄存器 IP 来控制。

中断优先级寄存器 IP 属于特殊功能寄存器，其字节地址为 B8H，位地址（由低位到高位）分别是 B8H～BFH，IP 用来设定各个中断源属于两级中断的哪一级。该寄存器可以进行位寻址，即可对该寄存器的每一位进行单独操作。单片机复位时 IP 的所有位全部被清零。

位	7	6	5	4	3	2	1	0	
字节地址：B8H	—	—	—	PS	PT1	PX1	PT0	PX0	IP

IP 的低五位与 IE 的低五位相对应，为“1”时为高优先级，为“0”时为低优先级。系统初始化编程时，用户要对各中断源的优先级进行相应设置。IP 的低 5 位（高三位暂时为使用）的具体定义如下：

（1）PS，串口中断优先级控制位。

①PS=1，串口中断定义为高优先级中断。

②PS=0，串口中断定义为低优先级中断。

（2）PT1，定时器/计数器 1 中断优先级控制位。

①PT1=1，定时器/计数器 1 中断定义为高优先级中断。

②PT1=0，定时器/计数器 1 中断定义为低优先级中断。

（3）PX1，外部中断 1 中断优先级控制位。

①PX1=1，外部中断 1 定义为高优先级中断。

②PX1=0，外部中断 1 定义为低优先级中断。

（4）PT0，定时器/计数器 0 中断优先级控制位。

①PT0=1，定时器/计数器 0 中断定义为高优先级中断。

②PT0=0，定时器/计数器 0 中断定义为低优先级中断。

（5）PX0，外部中断 0 中断优先级控制位。

①PX0=1，外部中断 0 定义为高优先级中断。

②PX0=0，外部中断 0 定义为低优先级中断。

单片机对中断优先级的处理原则如下：

（1）CPU 同时接收到几个中断时，先响应优先级别最高的中断请求。

（2）正在进行的中断，不能被新的同优先级或低优先级中断请求所中断。

（3）正在进行的低优先级中断服务能被高优先级中断请求所中断。

5.4　中断的请求和响应

5.4.1　中断的请求

单片机中断分为内部中断和外部中断两大类。外部中断由单片机外部设备产生，中断产生后通过单片机的外部管脚传递给单片机。传递这个中断信号最简单的方法就是规定单片机的管脚在什么状态下有外部中断产生，这样单片机通常有一个或多个 I/O 端口在输入状态时可以用来检测外部中断信号，如 $\overline{\text{INT0}}$ 、$\overline{\text{INT1}}$，因为单片机的外部中断是通过这两个引脚来触发，电平如果发生合适的变化（具体通过高/低电平还是上升沿/下降沿控制是通过 TCON 寄存器来控制），便会触发中断请求。单片机系统运行过程中，一个中断源一般不会只产生一次中断请求，一般都会持续有间隔地产生中断请求。

单片机的内部中断请求源如下：

①TF0：定时器 T0 的溢出中断标记，当 T0 计数产生溢出时，由硬件置位 TF0；在 CPU 响应中断后，再由硬件将 TF0 清零。

②TF1：定时器 T1 的溢出中断标记，当 T1 计数产生溢出时，由硬件置位 TF1；在 CPU 响应中断后，再由硬件将 TF1 清零。

③TI、RI：串口发送、接收中断。

MCS-51 单片机的 CPU 在每个机器周期期间，会顺序采样每个中断源，CPU 在下一个机器周期按中断优先级顺序查询中断标志，如查询到某个中断标志为 1，则将在下一个机器周期期间按优先级来进行中断处理。

5.4.2　中断的响应

中断响应就是单片机 CPU 对中断源提出的中断请求的接受。中断请求被响应后，要再经过一系列的操作后才转向中断服务程序，完成中断所要求的处理任务。在查询到有效的中断请求后，立刻进行中断响应。中断响应时，CPU 会根据寄存器 TCON、SCON 中的中断标记，由硬件自动生成一条长调用指令 LCALL XXXX，这里的 XXXX 就是程序存储器中断区中相应的中断入口地址。对于 AT89S51 单片机的 5 个独立中断源，这些入口地址已由系统设定。这样在产生了相应的中断以后，就可转到相应的中断服务程序所在位置去执行中断服务。

响应中断的条件如下：

（1）中断源有中断请求。

（2）中断总允许位 EA=1。

（3）请求中断的中断源相对应的中断允许位为 1。

在下列三种情况之一时，CPU 将封锁对中断的响应：

（1）CPU 正在处理一个同级或更高级别的中断请求。

（2）现行的机器周期不是当前正执行指令的最后一个周期。单片机有单周期、双周期、三周期指令，当前执行指令是单字节时没有关系，如果当前执行指令是双字节或四字节的，就要等整条指令执行结束后，才能响应中断（因为中断查询是在每个机器周期都可以查到的）。

（3）若当前正执行的指令是返回批令（RETI）或访问 IP、IE 寄存器的指令，则 CPU 至少再执行一条指令后才响应中断。这些都是与中断有关的指令，如果正在访问 IP、IE 则可能会开/关中断或改变中断的优先级，而中断返回指令则说明本次中断还没有处理完，所以都要等本指令处理结束后，再执行一条指令才能响应中断。

一旦单片机响应中断请求，就由硬件完成以下功能：

（1）根据响应的中断源的中断优先级，使相应的优先级状态触发器置 1。

（2）执行硬件中断服务子程序调用，并把当前程序计数器 PC 的内容压入堆栈，保护断点，寻找中断源。

（3）清除相应的中断请求标志位（串口中断请求标志 RI 和 TI 除外）。

（4）把被响应的中断源所对应的中断服务程序的入口地址（中断矢量）送入 PC，从而转入相应的中断服务程序。

（5）中断返回，程序返回断点处继续执行。

5.4.3　外部中断触发方式的选择

MCS-51 单片机的外部中断有两种触发方式可选：电平触发方式和边沿（负跳变或下降沿）触发方式。

选择电平触发方式时，单片机在每个机器周期检查中断源口线，检测到低电平即置位中断请求标志，向 CPU 请求中断。

选择边沿触发方式时，单片机在上一个机器周期检测到中断源口线为高电平，下一个机器周期检测到低电平，即置位中断请求标志，向 CPU 请求中断。

系统开发应用时需要特别注意以下几点：

（1）使用电平触发方式时，中断标志寄存器不锁存中断请求信号。也就是说，单片机把每个机器周期采样到的外部中断源口线的电平逻辑直接赋值到中断标志寄存器。标志寄存器对于请求信号是透明的，当中断请求被阻塞而没有得到及时响应时，将会丢失。换句话说，要使电平触发的中断被 CPU 响应并执行，必须保证外部中断源口线的低电平维持到中断被执行为止。因此，当 CPU 正在执行同级中断或更高级中断期间，产生的外部中断源（产生低电平）如果在该中断执行完毕之前撤销（变为高电平），那么将无法得到响应，就如同没发生一样。同样，当 CPU 在执行不可被中断的指令（如 RETI）时，如果产生的电平触发中断时间太短，也将得不到响应。

（2）使用边沿触发方式时，中断标志寄存器锁存了中断请求。中断口线上一个从高到低的跳变将记录在标志寄存器中，直到 CPU 响应并转向该中断服务程序时，由硬件自动清除。因此，当 CPU 正在执行同级中断（甚至是外部中断本身）或高级中断时，产生的外部中断（负跳变）同样将被记录在中断标志寄存器中。在该中断退出后，将被响应执行。

（3）中断标志可以手动清除。一个中断如果在得到响应之前就被手动清除，那么该中断将被 CPU 忽略。

（4）根据 TCON 控制寄存器选择电平触发方式还是边沿触发方式，详见 5.2.2 节。

5.4.4 外部中断的响应时间

外部中断 $\overline{\text{INT0}}$ 和 $\overline{\text{INT1}}$ 的电平在每个机器周期经反向后锁存到标志位 IE0 和 IE1，如图 5.2 所示，CPU 在下一个机器周期才会查询到新置入的 IE0 和 IE1，这时如果满足中断响应条件，CPU 响应中断时，要用两个机器周期执行一条硬件长调用指令“LCALL”。所以，从产生外部中断到开始执行中断程序至少需要 3 个完整的机器周期。如果在中断申请时，CPU 正在执行长指令（如乘法和除法指令等四周期指令），则额外等待时间增加 3 个周期；若正在执行 RETI 指令或访问 IE、IP 的指令，则额外等待时间增加 5 个周期。

因此，在 MCS-51 单片机单一中断系统中，外部中断请求的响应时间在 3～8 个机器周期之间。

如果单片机正在处理同级中断或者更高优先级中断，则外部中断请求的响应时间还要加上正在执行的中断服务程序的所耗时长。此时，要精确计算外部中断请求的响应时间相对会比较复杂。

5.5 外部中断编程案例

$\overline{\text{INT0}}$ 中断计数。每次按下计数键时，触发外部 $\overline{\text{INT0}}$ 中断，中断程序累加计数，计数值显示在 3 只数码管上，按下清零键后数码管清零。按键计数电路如图 5.4 所示。

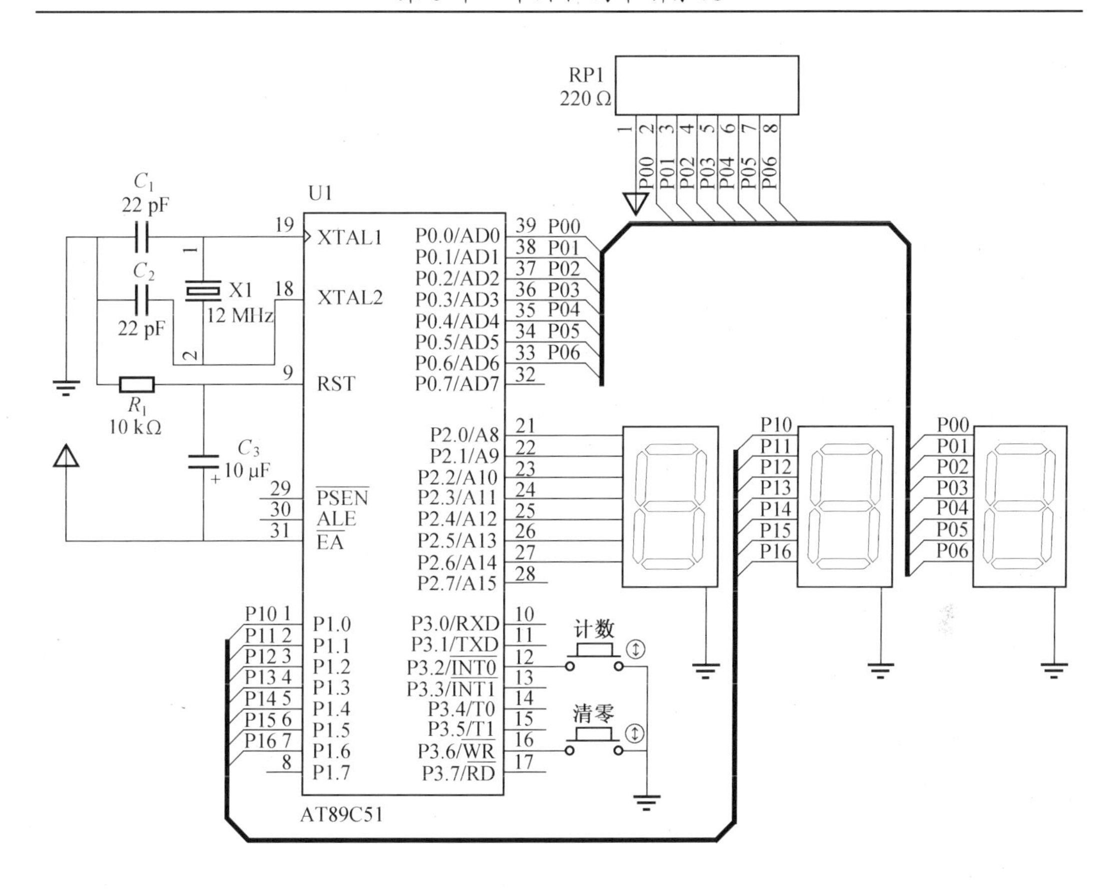

图 5.4 按键计数电路

按键计数电路源程序具体如下。

```
/*
名称： INT0 中断计数
功能：通过中断来计数，并将计数值显示在数码管上。
*/
#include <reg51.h>
#include <intrins.h>
#define    uint unsigned int        //宏定义
#define uchar unsigned char

// 共阴极数码管段选编码表
uchar code table[] = {
0x3f, 0x06, 0x5b,
0x4f, 0x66, 0x6d,
0x7d, 0x07, 0x7f, 0x6f};
```

```
uchar num[] = {0, 0, 0};
uchar count = 0;
sbit clear = P3^6;

void show_count()
{
	//赋值
	num[2] = count/100;
	num[1] = count%100/10;
	num[0] = count%10;

	P0 = table[num[0]];		//显示个位的数码管
	P1 = table[num[1]];		//显示十位的数码管
	P2 = table[num[2]];		//显示百位的数码管
}

void counting() interrupt 0
{
	count++;
}

void main(){
	P0 = 0x00;
	P1 = 0x00;
	P2 = 0x00;
	IE = 0x81;			//允许 INT0 中断
	IT0 = 1;
	while(1)
	{
		if(clear == 0) count = 0;
		show_count();
	}
}
```

习题

一、填空题

1. 中断响应时间是指（　　　　　　　　　　　　　　　　　　　　　　）。

2. AT89S51 单片机有（　　　）级中断，（　　　）个中断源。

3. MCS-51 单片机外部中断请求信号有电平方式和（　　）方式，在电平方式下，当采集到 $\overline{\text{INT0}}$ 、$\overline{\text{INT1}}$ 的有效信号为（　　）时，触发外部中断请求。

4. MCS-51 单片机的中断允许寄存器 IE 的作用是（　　　　　　　　　　）。

5. 要使 MCS-51 单片机能够响应定时器 T1 中断、串行接口中断，它的中断允许寄存器 IE 的内容应是（　　　）。

6. MCS-51 单片机外部中断 0 的入口地址是（　　）。

二、选择题

1. 外部中断 0 允许中断的 C51 语句为（　　　）。

   A. RI=1;　　B. TR0=1;　　C. IT0=1;　　D. EX0=1;

2. 按照中断源自然优先级顺序，优先级别最低的是（　　　）。

   A. 外部中断 $\overline{\text{INT1}}$　　B. 串口发送　　C. 定时器 T1　　D. 外部中断 $\overline{\text{INT0}}$

3. 当 CPU 响应定时器 T1 中断请求时，程序计数器 PC 里自动装入的地址是（　　　）。

   A. 0003H　　B. 000BH　　C. 0013H　　D. 001BH

4. 当 CPU 响应外部中断 $\overline{\text{INT0}}$ 的中断请求时，程序计数器 PC 里自动装入的地址是（　　　）。

   A. 0003H　　B. 000BH　　C. 0013H　　D. 001BH

5. 当 CPU 响应外部中断 $\overline{\text{INT1}}$ 的中断请求时，程序计数器 PC 里自动装入的地址是（　　　）。

   A. 0003H　　B. 000BH　　C. 0013H　　D. 001BH

6. 在 80C51 单片机中断自然优先级里，倒数第二的中断源是（　　　）。

   A. 外部中断 1　　B. 定时器 T0　　C. 定时器 T1　　D. 外部中断 0

7. 在 80C51 单片机中断自然优先级里，正数第二的中断源是（　　　）。

   A. 外部中断 1　　B. 定时器 T0　　C. 定时器 T1　　D. 串口 TX/RX

8. 为使 P3.2 引脚出现的外部中断请求信号能得到 CPU 响应，必须满足的条件是（　　　）。

A. ET0=1　　B. EX0=1　　C. EA=EX0=1　　D. EA=ET0=1

9. 为使定时器 T0 的中断请求信号能得到 CPU 的中断响应，必须满足的条件是（　　）。

A. ET0=1　　B. EX0=1　　C. EA=EX0=1　　D. EA=ET0=1

10. 下列关于中断函数的描述中（　　）是不正确的。

A. 中断函数是 void 型函数　　B. 中断函数是无参函数

C. 中断函数是无须调用的函数　　D. 中断函数是只能由系统调用的函数

11. 80C51 单片机外部中断 1 和外部中断 0 的触发方式选择位是（　　）。

A. TR1 和 TR0　　B. IE1 和 IE0　　C. IT1 和 IT0　　D. TF1 和 TF0

12. 在中断响应不受阻的情况下，CPU 对外部中断请求做出响应所需的最短时间为（　　）机器周期。

A. 1 个　　B. 2 个　　C. 3 个　　D. 8 个

13. 80C51 单片机定时器 T0 的溢出标志 TF0，当计数满在 CPU 响应中断后（　　）。

A. 由硬件清零　　B. 由软件清零　　C. 软硬件清零均可 D. 随机状态

14. CPU 响应中断后，由硬件自动执行如下操作的正确顺序是（　　）。

①保护断点，即把程序计数器 PC 的内容压入堆栈保存

②调用中断函数并开始运行

③中断优先级查询，对后来的同级或低级中断请求不予响应

④返回断点继续运行

⑤清除可清除的中断请求标志位

A. ①③②⑤④　　B. ③②⑤④①　　C. ③①②⑤④　　D. ③①⑤②④

15. 若 80C51 同一优先级的 5 个中断源同时发出中断请求，则 CPU 响应中断时程序计数器 PC 里会自动装入（　　）地址。

A. 000BH　　B. 0003H　　C. 0013H　　D. 001BH

16. 80C51 单片机的中断服务程序入口地址是指（　　）。

A. 中断服务程序的首句地址　　B. 中断服务程序的返回地址

C. 中断向量地址　　D. 主程序调用时的断点地址

17. 下列关于 C51 语言中断函数定义格式的描述中，（　　）是不正确的。

A. n 是与中断源对应的中断号，取值为 0～4

B. m 是工作寄存器组的组号，缺省时由 PSW 的 RS0 和 RS1 确定

C. interrupt 是 C51 语言的关键词，不能作为变量名

D. using 也是 C51 语言的关键词，不能省略

18. 下列关于 $\overline{\text{INT0}}$ 的描述中（　　）是正确的。

A. 中断触发信号由单片机的 P3.0 引脚输入

B. 中断触发方式选择位 ET0 可以实现电平触发方式或脉冲触发方式的选择

C. 在电平触发时，高电平可引发 IE0 自动置位，CPU 响应中断后 IE0 可自动清零

D. 在脉冲触发时，下降沿引发 IE0 自动置位，CPU 响应中断后 IE0 可自动清零

19. 下列关于中断控制寄存器的描述中，（　　）是不正确的（默认为 SMALL 编译模式）。

A. 80C51 单片机共有 4 个与中断有关的控制寄存器

B. TCON 为串口控制寄存器，字节地址为 98H，可位寻址

C. IP 寄存器为中断优先级寄存器，字节地址为 B8H，可位寻址

D. IE 为中断允许寄存器，字节地址为 A8H，可位寻址

20. 下列关于中断优先级的描述中，（　　）是不正确的（默认为 SMALL 编译模式）。

A. 80C51 每个中断源都有两个中断优先级，即高优先级中断和低优先级中断

B. 低优先级中断函数在运行过程中可以被高优先级中断打断

C. 相同优先级的中断运行时，自然优先级高的中断可以打断自然优先级低的中断

D. MCS-51 单片机复位后 IP 初值为 0，此时默认为全部中断都是低级中断

三、简答题

1. 简述中断、中断源、中断优先级和中断嵌套的概念。

2. 简述 MCS-51 单片机各种中断源的中断请求原理。

3. 何为中断矢量（或向量）地址？中断矢量与中断号的关系是什么？

4. 何为中断响应？MCS-51 单片机的中断响应条件是什么？

5. 何为中断撤销？简述 MCS-51 单片机中断请求标志撤销的做法。

6. 何为中断优先级？在中断请求有效并已开放中断的前提下，能否保证该中断请求能被 CPU 立即响应？

第 6 章　单片机的定时器/计数器

6.1　定时器/计数器的结构

AT89S51 单片机内部设有两个 16 位的可编程定时器/计数器。可编程的意思是指其功能（如工作方式、定时时间、量程、启动方式等）均可由指令来确定和改变。在定时器/计数器中除了有两个 16 位的计数器之外，还有两个特殊功能寄存器，分别为控制寄存器和方式寄存器。

从定时器/计数器内部结构示意图（图 6.1）中可以看出，16 位的定时器/计数器分别由两个 8 位专用寄存器组成，即定时器 0（T0）由 TH0 和 TL0 构成，定时器 1（T1）由 TH1 和 TL1 构成。其访问地址依次为 8AH～8DH。

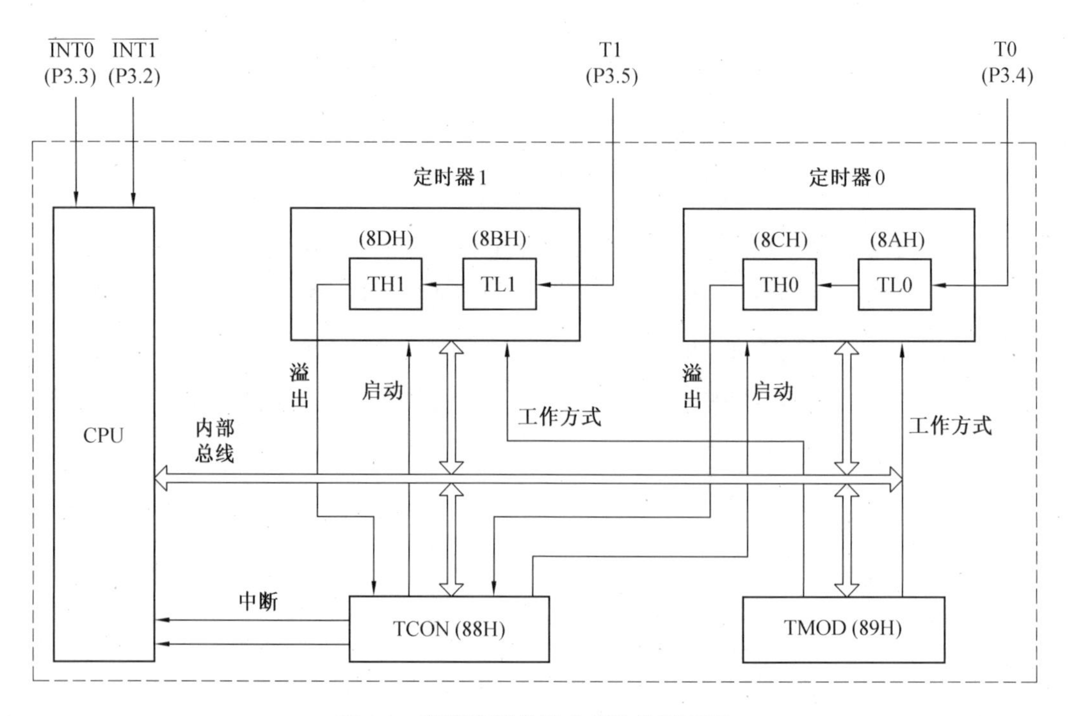

图 6.1　定时器/计数器内部结构示意图

每个寄存器均可单独访问。这些寄存器是用于存放定时或计数初值的。此外，其内部还有一个 8 位的定时器方式寄存器 TMOD 和一个 8 位的定时控制寄存器 TCON，这些寄存器之间通过内部总线和控制逻辑电路连接。TMOD 主要用于选定定时器的工作方式；TCON 主要用于控制定时器的启动停止。此外，TCON 还可以用于保存 T0、T1 的溢出和中断标志。当定时器工作在计数方式时，外部事件通过引脚 T0（P3.4）和 T1（P3.5）输入。

1. 定时器/计数器的原理

16 位的定时器/计数器实质上就是一个加 1 计数器，其控制电路受软件控制、切换。当定时器/计数器为定时工作方式时，计数器的加 1 信号由振荡器的 12 分频信号产生，即每过一个机器周期，计数器加 1，直至计满溢出为止。显然，定时器的定时时间与系统的振荡频率有关。因为一个机器周期等于 12 个振荡周期，所以计数频率为 $f_{\text{count}}=1/12\,f_{\text{osc}}$。如果晶振为 12 MHz，则计数周期为

$$T=\frac{1}{(12\times 106)\ \text{Hz}}\times\frac{1}{12}=1\ \mu\text{s}$$

这是最短的定时周期。若要延长定时时间，则需要改变定时器的初值，并要适当选择定时器的长度（如 8 位、13 位、16 位等）。

当定时器/计数器为计数工作方式时，通过引脚 T0 和 T1 对外部信号计数，外部脉冲的下降沿将触发计数。计数器在每个机器周期的 S5P2 期间采样引脚输入电平。若一个机器周期采样值为 1，下一个机器周期采样值为 0，则计数器加 1。此后的机器周期 S3P1 期间，新的计数值装入计数器。所以检测一个由 1 至 0 的跳变需要两个机器周期，故外部事件的最高计数频率为振荡频率的 1/24。例如，如果选用 12 MHz 晶振，则最高计数频率为 0.5 MHz。虽然对外部输入信号的占空比无特殊要求，但为了确保某给定电平在变化前至少被采样一次，外部计数脉冲的高电平与低电平保持时间均需在一个机器周期以上。

在 CPU 用软件给定时器设置了某种工作方式之后，定时器就会按设定的工作方式独立运行，不再占用 CPU 的操作时间，除非定时器计满溢出，否则不能中断 CPU 当前操作。CPU 也可以重新设置定时器工作方式，以改变定时器的操作。由此可见，定时器是单片机中效率高而且工作灵活的部件。

综上所述，因为定时器/计数器是一种可编程部件，所以在定时器/计数器开始工作之前，CPU 必须将一些命令（称为控制字）写入定时器/计数器。将控制字写入定时器/计数器的过程称为定时器/计数器初始化。在初始化过程中，要将工作方式控制字写入方式寄存器，工作状态字（或相关位）写入控制寄存器，给定时/计数赋初值。

以下是控制字的格式及各位的主要功能的详细讲解。

定时器/计数器 T0 和 T1 有两个控制寄存器 TMOD 和 TCON，它们分别用来设置各个定时器/计数器的工作方式。选择定时或计数功能，控制启动运行及作为运行状态的标志等。其中，TCON 寄存器中另有 4 位用于中断系统。

2. 定时器/计数器方式寄存器 TMOD

定时器/计数器方式控制寄存器 TMOD 属于特殊功能寄存器，字节地址为 89H，无位地址。寄存器 TMOD 的格式如图 6.2 所示。

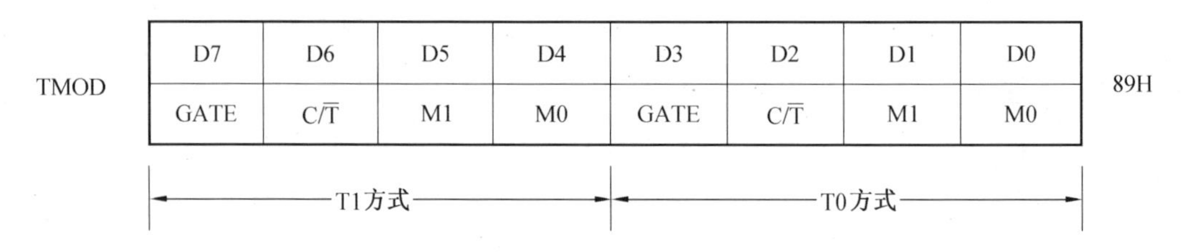

图 6.2　寄存器 TMOD 的格式

由图 6.2 可见，TMOD 的高 4 位用于 T1，低 4 位用于 T0。4 种符号的含义如下：

①GATE：门控制位。GATE 和软件控制位 TR、外部引脚信号 INT 的状态，共同控制定时器/计数器的打开或关闭。

②C/$\overline{T}$：定时器/计数器选择位。C/$\overline{T}$=1，为计数器方式；C/$\overline{T}$=0，为定时器方式。

③M1、M0：工作方式选择位，定时器/计数器的 4 种工作方式由 M1、M0 设定。

M1、M0 工作方式选择位见表 6.1。

表 6.1　M1、M0 工作方式选择位

M1　M0	工作方式
0　0	工作方式 0，13 位定时器/计数器
0　1	工作方式 1，16 位定时器/计数器
1　0	工作方式 2，8 位的常数自动重新装载定时器/计数器
1　1	工作方式 3，仅适用于 T0，此时 T0 分成两个 8 位计数器，T1 停止计数

定时器/计数器方式控制寄存器 TMOD 不能进行位寻址，只能用字节传送指令设置定时器工作方式，低半字节定义为定时器 0，高半字节定义为定时器 1。复位时，TMOD 所有位均为 0。

3. 定时器/计数器控制寄存器 TCON

TCON 属于特殊功能寄存器，字节地址为 88H，位地址（由低位到高位）为 88H～8FH。由于有位地址，因此十分便于进行位操作。

TCON 的作用是控制定时器/计数器的启动和停止，标志定时器/计数器溢出和中断情况。

寄存器 TCON 的格式如图 6.3 所示。其中，TF1、TR1、TF0 和 TR0 位用于定时器/计数器；IE1、IT1、IE0 和 IT0 位用于中断系统。

	D7	D6	D5	D4	D3	D2	D1	D0	
TCON	TF1	TR1	TF0	TR0	IE1	IT1	IE0	IT0	88H

图 6.3　寄存器 TCON 的格式

寄存器 TCON 各位定义如下：

①TF1：定时器 1 溢出标志位。当定时器 1 计满溢出时，由硬件使 TF1 置 1，并且申请中断。进入中断服务程序后由硬件自动清零，在查询方式下用软件清零。

②TR1：定时器 1 运行控制位。由软件清零关闭定时器 1。当 GATE=1 且 $\overline{\text{INT1}}$ 为高电平时，TR1 置 1，启动定时器 1；当 GATE=0 时，TR1 置 1，启动定时器 1。

③TF0：定时器 0 溢出标志。其功能及操作情况同 TF1。

④TR0：定时器 0 运行控制位。其功能及操作情况同 TR1。

⑤IE1：外部中断 1 请求标志。

⑥IT1：外部中断 1 触发方式选择位。

⑦IE0：外部中断 0 请求标志。

⑧IT0：外部中断 0 触发方式选择位。

TCON 中低 4 位与中断有关，在后面进行讲解。由于 TCON 是可以位寻址的，因而如果只清理溢出或启动定时器工作，可以用位操作命令。

例如，执行汇编语句“CLR TF0”后则清理定时器 0 的溢出；执行汇编语句“SETB TR1”后可启动定时器 1（当然前面还要设置方式定）。

4. 定时器/计数器的初始化

由于定时器/计数器的功能是由软件编程确定的，因此一般在使用定时器/计数器前都要对其进行初始化，使其按设定的功能工作。初始化的一般步骤如下：

（1）确定工作方式（即对 TMOD 赋值）。

（2）预置定时或计数的初值（可直接将初值写入 TH0、TL0 或 TH1、TL1）。

（3）根据需要开放定时器/计数器的中断（直接对 IE 位赋值）。

（4）启动定时器/计数器（若已规定用软件启动，则可把 TR0 或 TR1 置 1； 若已规定由外中断引脚电平启动，则需给外引脚步加启动电平。在实现了启动要求后，定时器即按规定的工作方式和初值开始计数或定时）。下面介绍确定定时器/计数器初值的具体方法。

由于在不同工作方式下计数器位数不同，因此最大计数值也不同。

现假设最大计数值为 M，那么各方式下的最大值 M 值如下：

①方式 0：$M=2^{13}=8\ 192$。

②方式 1：$M=2^{16}=65\ 536$。

③方式 2：$M=2^{8}=256$。

④方式 3：定时器 0 分成两个 8 位计数器，所以两个 M 均为 256。因为定时器/计数器是做“加 1”计数，并在计数满溢出时产生中断，因此初值 X 可以这样计算：

$$X = M-\text{计数值}$$

6.2 定时器/计数器的 4 种工作方式

6.2.1 工作方式 0 及应用

当 M1M0=00 时，T0 采用方式 0 工作，其原理图如图 6.4 所示。此时 T0 是一个由 TL0 的低 5 位和 TH0 的 8 位构成的 13 位定时器/计数器（注：TL0 的高 3 位未使用）。

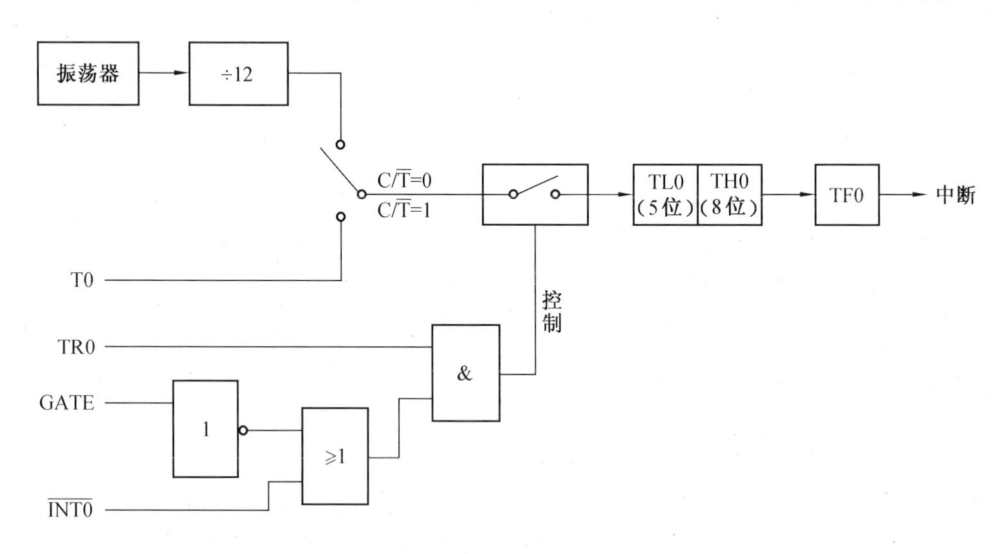

图 6.4 定时器/计数器 T0 工作方式 0 的原理图

13 位定时器/计数器的最大计数值为 $2^{13}=8\ 192$，若振荡器的时钟频率 $f_{osc}=12$ MHz 时，机器周期为 1 μs，方式 0 最大的定时时间为 8 192 μs。

若 TL0 的低 5 位计数满，则直接向 TH0 进位（而不是向 TL0 的第 6 位进位）；13 位定时/计数溢出时，TF0 置 1。

定时/计数原理是，定时器/计数器只有在计数值达到最大（发生溢出）时才会产生中断。那么，任意值的定时或计数怎么实现呢？如采用方式 0 时，若需要计数 500，那么计数开始前，在定时器/计数器中写入预置数 7 692（8 192−500），就可以达到需要的效果。

【例 6.1】　利用 T0 方式 0 定时，由 P1.0 输出频率为 500 Hz 的方波信号，晶振为 12 MHz。

分析如下：

已知信号的频率为 500 Hz，则周期为 2 ms，由于输出的是方波信号，定时时间为半个周期，即 1 000 μs，因此

$$\text{T0初值} = 2^{13} - \frac{t}{T_{\text{机器}}} = 8\,192 - \frac{1\,000}{1} = 7\,192$$

$$\text{TH0} = 7\,192/32 = \text{0xe0}$$

$$\text{TL0} = 7\,192\%32 = \text{0x18}$$

C51 语言的源程序如下：

```
#include<reg51.h>
main()
{
    TMOD=0x00;           //设定 T0 为方式 0 定时
    TH0=0xe0;            //设定 1 ms 定时初值
    TL0=0x18;
    TR0=1;               //启动 T0
    while(1)
    {
        while(!TF0);     //等待定时器 T0 溢出
        TF0=0;           //清除溢出标志
        P1^0=!P1^0;      //端口取反
        TH1=0xe0;        //重新赋初值
        TL1=0x18;
    }
}
```

6.2.2　工作方式 1 及应用

当 M1M0=01 时，T0 采用方式 1 工作，其原理图如图 6.5 所示。此时 T0 是由 TL0 和 TH0 构成的 16 位定时器/计数器，最大计数值为 2^{16} =65 536，其他特性和方式 0 相似。

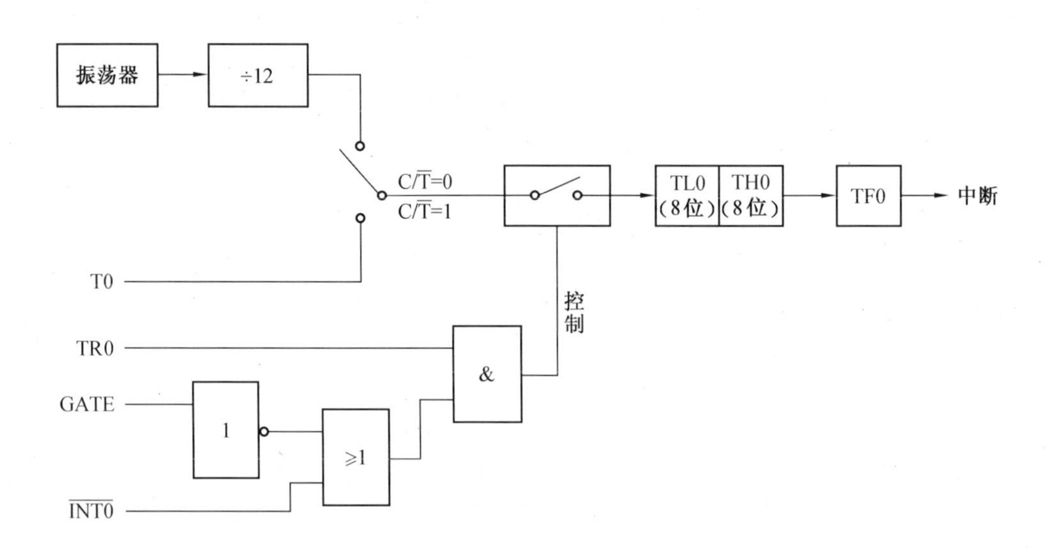

图 6.5　定时器/计数器 T0 工作方式 1 的原理图

【例 6.2】　利用 T0 产生 10 Hz 的方波，由 P1.0 口输出，设晶振频率为 12 MHz。

分析如下：

频率为 10 Hz 的方波，周期为 100 ms，定时时间为 50 ms，12 MHz 晶振的机器周期为 1 μs，则

$$\text{T0初值} = 2^{16} - \frac{t}{T_{\text{机器}}} = 65\,536 - \frac{50\,000}{1} = 15\,536 = 0\text{x3cb0}$$

$$\text{TH0=0x3c}$$

$$\text{TL0=0xb0}$$

C51 语言的源程序如下：

```
#include<reg51.h>
main()
{
    TMOD=0x01;                //设定 T0 为方式 1 定时
    TH0=0x3c;                 //设定 50 ms 定时初值
    TL0=0xb0;
```

```
        TR0=1;                     //启动 T0
        while(1)
        {
            while(!TF0);           //等待定时器溢出
            TF0=0;                 //清除溢出标志
            P1^0=!P1^0;            //端口取反
            TH0=0x3c;              //重新赋初值
            TL0=0xb0;
        }
    }
```

6. 2. 3 工作方式 2 及应用

当 M1M0=10 时，T0 采用方式 2 工作，其原理图如图 6.6 所示。此时 T0 是一个 8 位自动重装定时器/计数器，低 8 位 TL0 用作计数（最大计数值为 2^8 =256），高 8 位 TH0 用于保存计数初值。若 TL0 计数已满发生溢出，则 TF0 置 1 的同时，TH0 中的初值将自动装入 TL0。

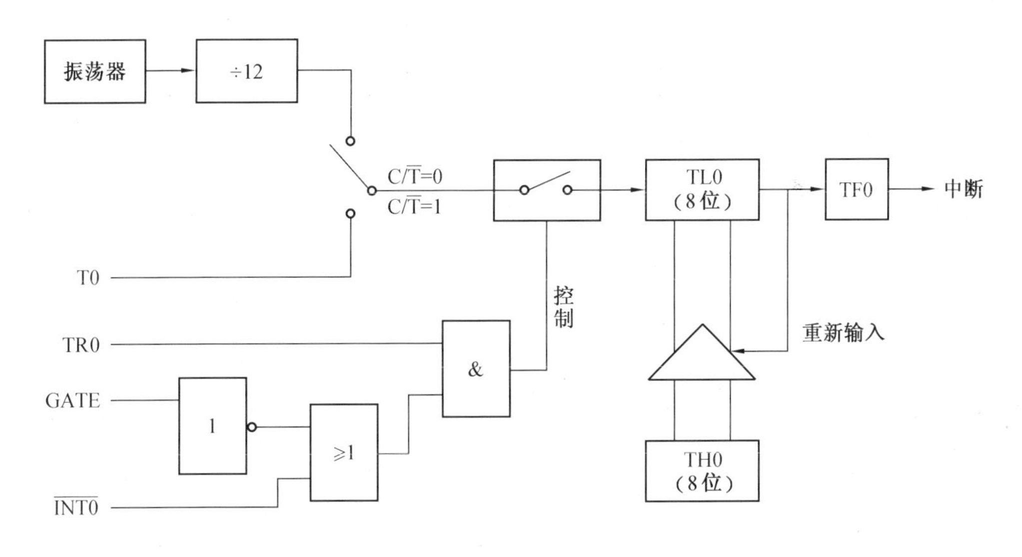

图 6.6　定时器/计数器 T0 工作方式 2 的原理图

工作方式 2 的计数范围虽然比较小，但是初值可自动恢复，因此适用于计数范围较小、需要重复计数的场合，例如脉冲信号发生器。

【例 6.3】 在工业流水线生产中，常利用传感器检测货品经过个数。这里进行模拟操作，由单片机定时器 T1 的外部脉冲输入引脚对检测的脉冲信号进行计数，当计数满 12 个时，让电机运转 3 s 后停止。脉冲计数及电机控制电路图如图 6.7 所示。

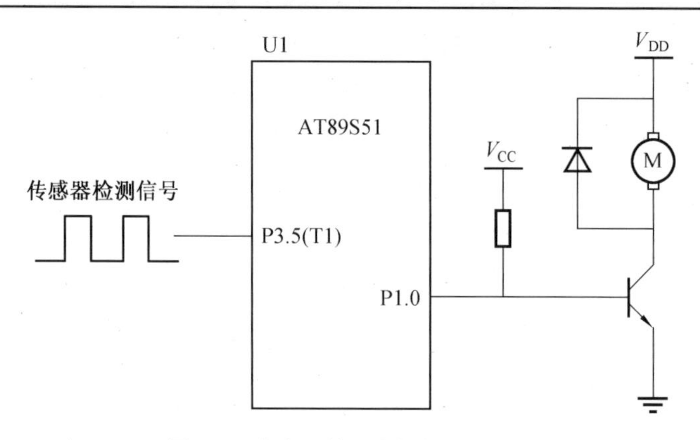

图 6.7　脉冲计数及电机控制电路图

分析如下：

利用 T1 的方式 2 计数对外部脉冲进行计数，根据题目要求，计数 12 次能够产生溢出，则 T1 的初值应设定为 256−12=244。TMOD 寄存器的高 4 位是针对 T1 进行设置的，其中 M1M0=10 设为方式 2。

T1 设置为计数方式。电机的启动与停止通过 P1.0 进行控制，当 P1.0 输出 1 时三极管导通，电机得电运行；当 P1.0 输出 0 时三极管截止，电机失电停止。

C51 语言的源程序如下：

```
#include<reg51.h>
sbit MOTOR=P1^0;                    //定义电机控制口
void delay_ms(unsigned int ms)      //毫秒延时程序
{
    unsigned int i,j;
    for(i=0;i<ms;i++)
    {
        for(j=0;j<121;j++);
    }
}
void tinmer0_ISR() interrupt 3      //定时器 1 中断处理程序
{
    MOTOR=1;                        //启动电机
    delay_ms(3000);                 //延时 3 s
    MOTOR=0;                        //停止电机
}
main()
{
    TMOD=0x60;                      //设定 T1 为方式 2 计数
```

```
    TH1=244;                //设定计数初值
    TL1=244;
    TR1=1;                  //启动 T1
    EA=1;                   //开启总中断
    ET1=1;                  //开启 T1 中断
    MOTOR=0;                //关闭电机
    while(1);
}
```

6.2.4　工作方式 3 及应用

当 M1M0=11 时，T0 采用方式 3 工作，其原理图如图 6.8 所示。在这种工作方式下，T0 被拆成两个独立的定时器/计数器来用。其中，TL0 使用 T0 原有的资源，可以作为 8 位定时器/计数器；TH0 使用 T1 的 TR1 和 TF1，只能对内部脉冲计数，作为定时器使用。

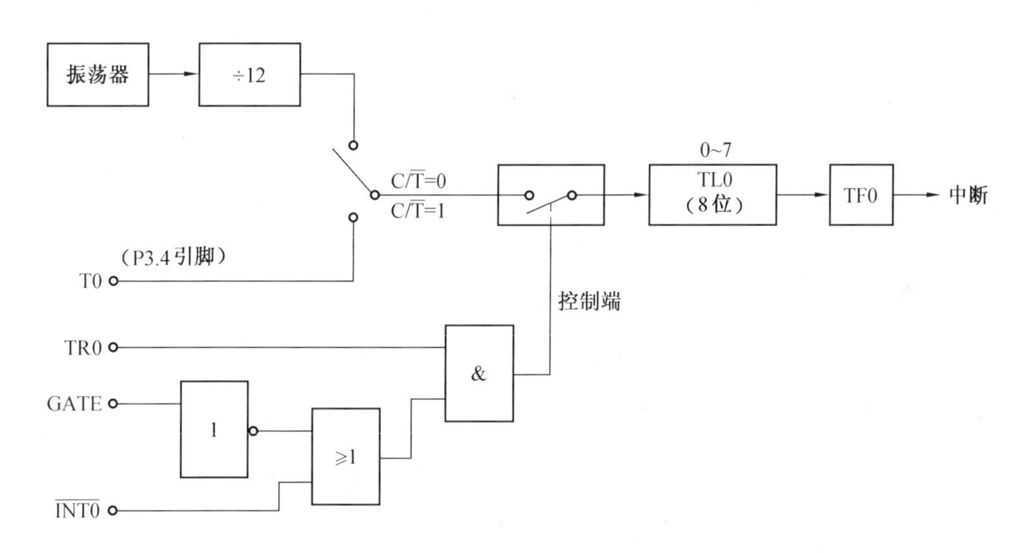

（a）　TL0 作为 8 位定时器/计数器

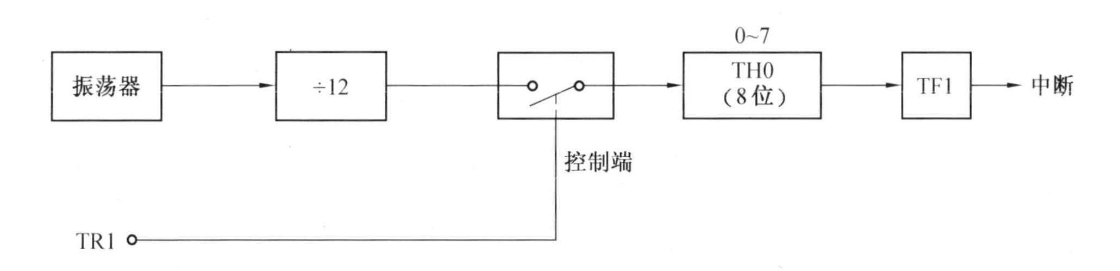

（b）TH0 作为 8 位定时器

图 6.8　定时器/计数器 T0 工作方式 3 的原理图

当 T0 工作在方式 3 时，T1 仍可设置为方式 0、方式 1 或方式 2，如图 6.9 所示。此时，T1 由定时/计数方式选择位切换其定时/计数功能，当计数器计满溢出时，将输出送往串口。在这种情况下，T1 一般用作串口波特率发生器。

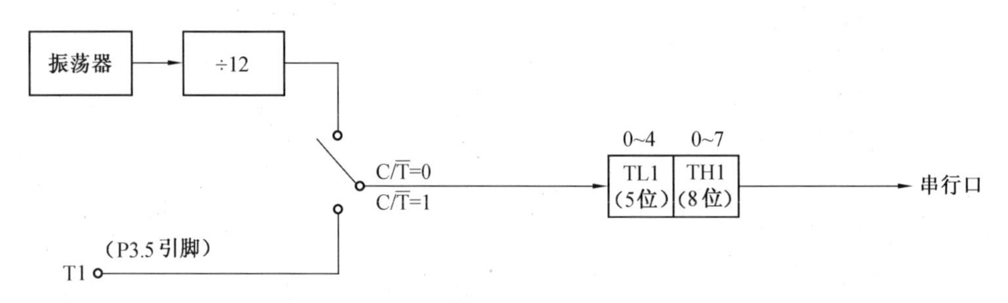

（a）T0 工作在方式 3 时 T1 为方式 0

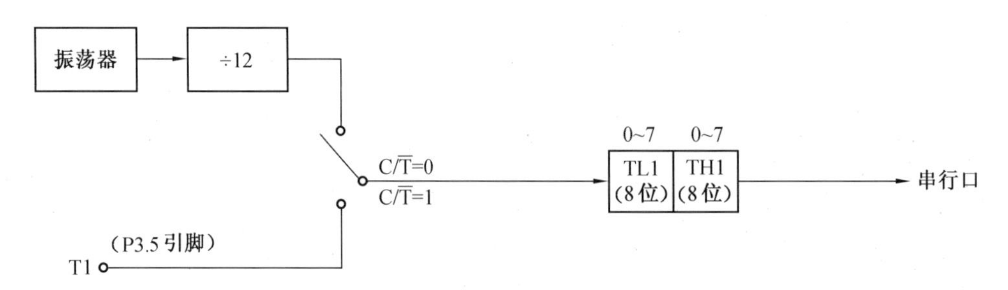

（b）T0 工作在方式 3 时 T1 为方式 1

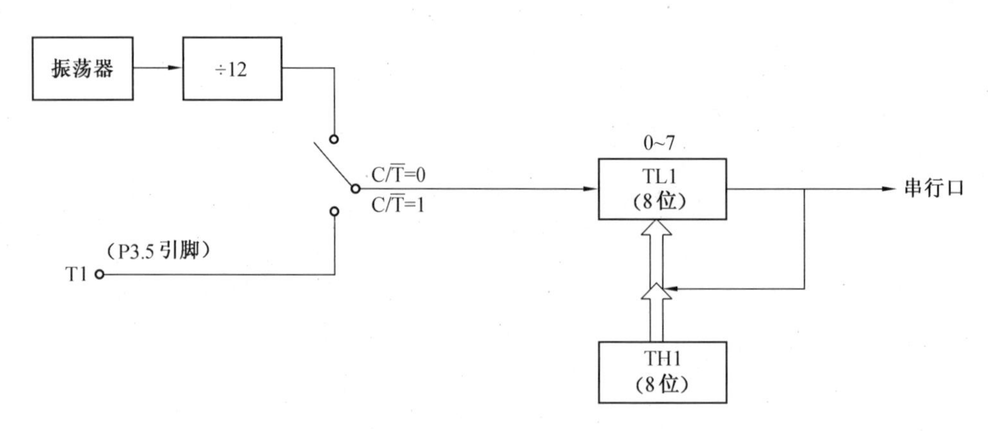

（c）T0 工作在方式 3 时 T1 为方式 2

图 6.9　T0 工作在方式 3 时 T1 的三种工作方式

由于 T1 的 TR1 位被 TH0 占用，因此其启动和关闭较为特殊。当工作方式设置完成时，T1 开始运行；将 T1 的工作方式设置为方式 3 时，T1 停止工作。

【例 6.4】 某应用系统，将 T1 置于方式 2 作为串口的波特率发生器，现要求 T0 增加一个外部中断源，中断时 P1.1 口取反，并由 P1.0 输出频率为 10 kHz 的方波信号（假设单片机的晶振频率为 12 MHz）。

分析如下：

由于 T1 已经被使用，因而 T0 既要作为方波信号发生器，又要增加一个外部中断源，只能采用工作方式 3，其中 TH0 为 8 位定时器，TL0 为预置初值 0xFF 的计数器。

10 KHz 方波的周期为 100 μs，因此

$$\text{T0初值} = 256 - \frac{100}{2} = 206 = 0\text{xce}$$

C51 语言的源程序如下：

```
#include<reg51.h>
#define BAUD 0xf3                            //12 MHz 晶振波特率 2 400 bit/s
void tinmer0_L_ISR() interrupt 1 using 1     //定时器 0 低 8 位中断处理程序
{
    TL0=0xff;                                //重新赋初值
    P1^1=!P1^1;                              //P1.1 口取反
}

void tinmer0_H_ISR() interrupt 3 using 2     //定时器 0 高 8 位中断处理程序
{
    TH0=0xce;                                //重新赋初值
    P1^0=!P1^0;                              //P1.0 口取反
}

main()
{
    TMOD=0x27;                               //设定 T1 为方式 2 定时，T0 为方式 3 计数
    TH0=0xce;                                //设定 50 μs 定时初值
    TL0=0xff;                                //设初值为 255，加 1 即可溢出
    TH1=BAUD;                                //设定波特率
    TL1=BAUD;
    TR1=1;                                   //启动 T0 的 TH0 部分
    TR0=1;                                   //启动 T0 的 TL0 部分
```

```
    EA=1;                    //开启总中断
    ET0=1;                   //开启 T0 中断
    ET1=1;                   //开启 T1 中断
    while();
}
```

6.3 计数器对外部输入的计数信号的要求

当定时器/计数器工作在计数器模式时，计数脉冲来自外部输入引脚 T0 或 Tl。当输入信号产生由 1 至 0 的跳变（即负跳变）时，计数器的值加 1。每个机器周期的 S5P2 期间，CPU 都会对外部输入引脚 T0 或 T1 进行采样。若在第一个机器周期中采得的值为 1，而在下一个机器周期中采得的值为 0，则在紧跟着的再下一个机器周期 S3Pl 期间，计数器加 1。由于确认一次负跳变要花费 2 个机器周期，即 24 个振荡周期，因此外部输入的计数脉冲的最高频率为系统振荡频率的 1/24。

例如，系统如果选用 6 MHz 频率的晶体，允许输入的脉冲频率最高为 250 kHz；如果选用 12 MHz 频率的晶体，则可输入最高频率为 500 kHz 的外部脉冲。对于外部输入信号的占空比并没有严格限制，但为了确保某一给定电平在变化之前能被 CPU 采样一次，这一电平至少要保持一个机器周期的时长。故对外部计数输入信号的要求如图 6.10 所示，图中 T_{cy} 为机器周期。

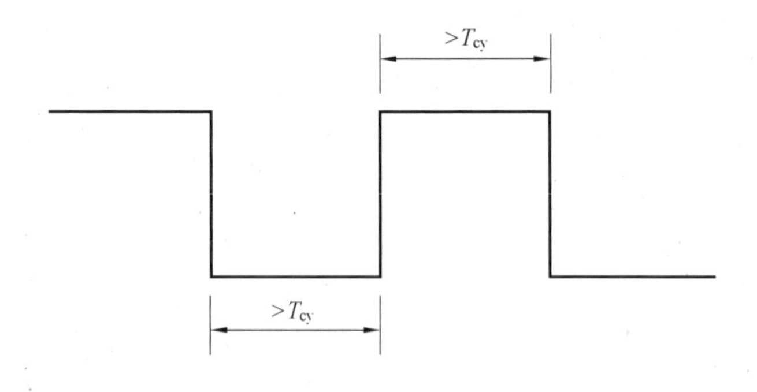

图 6.10　对外部计数输入信号的要求

6.4　定时器/计数器编程案例

【例 6.5】　定时器 0 控制流水灯。定时器 0 控制 P0、P2 端口的 LED 滚动显示。定时器控制流水灯如图 6.11 所示。

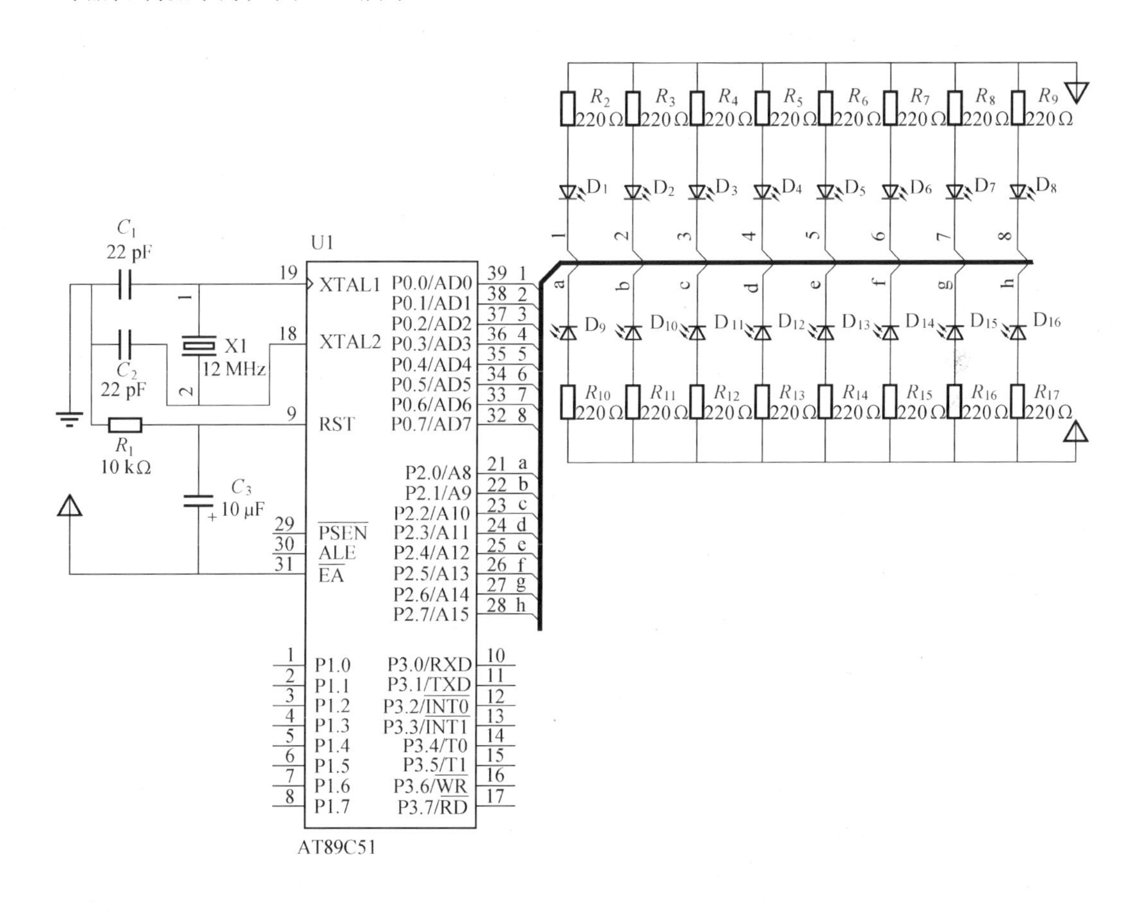

图 6.11　定时器控制流水灯

定时器控制流水灯源代码具体如下。

```
/*
    名称：定时器控制流水灯
    功能：定时器控制 P0、P2 端口从而控制流水灯
*/
#include <reg51.h>
#include <intrins.h>
#define    uint unsigned int                //宏定义
#define    uchar unsigned char
```

```
uchar times;

void main()
{
    P0 = 0xfe;
    P2 = 0xfe;
    times = 0;
    TMOD = 0x01;                        //设置定时器为工作方式 1
    TH0 = (65535 - 50000)/256;
    TL0 = (65535 - 50000)%256;          //高 8 位、低 8 位初值
    EA = 1;                             //开总中断
    ET0 = 1;                            //开定时器 0 中断
    TR0 = 1;                            //启动定时器 0

    while(1)
    {
        if(times == 10){
            times = 0;
            P0 = _crol_(P0,1);
            P2 = _cror_(P2,1);
        }
    }
}

void timer0() interrupt 1               //定时器 0 的标号为 1
{
    TH0 = (65535 - 50000)/256;
    TL0 = (65535 - 50000)%256;          //高 8 位、低 8 位初值
    times += 1;
}
```

【例 6.6】 10 ms 的秒表。首次按键开始计时，再次按键暂停，第三次按键清零。10 ms 的秒表，如图 6.12 所示。

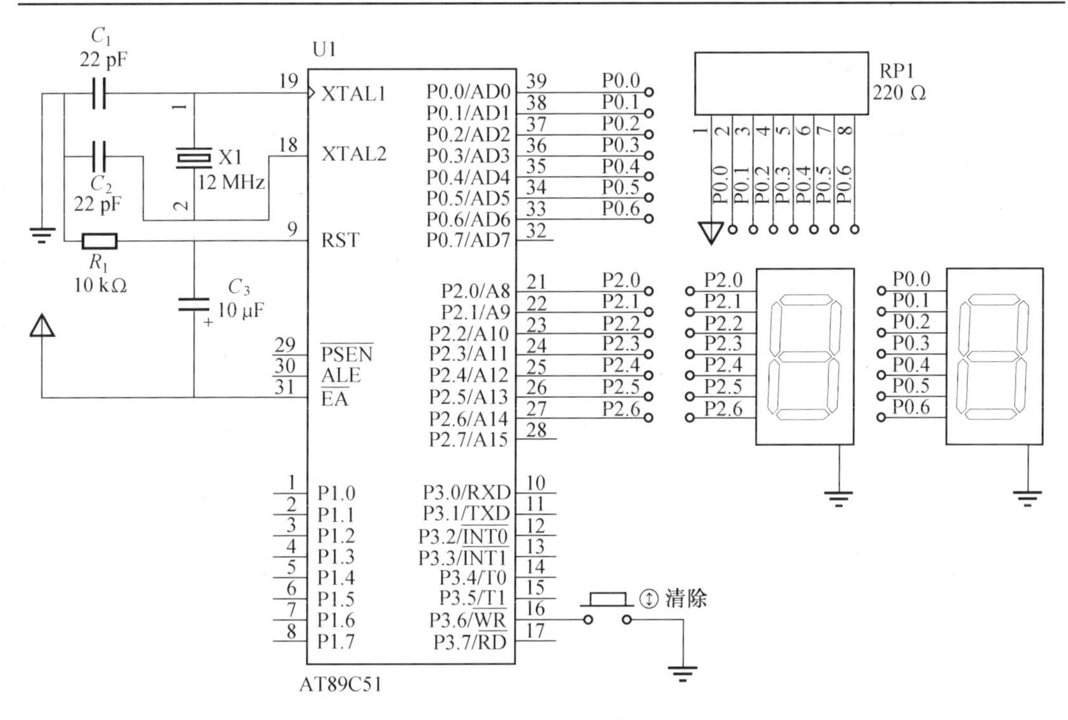

图 6.12　10 ms 的秒表

10 ms 的秒表源代码具体如下。

```
/*
    名称：定时器秒表
    功能：首次按键开始计时，再次按键暂停，第三次按键清零。
*/
#include <reg51.h>
#include <intrins.h>
#define    uint unsigned int                //宏定义
#define    uchar unsigned char

void delay(uint z);
bit key_state;

uchar times, count, flag;

//共阴极数码管段选编码表
uchar code table[] = {
0x3f, 0x06, 0x5b,
0x4f, 0x66, 0x6d,
0x7d, 0x07, 0x7f, 0x6f};
```

```
sbit key = P3^6;

void key_event()
{
    if(key_state == 0){
        flag = (flag+1)%3;
        switch(flag)
        {
            case 1:   EA = 1; ET0 = 1; TR0 = 1;
                break;
            case 2:   EA = 0; ET0 = 0; TR0 = 0;
                break;
            case 0:      P0 = 0x3f; P2 = 0x3f; times = 0; count = 0;
        }
    }
}

void main(){
    P0 = 0x3f;
    P2 = 0x3f;
    times = 0;
    count = 0;
    flag = 0;                               //按键次数 0、1、2、3
    key_state = 1;                          //按键状态
    TMOD = 0x01;  //设置定时器为工作方式 1。不能进行位操作，只能整体赋值。
    TH0 = (65535 - 50000)/256;
    TL0 = (65535 - 50000)%256;              //高 8 位、低 8 位初值

    while(1)
    {
        if(key_state != key)
        {
            delay(10);
            key_state = key;
            key_event();
        }

    }
}
```

```
void timer0() interrupt 1                    //定时器 0 的标号为 1
{
    TH0 = (65535 - 50000)/256;
    TL0 = (65535 - 50000)%256;               //高 8 位、低 8 位初值
    if(++times == 2)                         //0.1 s 转换状态
    {
        times = 0;
        count++;
        P2 = table[count/10];
        P0 = table[count%10];
        if(count == 100) count = 0;
    }
}

void delay(uint z){
    uint x,y;
    for(x = z; x > 0; x--)
        for(y = 114; y > 0; y--);
}
```

【例 6.7】 生成乐曲。使用定时器生成一段乐曲，播放由按钮控制，其电路图如图 6.13 所示。

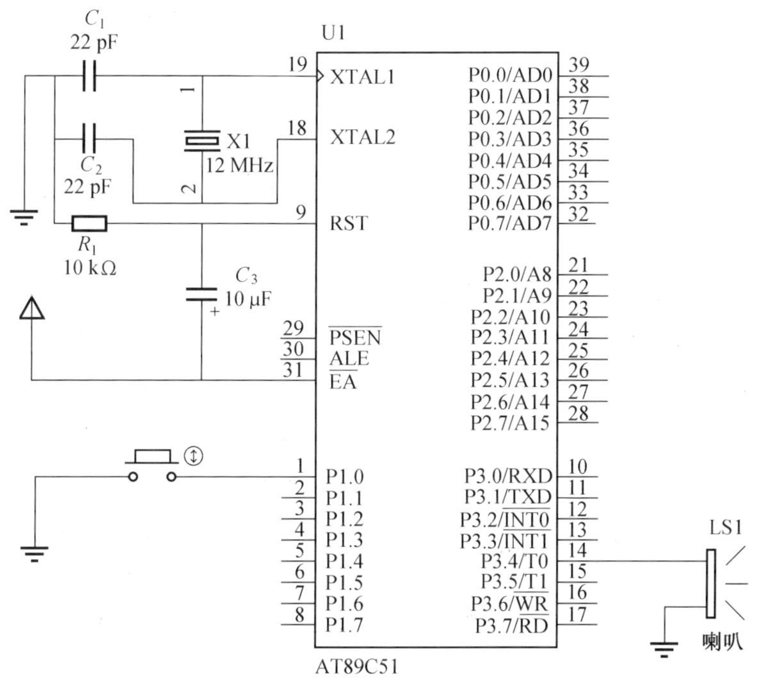

图 6.13　使用定时器生成乐曲的电路图

生成乐曲源代码具体如下。

```
/*
    名称：生成并播放乐曲
    功能：使用定时器演奏一段乐曲，播放由按钮控制
*/
#include <reg51.h>
#define    uchar unsigned char
#define    uint unsigned int                    //宏定义
sbit K1=P1^0;
sbit SPK=P3^4;

uint i=0;                                       //音符索引
//14 个音符放在方式 2 下的定时寄存器（TH0,TL0）
uchar code HI_LIST[]={0,226,229,232,233,236,238,240,241,242,244,
245,246,247,248};
uchar code LO_LIST[]={0,4,13,10,20,3,8,6,2,23,5,26,1,4,3};
//定时器 0 中断函数
void T0_INT() interrupt 1
{
    TL0= LO_LIST[i];
    TH0= HI_LIST[i];
    SPK=～SPK;
}
//延时
void DelayMS(uint ms)
{
    uchar t;
    while(ms--)for(t=0;t<120;t++);
}
//主程序
void main()
{
    TMOD=0x00;                                  //设定 T0 为工作方式 0
    IE=0x82;
    SPK=0;
    while(1)
    {
```

```
            while(K1==1);                   //未按键等待
            while(K1==0);                   //等待释放
            for(i=0;i<15;i++)
            {
                TR0=1;                      //播放一个音符
                DelayMS(500);               //播放延时
                TR0=0;
                DelayMS(50);
        }
        }
    }
```

习题

一、填空题

1. 定时器/计数器用作计数器模式时，外部输入的计数脉冲的最高频率为系统时钟频率的（　　　）。

2. 定时器/计数器用作定时器模式时，其计数脉冲由（　　　）提供，定时时间与（　　　）有关。

3. 定时器/计数器 T1 测量某正单脉冲的宽度，采用（　　　）方式可得到最大量程？若时钟频率为 6 MHz，求允许测量的最大脉冲宽度为（　　　）。

4. 定时器 T1 有 3 种工作方式：（　　　）、（　　　）和（　　　），可通过对寄存器（　　　）中的相关位进行软件设置来选择。

5. AT89S51 单片机的晶振为 6 MHz，若利用定时器 T1 的方式 1 定时 2 ms，则（TH1）=（　　　），（TL1）=（　　　）。

6. 如果采用晶振的频率为 12 MHz，定时器/计数器 Tx（x=0，1）工作在方式 0、方式 1、方式 2 下，其方式 0 的最大定时时间为（　　　），方式 1 的最大定时时间为（　　　），方式 2 的最大定时时间为（　　　）。

二、选择题

1. 使 80C51 单片机定时器/计数器 T0 停止计数的 C51 命令为（　　　）。

   A. IT0=0;　　B. TF0=0;　　C. IE=0;　　D. TR0=0;

2. 80C51 单片机的定时器 T1 用作定时方式时是（　　　）。

A. 由内部时钟频率定时，一个时钟周期加 1

B. 由内部时钟频率定时，一个机器周期加 1

C. 由外部时钟频率定时，一个时钟周期加 1

D. 由外部时钟频率定时，一个机器周期加 1

3. 80C51 单片机的定时器 T0 用作计数方式时，（　　）。

A. 由内部时钟频率定时，一个时钟周期加 1

B. 由内部时钟频率定时，一个机器周期加 1

C. 由外部计数脉冲计数，一个脉冲加 1

D. 由外部计数脉冲计数，一个机器周期加 1

4. 80C51 单片机的定时器 T1 用作计数方式时，（　　）。

A. 外部计数脉冲由 T1（P3.5 引脚）输入

B. 外部计数脉冲由内部时钟频率提供

C. 外部计数脉冲由 T0（P3.4 引脚）输入

D. 外部计数脉冲由 P0 端口任意引脚输入

5. 下列关于定时器/计数器工作方式 3 的描述中（　　）是错误的。

A. 单片机可以组合出 3 种定时器/计数器关系

B. T0 可以组合出两个具有中断功能的 8 位定时器

C. T1 可以设置成无中断功能的 4 种定时器/计数器，即方式 0～3

D. 可将 T1 定时方式 2 作为波特率发生器使用

6. 设 80C51 单片机晶振频率为 12 MHz，若用定时器 T0 的工作方式 1 产生 1 ms 定时，则 T0 计数初值应为（　　）。

A. 0xfc18　　B. 0xf830　　C. 0xf448　　D. 0xf060

7. 80C51 单片机的定时器 T1 用作定时方式 1 时，工作方式的初始化编程语句为（　　）。

A. TCON=0x01;　　B. TCON=0x05;　　C. TMOD=0x10;　　D. TMOD=0x50;

8. 80C51 单片机的定时器 T1 用作定时方式 2 时，工作方式的初始化编程语句为（　　）。

A. TCON=0x60;　　B. TCON=0x02;　　C. TMOD=0x06;　　D. TMOD=0x20;

9. 80C51 单片机的定时器 T0 用作定时方式 0 时，C51 语言初始化编程为（　　）。

A. TMOD=0x21;　　B. TMOD=0x32;　　C. TMOD=0x20;　　D. TMOD=0x22;

10. 使用 80C51 单片机的定时器 T0 时，若允许 TR0 启动计数器，应使 TMOD 中的（　　）。

A. GATE 位置 1　B. $C/\overline{T}$ 位置 1　C. GATE 位清零　D. $C/\overline{T}$ 位清零

11. 使用 80C51 单片机的定时器 T0 时，若允许 $\overline{INT0}$ 启动计数器，应使 TMOD 中的（　　）。

A. GATE 位置 1　B. $C/\overline{T}$ 位置 1　C. GATE 位清零　D. $C/\overline{T}$ 位清零

12. 启动定时器 0 开始计数的指令是使 TCON 的（　　）。

A. TF0 位置 1　B. TR0 位置 1　C. TF0 位清零　D. TF1 位清零

13. 使定时器 1 开始定时的 C51 语言指令是（　　）。

A.TR0=0;　B.TR1=0;　C.TR0=1;　D.TR1=1;

14. 使 80C51 单片机的定时器 T0 停止计数的 C51 语言命令是（　　）。

A. TR0=0;　B. TR1=0;　C. TR0=1;　D. TR1=1;

15. 使 80C51 单片机的定时器 T1 停止定时的 C51 语言命令是（　　）。

A. TR0=0;　B. TR1=0;　C. TR0=1;　D. TR1=1;

16. 80C51 单片机的 TMOD 模式控制寄存器，其中 GATE 位表示的是（　　）。

A. 门控位　B. 工作方式定义

C. 定时/计数功能选择位　D. 运行控制位

17. 80C51 单片机采用计数器 T1 方式 1 时，要求设计满 10 次产生溢出标志，则 TH1、TL1 的初始值是（　　）。

A. 0xff，0xf6　B. 0xf6，0xf6　C. 0xf0，0xf0　D. 0xff，0xf0

18. 80C51 单片机采用 T0 计数方式 1 时的 C51 语言命令是（　　）。

A. TCON=0x01;　B. TMOD=0x01;　C. TCON=0x05;　D. TMOD=0x05;

19. 采用 80C51 单片机的 T0 定时方式 2 时，则应（　　）。

A. 启动 T0 前先向 TH0 置入计数初值，TL0 置 0，之后每次重新计数前都要重新置入计数初值

B. 启动 T0 前先向 TH0、TL0 置入计数初值，之后每次重新计数前都要重新置入计数初值

C. 启动 T0 前先向 TH0、TL0 置入不同的计数初值，之后不再置入

D. 启动 T0 前先向 TH0、TL0 置入相同的计数初值，之后不再置入

20. 80C51 单片机的 TMOD 模式控制寄存器，其中 $C/\overline{T}$ 位表示的是（　　）。

A. 门控位　B. 工作方式定义位

C. 定时/计数功能选择位　D. 运行控制位

21. 80C51 单片机定时器 T1 的溢出标志 TF1，当计数满产生溢出时，如不用中断方式而用查询方式，则（　　）。

A. 应由硬件清零　　　　　　　　B. 应由软件清零

C. 应由软件置位　　　　　　　　D. 可不处理

22. 80C51 单片机定时器 T0 的溢出标志 TF0，当计数满产生溢出时，其值为（　　）。

A. 0　　B. 0xff　　C. 1　　D. 计数值

23. 80C51 单片机的定时器/计数器在工作方式 1 时的最大计数值 *M* 为（　　）。

A. *M*=213=8 192　　B. *M*=28=256　　C. *M*=24=16　　D. *M*=216=65 536

三、简答题

1. 与单片机延时子程序的定时方法相比，利用片内集成的定时器/计数器进行定时有何优点？

2. 80C51 单片机定时器定时时间 *t* 的影响因素有哪些？计数器定数次数 *N* 的影响因素有哪些？

3. 80C51 内部有几个定时器/计数器？结构组成中的 TH0、TL0、TH1 和 TL1 与定时器/计数器是什么关系？字节地址是什么？

4. 定时器/计数器 T0 作为计数器使用时，对被测脉冲的最高频率有限制吗？为什么？

5. 当定时器方式 1 的最大定时时间不够用时，可以考虑用哪些办法来增加其定时长度？

6. 定时器在每次计数溢出后都需要及时重新装载计数初值，有什么办法可以使重新装载自动完成？

7. 有哪些办法可以对定时器/计数器的溢出标志进行检测？各有什么优缺点？

8. 利用定时器/计数器进行外部脉冲宽度测量的工作原理是什么？

第 7 章　单片机的串行接口及应用

7.1　串行通信的基本概念

随着计算机网络化和微机分级分布式应用系统的发展，通信的功能变得越来越重要。通信是指计算机与外界的信息传输，既包括计算机与计算机之间的信息传输，又包括计算机与外部设备（如终端、打印机和磁盘等）之间的信息传输。

在通信领域内有两种数据通信方式：并行通信和串行通信。随着通信技术和计算机网络技术的发展、Internet 网的普及，计算机远程通信已渗透到国民经济的各个领域，而远程通信绝大多数采用串行通信的方式，所以，了解和研究串行通信中的概念和技术有非常重要的意义。

7.1.1　并行通信和串行通信

单片机的数据通信有并行通信和串行通信两种方式。

1. 并行通信

并行通信通常是将数据字节的各位用多条数据线同时进行传送，其示意图如图 7.1 所示。

由图 7.1 可知，并行通信一次可以传送 8 位，与并行的 A/D、D/A 接近，请求和应答是发送设备通过发送和接收信号来询问接收设备是否准备好。

并行通信控制简单，传输速度快；但由于传输线较多，长距离传送时成本高，且接收方的各位同时接收较为困难。

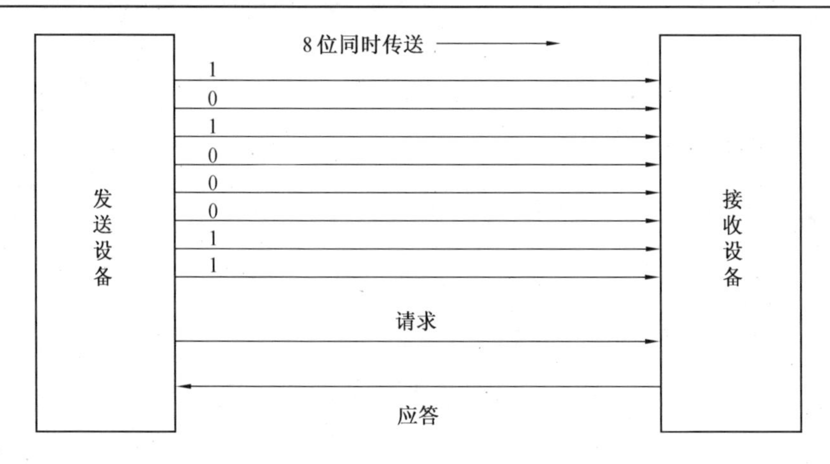

图 7.1　并行通信示意图

2. 串行通信

数据在单条 1 位宽的传输线上，按顺序传送的方式称为串行通信。在并行通信中，一个字节（8 位）数据是在 8 条并行传输线上同时由源传到目的地；而在串行通信方式中，数据是在单条 1 位宽的传输线上一位接一位地顺序传送，这样一个字节的数据要分 8 次由低位到高位按顺序一位位地传送。由此可见，串行通信的特点如下：

（1）节省传输线，长距离传送时成本低，且在远程通信时可以利用电话网等设备，此特点尤为重要。这也是串行通信的主要优点。

（2）与并行通信比，数据传送效率低，传送控制比较复杂。这也是串行通信的主要缺点。

串行通信示意图如图 7.2 所示。

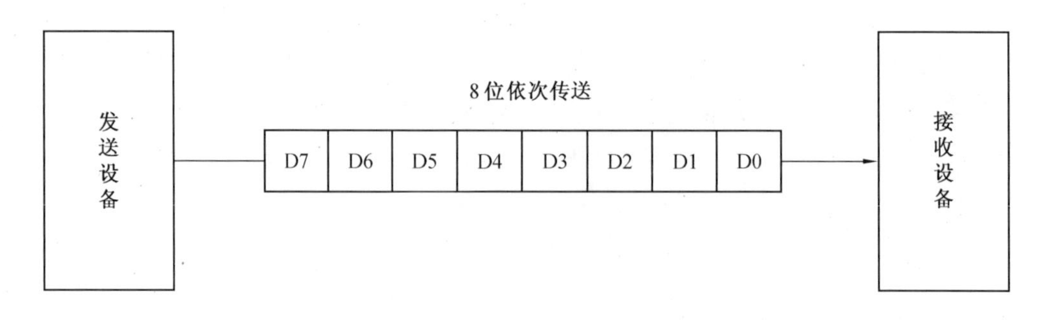

图 7.2　串行通信示意图

注：先发的是低位。

由此可见，串行通信适合远距离传送，对于长距离、低速率的通信，串行通信往往是唯一的选择；并行通信适合短距离、高速率的数据传送，通常传输距离小于 30 m。值得一提的是，现有的公共电话网是通用的长距离通信介质，它虽然是为传输声音信号设计的，但利用调制解调技术，可使现有的公共电话网系统为串行数据通信提供方便、实用的通信线路。

7.1.2　异步通信和同步通信

1. 异步通信

异步通信是指通信的发送与接收设备使用各自的时钟控制数据进行的发送和接收过程。为使双方的收发协调，要求发送和接收设备的时钟尽可能一致。异步通信示意图如图 7.3 所示。

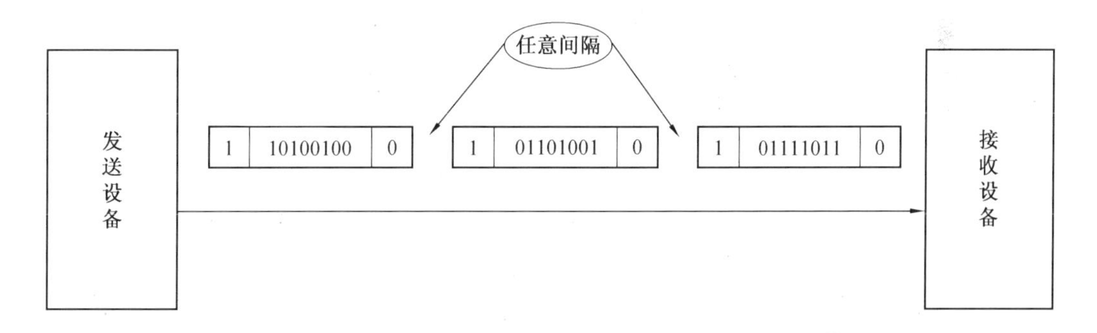

图 7.3　异步通信示意图

异步通信以字符（构成的帧）为单位进行传输，字符与字符之间的间隙（时间间隔）是任意的，但每个字符中的各位是以固定的时间传送的，即字符之间不一定有位间隔的整数倍的关系，但同一个字符内的各位之间的距离均为位间隔的整数倍。

异步通信的数据帧格式如图 7.4 所示。

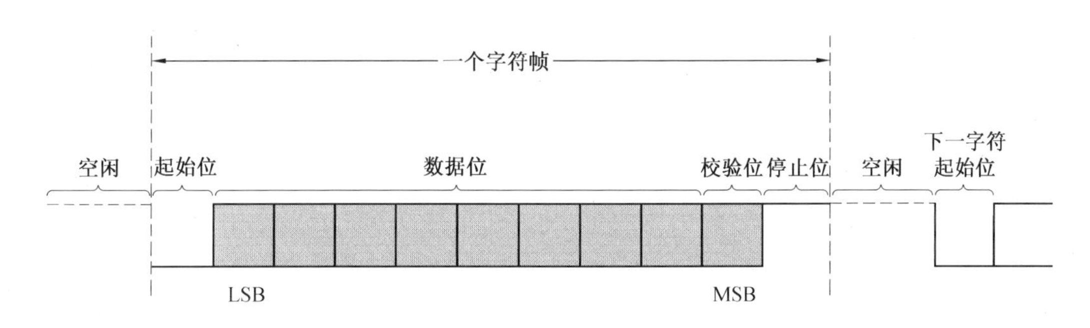

图 7.4　异步通信的数据帧格式

首先发起始位，低电平表示起始位；其次发数据位中的 LSB（Least Significant Bit，LSB），即最低有效位，先发低位数据，共 8 位数据+1 位校验位数据（判断发送是否正确，如果不要校验位，那么 8 位都是数据位）；最后发一个停止位（高电平结束就是一个位宽的高电平表示停止位），共 11 位一帧。

异步通信的特点是，不要求收发双方的时钟严格一致，实现容易，设备开销较小，但每个字符要附加 2～3 位用于起始位，各帧之间有间隔，传输效率不高。

2. 同步通信

同步通信（图 7.5）时要建立发送方时钟对接收方时钟的直接控制，使双方达到完全同步。此时，传输数据的位之间的距离均为位间隔的整数倍，同时传送的字符间不留间隙，既保持位同步关系，又保持字符同步关系。发送方对接收方的同步可以通过两种方法实现：面向字符的同步和面向位的同步。

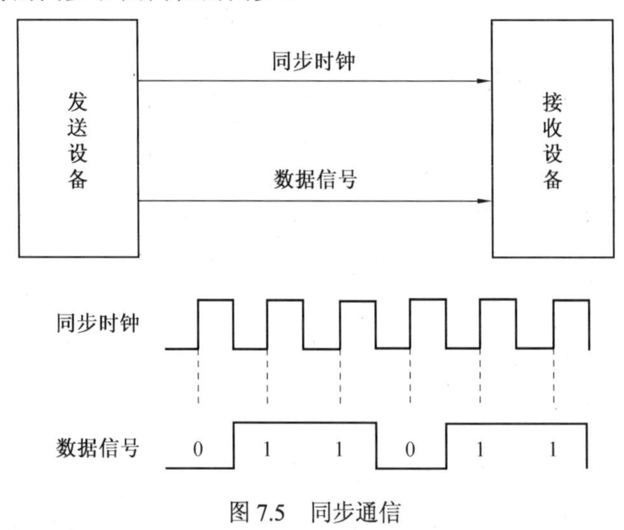

图 7.5　同步通信

面向字符的同步格式，如图 7.6 所示。

SYN	SYN	SOH	标题	STX	数据块	ETB/ETX	块校验

图 7.6　面向字符的同步格式

此时，传送的数据和控制信息都必须由规定的字符集（如 ASCII 码）中的字符所组成。图 7.6 中帧头为 1 个或 2 个同步字符 SYN（ASCII 码为 16H）；SOH 为序始字符（ASCII 码为 01H），表示标题的开始；标题中包含源地址、目标地址和路由指示等信息；STX 为文始字符（ASCII 码为 02H），表示传送的数据块开始；数据块是传送正文内容，由多个字符组成；数据块后面是组终字符 ETB（ASCII 码为 17H）或文终字符 ETX（ASCII 码为 03H）；然后是块校验。典型的面向字符的同步规程如 IBM 的二进制同步规程 BSC。

面向位的同步格式如图 7.7 所示。

8 位	8 位	8 位	≥0 位	16 位	8 位
0111 1110	地址场	控制场	信息场	校验场	0111 1110

图 7.7 面向位的同步格式

此时，将数据块看作数据流，并用序列 0111 1110 作为开始和结束标志。为了避免在数据流中出现序列 0111 1110 时引起混乱，发送方总是在其发送的数据流中每出现 5 个连续的 1 就插入一个附加的 0；接收方则每检测到 5 个连续的 1 并且其后有一个 0 时，就删除该 0。

典型的面向位的同步协议有 ISO 的高级数据链路控制规程（HDLC）和 IBM 的同步数据链路控制规程（SDLC）。

同步通信的特点是，以特定的位组合 0111 1110 作为帧的开始和结束标志，所传输的一帧数据可以是任意位，所以传输效率高，但实现的硬件设备比异步通信复杂。

7.1.3 串行通信的传输模式

串行通信的传输模式示意图如图 7.8 所示。

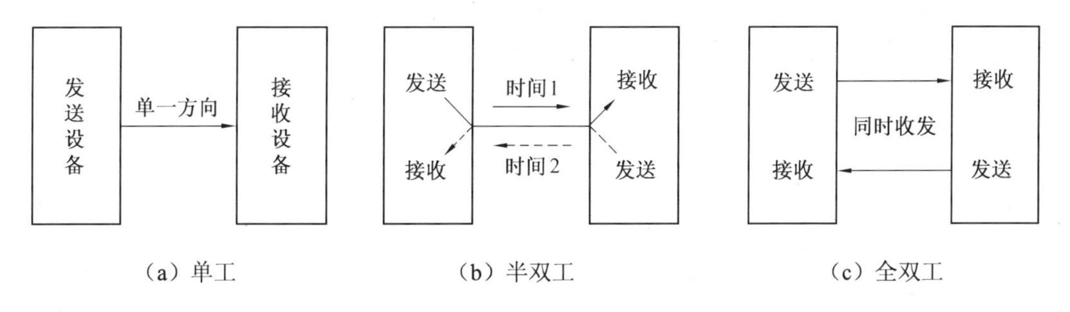

图 7.8 串行通信的传输模式示意图

（1）单工。

单工是指数据仅能沿着一个方向传输，不能反向传输。

（2）半双工。

半双工是指数据可以双向传输，但传输不能同时进行。

（3）全双工。

全双工是指数据可以同时进行双向传输。

7.2 单片机串行接口的结构

单片机串行接口结构如图 7.9 所示。

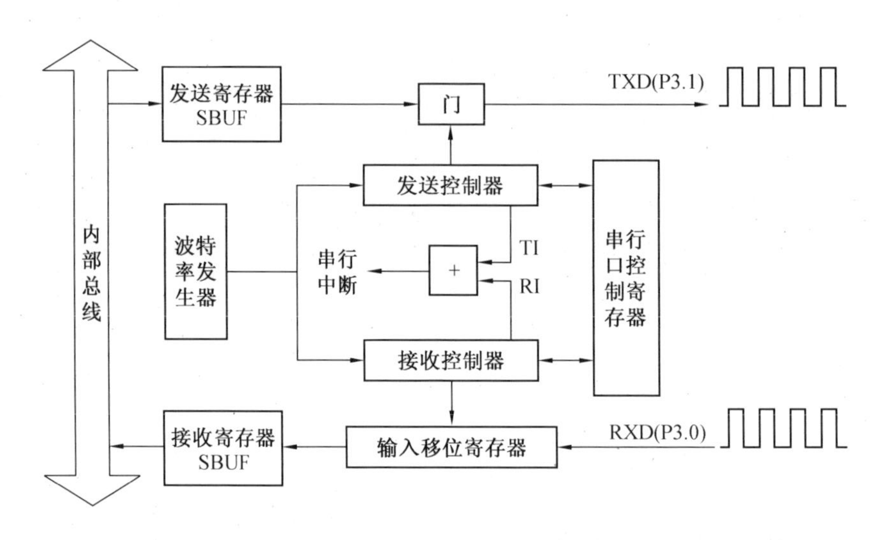

图 7.9 单片机串行接口结构

发送时，发送寄存器 SBUF 中写入数据后，串行口通过发送控制器，将 SBUF 中的数据逐个逐位地通过串行输出口 TXD 引脚发出，当一个字节发送结束后，触发 TI 中断位，通知单片机发送结束。

接收时，先向 REN 引脚写 1，外部引脚 RXD 会实时检测电平变化，当满足串行接收数据的条件时，会逐位接收数据并保存到接收寄存器 SBUF 中，当一个字节接收结束后，触发 RI 中断位，通知单片机接收完成。

7.2.1 串行接口控制寄存器 SCON

串行接口控制寄存器 SCON 如图 7.10 所示。

	D7	D6	D5	D4	D3	D2	D1	D0	
SCON	SM0	SM1	SM2	REN	TB8	RB8	TI	RI	98H

图 7.10 串行接口控制寄存器 SCON

（1）SM0、SM1。

SM0 与 SM1 是工作方式控制位。串行接口的 4 种工作方式见表 7.1。

表 7.1　串行接口的 4 种工作方式

SM0	SM1	方式	功能	波特率
0	0	方式 0	移位寄存器方式	$f_{osc}/12$
0	1	方式 1	8 位异步通信方式	可变
1	0	方式 2	9 位异步通信方式	$f_{osc}/32$ 或 $f_{osc}/64$
1	1	方式 3	9 位异步通信方式	可变

注：f_{osc} 为晶振频率。

（2）SM2。

SM2 是多机通信控制位。

（3）REN。

REN 是允许串行接收位。若 REN=1，则启动串口接收数据；若 REN=0，则禁止接收。

（4）TB8。

TB8 在方式 2 或方式 3 中，是发送数据的第 9 位，可以用软件规定其作用。可以用作数据的奇偶校验位，或在多机通信中作为地址帧/数据帧的标志位。

在方式 0 和方式 1 中，该位未使用。

（5）RB8。

RB8 在方式 2 或方式 3 中，是接收到数据的第 9 位，作为奇偶校验位或地址帧/数据帧的标志位。在方式 1 时，若 SM2=0，则 RB8 是接收到的停止位。

（6）TI。

TI 是发送中断标志位。在方式 0 中，当串行发送第 8 位数据结束时，或在其他方式中串行发送停止位的开始时，由内部硬件使 TI 置 1，向 CPU 发出中断申请。在中断服务程序中，必须用软件将其清零，取消此中断申请。

（7）RI。

RI 是接收中断标志位。在方式 0 中，当串行接收第 8 位数据结束时，或在其他方式中串行接收停止位的中间时，由内部硬件使 RI 置 1，向 CPU 发出中断申请。在中断服务程序中，必须用软件将其清零，取消此中断申请。

如果使用方式 1，只要设置 SM0=0、SM1=1 选择方式 1；REN=1 启动串口接收数据；TI 和 RI，在中断服务程序中，必须用软件将其清零，取消此中断申请。

7.2.2 电源控制寄存器 PCON

电源控制寄存器 PCON，如图 7.11 所示。

PCON	D7	D6	D5	D4	D3	D2	D1	D0
87H	SMOD	—	—	—	GF1	GF0	PD	IDL

图 7.11 电源控制寄存器 PCON

PCON 中只有一位 SMOD 与串口工作有关，SMOD 为（PCON.7）波特率倍增位。在串行接口方式 1、方式 2、方式 3 时，波特率与 SMOD 有关。当 SMOD=1 时，波特率提高一倍；复位时，SMOD=0。

7.3 串行接口的 4 种工作方式

串行接口有 4 种工作方式，由 SCON 中的 SM0、SM1 选择决定。

7.3.1 方式 0

方式 0 是外接串行移位寄存器方式。工作时，数据从 RXD 串行地输入 /输出，TXD 输出移位脉冲，使外部的移位寄存器移位。波特率固定为 $f_{osc}/12$（即 TXD 每机器周期输出一个同位脉冲时，RXD 接收或发送一位数据）。每当发送或接收完一个字节， 硬件置 TI=1 或 RI=1，申请中断，必须用软件清除中断标志。

实际应用在串行 I/O 端口与并行 I/O 端口之间的转换。

方式 0 的发送时序如图 7.12 所示。

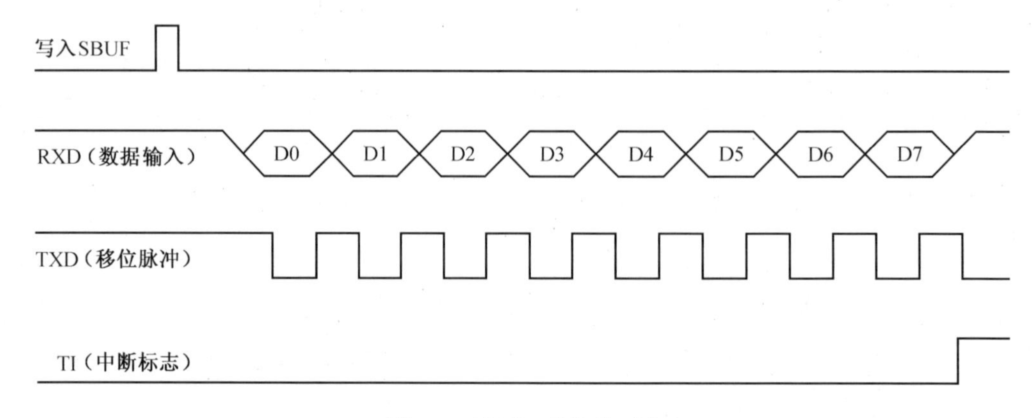

图 7.12 方式 0 的发送时序

方式 0 的接收时序如图 7.13 所示。

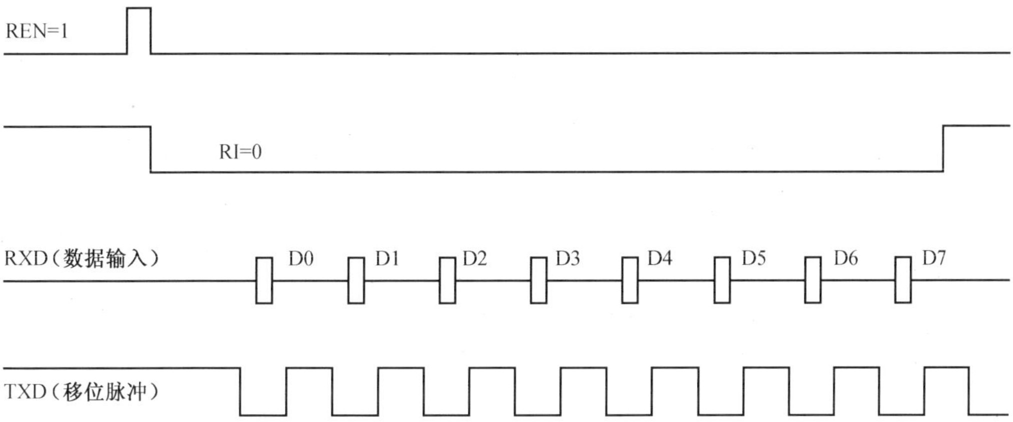

REN=1
RI=0
RXD（数据输入）
D0
D1
D2
D3
D4
D5
D6
D7
TXD（移位脉冲）

图 7.13　方式 0 的接收时序

7.3.2　方式 1

方式 1 是点对点的通信方式。8 位异步串行通信口，TXD 为发送端，RXD 为接收端。1 帧为 10 位，分别为 1 位起始位、8 位数据位（先低后高）、1 位停止位。波特率由 T1 或 T2 的溢出率确定。方式 1 的帧格式如图 7.14 所示。

1 帧共10位
空闲
起始位
数据位 8 位
停止位
空闲
D0
D7
LSB
MSB

图 7.14　方式 1 的帧格式

方式 1 的发送时序如图 7.15 所示。

写入 SBUF
TXD
起始
D0
D1
D2
D3
D4
D5
D6
D7
停止位
TI（中断标志）

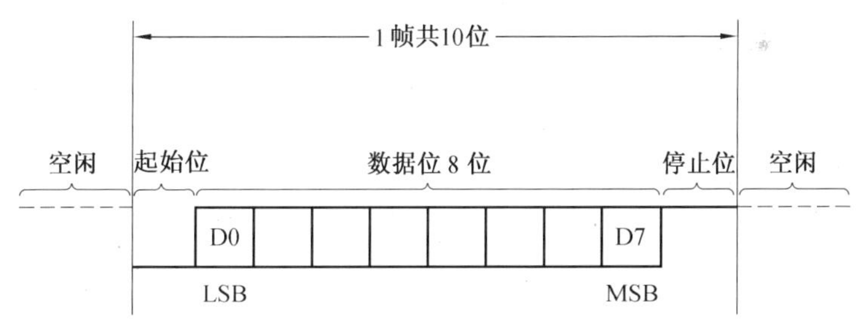

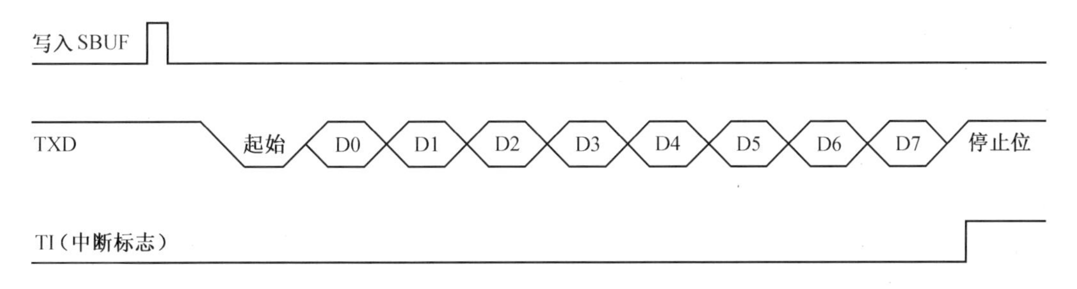

图 7.15　方式 1 的发送时序

方式 1 的接收时序如图 7.16 所示。

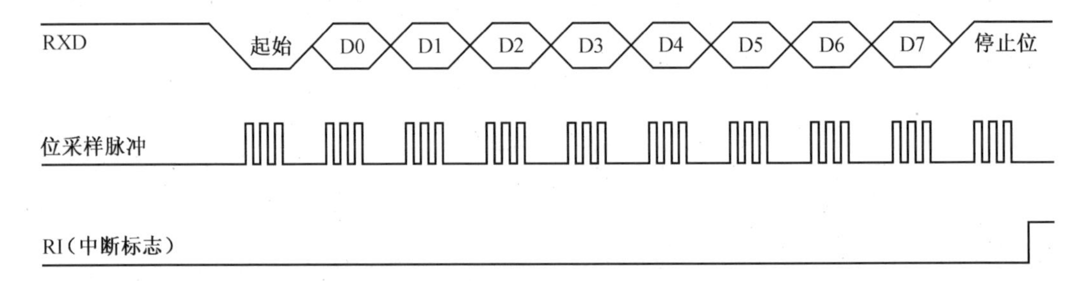

图 7.16　方式 1 的接收时序

在发送或接收到一帧数据后，硬件置 TI=1 或 RI=1，向 CPU 申请中断；但必须用软件清除中断标志，否则下一帧数据无法发送或接收。

1. 发送

CPU 执行一条写 SBUF 指令，启动串口发送，同时将 1 写入输出移位寄存器的第 9 位。发送起始位后，在每个移位脉冲的作用下，输出移位寄存器右移 1 位，左边移入 0，在数据最高位移到输出位时，原写入的第 9 位 1 的左边全是 0，检测电路检测到这一条件后，使控制电路最后一次移位，发送停止位，一帧结束，置 TI=1 。

2. 接收

REN=1 后，允许接收。 接收器以所选波特率的 16 倍速率采样 RXD 端电平，当检测到一个负跳变时，启动接收器，同时把 1FFH 写入输入移位寄存器（9 位）。由于收发双方时钟频率有少许误差，为此接收控制器把一位传送时间 16 等分采样 RXD，以其中 7、8、9 三次采样中至少两次相同的值作为接收值。接收位从移位寄存器右边进入，1 左移出，当最左边是起始位 0 时，说明已接收 8 位数据，再做最后一次移位，接收停止位。此后：

（1）若 RI=0、SM2=0，则 8 位数据装入 SBUF，停止位入 RB8，置 RI=1。

（2）若 RI=0、SM2=1，则只有停止位为 1 时，才有上述结果。

（3）若 RI=0、SM2=1，且停止位为 0，则所接收数据丢失。

（4）若 RI=1，则所接收数据丢失。

无论出现哪种情况，检测器都重新检测 RXD 的负跳变，以便接收下一帧。

7.3.3　方式 2

方式 2 和方式 3 都是 9 位异步串行通信，一般用在多机通信系统中或奇偶校验的通信过程中。在通信中，TB8 和 RB8 位作为数据的第 9 位，SM2 位也起作用。方式 2 与方式 3 的区别只是波特率的设置方式不同。

方式 2（SM0 SM1: 1 0）：串口为 11 位异步通信接口。发送或接收一帧信息包括 1 位起始位“0”、8 位数据位、1 位可编程位、1 位停止位“1”。发送数据前，先根据通信协议由软件设置 TB8 为奇偶校验位或数据标识位，然后将要发送的数据写入 SBUF，即能启动发送器。发送过程是由执行任何一条以 SBUF 为目的寄存器的指令启动的，把 8 位数据装入 SBUF，同时还把 TB8 装到发送移位寄存器的第 9 位上，然后从 TXD（P3.1）端口输出一帧数据。接收数据前，先置 REN=1，使串口为允许接收状态，同时还要将 RI 清零。然后再根据 SM2 的状态和所接收到的 RB8 的状态决定此串口在信息到来后是否置 RI=1，并申请中断，通知 CPU 接收数据。当 SM2=0 时，不管 RB8 为 0 还是为 1，都置 RI=1，此串口将接收发送来的信息；当 SM2=1 且 RB8=1 时，表示在多机通信情况下接收的信息为地址帧，此时置 RI=1，串口将接收发来的地址；当 SM2=1 且 RB8=0 时，表示在多机通信情况下接收的信息为数据帧，但不是发给本从机的，此时 RI 不置为 1，因而 SBUF 中接收的数据帧将丢失。

1. 发送

向 SBUF 写入一个数据就启动串口发送，同时将 TB8 写入输出移位寄存器第 9 位。开始时，SEND 和 DATA 都是低电平，把起始位输出到 TXD。DATA 为高电平，第一次移位时，将 1 移入输出移位寄存器的第 9 位，之后每次移位都在左边移入 0，当 TB8 移到输出位时，其左边除了一个 1 以外都是 0。检测到此条件，再进行最后一次移位，当 SEND=1，DATA=0 时，输出停止位，置 TI=1。

2. 接收

置 REN=1，与方式 1 类似，接收器以波特率的 16 倍速率采样 RXD 端。起始位 0 移到输入寄存器的最左边时，进行最后一次移位。在 RI=0、SM2=0 或接收到的第 9 位为 1 时，将收到的 1 字节数据装入 SBUF，第 9 位进入 RB8，置 RI=1；然后又开始检测 RXD 端负跳变。

利用方式 2、方式 3 的特点，在点对点的通信中，作为发送方，可以用第 9 位 TB8 作为奇偶校验位；作为接收方，SM2 位必须清零。

3. 波特率

方式 0 的波特率=$f_{osc}/12$；

方式 2 的波特率=$\dfrac{2^{SMOD} f_{osc}}{64}$；

方式 1、方式 3 的波特率由 T1 或 T2 的溢出率和 SMOD 位确定：

（1）用 T1。

波特率=2^{SMOD}×T1 定时器的溢出率/32，T1 工作在方式 2 时：

$$\text{T1定时器溢出率} = \frac{1}{\dfrac{12}{f_{osc}} \times (256 - X)}$$

【例 7.1】 已知 f_{osc}=6 MHz，SMOD=0，设置波特率为 2 400，求 T1 的计数初值 X。

$$\text{波特率} = \frac{\dfrac{1}{\dfrac{12}{f_{osc}} \times (256 - X)}}{32} = \frac{f_{osc}}{12 \times 32(256 - X)} \times (256 - X) = \frac{\dfrac{f_{osc}}{2\,400}}{384} = \frac{\dfrac{6\ \text{M}}{2\,400}}{384}$$

256−X≈6.510 4，X≈250=FAH，只能近似计算。

若 f_{osc}=11.059 2 MHz，则 256−X=11.059 2 M/2 400/384=4 068/384=12，X=F4H，可精确计算，对其他常用的标准波特率也能正确计算。所以这个晶振频率是最常用的。

如果 SMOD=1，则同样的 X 初值得出的波特率翻倍。

（2）用 T2。

在单片机中，串口方式 1、方式 3 的波特率发生器选择由 TCLK、RCLK 位确定是 T1 还是 T2。若 TCLK=1，则发送器波特率来自 T2，否则来自 T1；若 RCLK=1，则接收器波特率来自 T2，否则来自 T1。

由 T2 产生的波特率与 SMOD 无关。T2 定时的最小单元=2/f_{osc}。T2 的溢出脉冲 16 分频后作为串口的发送或接收脉冲。

$$\text{波特率} = \frac{\dfrac{1}{\dfrac{2}{f_{osc}} \times (65\,536 - X)}}{16} = \frac{f_{osc}}{32(65\,536 - X)}$$

【例 7.2】 已知 f_{osc}=11.059 2 MHz，求波特率为 2 400 时的 X 值。

将 f_{osc} 和波特率的值分别代入上面的等式中可得

$$2\,400 = \frac{11\,059\,200}{32 \times (65\,536 - X)}$$

简化后可得

$$65\,536 - X = 144$$

即

$$X = 65\,392 = \text{FF70H}$$

那么，计数器初值寄存器的高 8 位和低 8 位的值分别为

RCAP2H=0FFH，RCAP2L=70H

7.3.4　方式 3

方式 3 为波特率可变的 11 位异步通信方式，除了波特率有所区别之外，其余都与方式 2 相同。

7.4　多机通信

双机通信时，两机是平等的；而在多机通信中，有主机从机之分。多机通信是指一台主机和多台从机之间的通信。在此，多机系统就是指“一主多从”。51 系列单片机中利用第 9 位 TB8/RB8 来区分地址与数据信息，用位 SM2 确定接收方是否对地址或数据帧敏感。其原则是：

（1）发送方用第 9 位 TB8=1 标志地址帧，TB8=0 标志数据帧。

（2）接收方若设置 SM2=1，则只能接收到地址信息；若设置 SM2=0，则不管是地址还是数据帧都能接收到。

多机通信如图 7.17 所示。

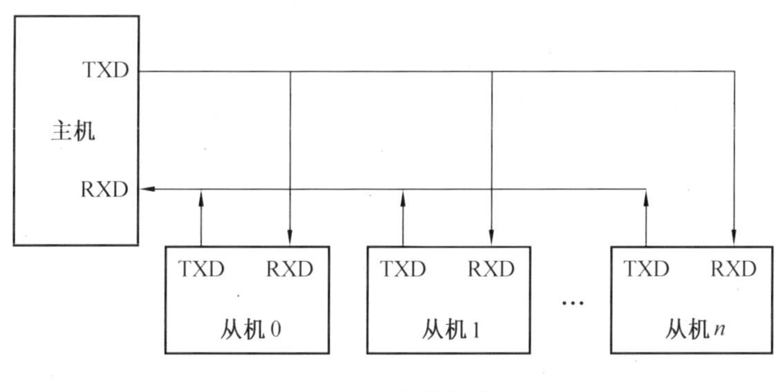

图 7.17　多机通信

7.4.1　51 单片机串口多机通信的实现和编程

1. 工作原理

（1）主机向各从机发送地址，此时 TB8=1（表示发送的是地址），由于各从机在初始化时 SM2=1，所以此时 SM2=1，RB8=1（从机接收第 9 位数据，即主机的 TB8），从而各从机都会把接收到的地址送入 SBUF。

（2）各从机把接收到的地址与本机地址比较，若不相等，则 SM2=1（保持不变）；若相等，则 SM2=0，并把接收到的地址返回主机。

（3）主机接收到返回地址后，与发送的地址进行比较（即核对），若不相等，则重新从（1）开始；若相等，则进行（4）。

（4）主机向各从机发送数据，此时 TB8=0，由于相等的那一台从机的 SM2=0，因此会把接收的数据送入 SBUF，除此以外的各从机由于 SM2=1、TB8=0，不会把接收到的数据送入 SBUF。即相当于主机只与地址相符的那一台从机通信。

在应用系统（尤其是多点现场工控系统）设计实践中，单片机与计算机组合构成分布式控制系统是一个重要的发展方向。子系统与子系统可以平等地进行信息交换，也可以有主从关系。

2. 编程实现

51 单片机的主从模式，首先要设定工作方式 3（主从模式+波特率可变）。SCON 串口功能寄存器：SM0=1，SM1=1（工作方式 3）。

注意：主机和从机都要为工作方式 3。

主机的配置发送地址时，把 TB8 设定为 1，发送数据时 TB8 设定为 0（类似于，主机 TB8=1 发送的是地址，TB8=0 发送的是数据）。

发送帧结构如图 7.18 所示。

起始位	D0	D1	D2	D3	D4	D5	D6	D7	TB8	停止位

图 7.18　发送帧结构

假设主机将发送“1234”给地址为 1 的从机。调用 TXdata(1,"1234$")函数，源代码具体如下。

```
void TXdata(uchar addr,uchar *str)
{
    TB8 = 1;            //发送地址
     SBUF = addr;       //把地址发送出去
      while(!TI);       //判断是否发送成功（发送成功后 TI 会置 1，需手动清零）
      TI = 0;
      TB8 = 0;          //发送数据
      while(*str != '\0')   //发送数组
      {
          SBUF = (*str);
```

```
            while(!TI);
            TI = 0;
            str++;
        }
}
```

7.4.2 从机配置

（1）从机接收时，首先在串口初始化时使 SM2=1（接收地址模式，即只有接收到 TB8=1 的数据才触发中断），主机发送 TB8=0 的数据，被认为是总线上的主机发送给别机的通信数据，本机丢弃，不产生中断。

（2）接收的地址与本机地址相符后，使 SM2=0（接收数据模式，接收数据正常触发中断）。

类似于，从机 SM2=1 只接收地址，SM2=0 只接收数据。

串口中断服务函数源代码具体如下。

```
void chuan() interrupt 4        //串口中断服务函数
{
    ES = 0;                     //关闭串口中断
    if(RI)                      //再次判断，是否接收到数据（接收到数据后，RI 会置 1，需手动清零）
    {
        RXData = SBUF;
        if(RXstart)                     //判断是否接收到本地址
        {
            if(RXData != '$')           //判断是否接收到数据结束标志$
            {
                temp[j] = RXData;       //没有接收到结束标志，正常保存数据至数组
                j++;
            }
            else                        //接收到结束标志$
            {
                RXstart= 0;             //本次接收结束
                SM2 = 1;                //重新配置为只接收地址模式，下次发送 TB8=1 才中断
                j = 0;
            }
        }
```

```
        if(RXData == 1)                    //判断是否呼叫本机，地址范围为 0～254（0～oxfe）
        {
            RXstart = 1;                   //开始接收数据
            SM2 = 0;                       //配置为接收数据模式
        }
    }
    RI = 0;                                //清除接收标志位
    ES = 1;                                //重新开启串口中断
}
```

串口初始化配置为 AT89S51 单片机、11.059 2 MHz 晶振、9 600 bit/s，具体代码如下。

```
void UART_init()
{
    TMOD = 0x20;            //定时器 1，工作方式 2；8 位、自动重装
    TH1 = 0xfd;             //fd: 9600bps @ 11.0592M
    TL1 = 0xfd;             //e8: 1200bps @ 11.0592M
    //f4: 2400bps @ 11.0592M
    REN = 1;                //允许串口接收
    SM0 = 1;
    SM1 = 1;                //SM0 和 SM1：串口工作方式 3，主从模式 + 波特率可变
    SM2 = 1;                //只接收地址（从机如此配置，主机不需要）
    ES = 1;                 //开串口中断
    TR1 = 1;                //启动定时器 1
    EA = 1;                 //中断总开关
}
```

7.4.3 接线图和注意事项

（1）从机和从机之间通信，只能通过主机中转。

（2）各从机的 TXD 输出不能设置为推挽输出，要设置为开漏输出。

（3）通信总线不能过长，最好不超过 2 m。

近年来，采用微机与多台单片机构成的小型测控系统越来越多。它们既利用了单片机的价格低、功能强、抗干扰能力强、灵活性好和面向控制等特点，又利用了 Windows

操作系统的用户界面友好、多任务、自动内存管理等特点。单片机主要进行实时数据采集和预处理，然后通过串口将数据传给微机，微机对这些数据进行进一步处理。例如，求方差、均值、动态曲线与计算给定、打印输出的各种参数等。

7.5　串行通信编程案例

【例 7.3】　单片机输出的串行数据转换为并行数据。单片机串行接口工作在方式 0（移位寄存器方式，用于并行 I/O 端口扩展）的发送状态时，串行数据由 P3.0（RXD）送出，移位时钟由 P3.1（TXD）送出。在移位时钟的作用下，串口发送缓冲器的数据一位一位地移入 74LS164 中。需要指出的是，由于 74LS164 无并行输出控制端，因而在串行输入过程中，其输出端的状态会不断变化，故在某些应用场合，在 74LS164 的输出端应增加接入输出三态门控制，以保证串行输入结束后再输出数据。

串行数据转换为并行数据如图 7.19 所示。

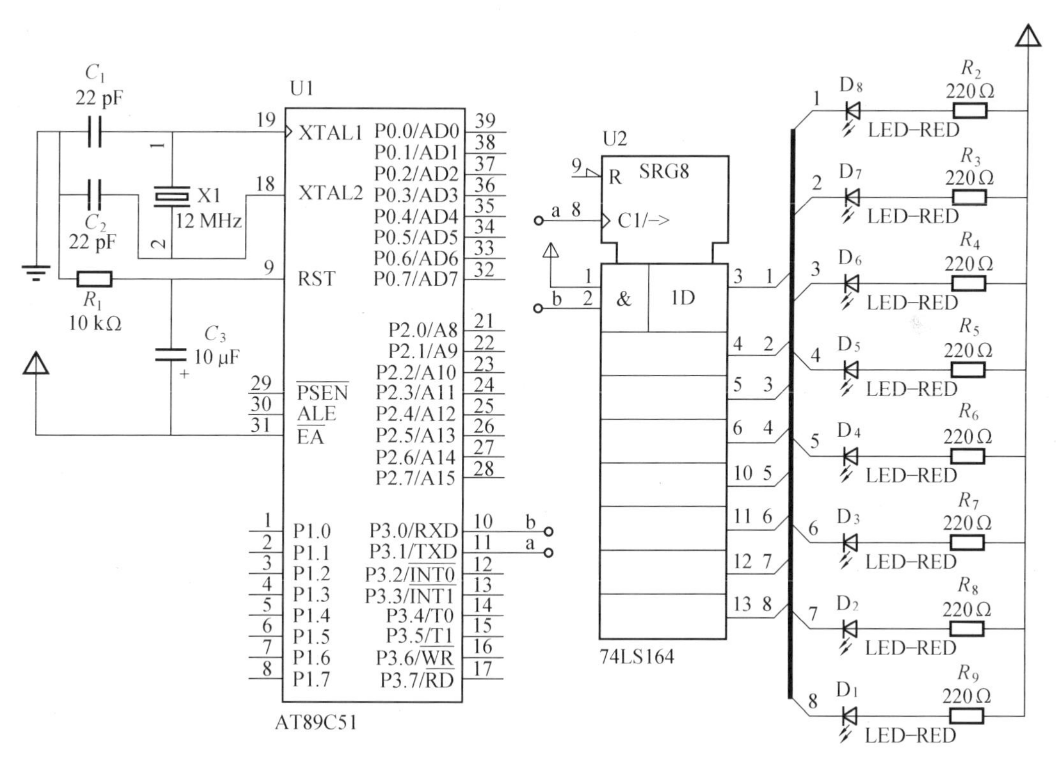

图 7.19　串行数据转换为并行数据

串行数据转换为并行数据源代码具体如下。

```
/*
功能：串行数据转换成并行数据
*/
#include <reg51.h>
#include <intrins.h>
#define uint unsigned int
#define uchar unsigned char
void delay(uint ms);

void delay(uint ms)
{
        uchar i;
        while(ms--) for (i = 0; i < 120; i++);
}

void main()
{
        uchar c = 0x80;
        SCON = 0x00;
        TI = 1;
        while(1)
        {
                c = _crol_(c, 1);
                SBUF = c;
                while(TI == 0);
                TI = 0;
                delay(400);
        }
}
```

【例 7.4】 甲机通过串口控制乙机的 LED，如图 7.20 所示。

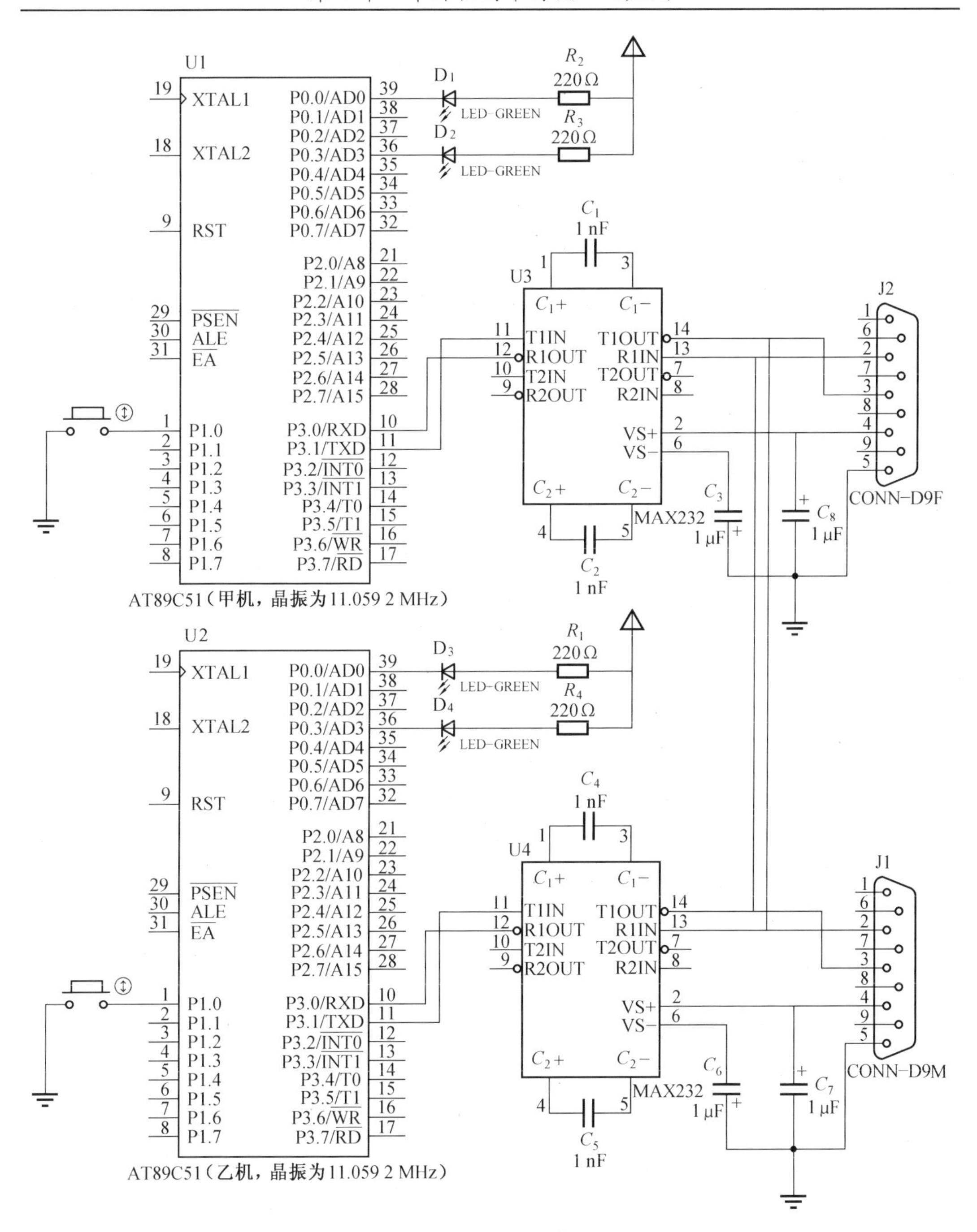

图 7.20　甲机通过串口控制乙机的 LED

甲机通过串口控制乙机的 LED 源代码具体如下。

```
/*
名称：甲机发送控制命令字符（此程序为甲机）
功能：甲机负责向外发送控制命令字符“A”“B”“C”，或者停止发送，乙机根据所接收到的
```

字符完成 LED1 闪烁、LED2 闪烁、双闪烁或停止闪烁。

```
*/
#include <reg51.h>
#include <intrins.h>

#define     uint unsigned int          //宏定义
#define uchar unsigned char
void delay(uint z);                    //函数声名
void ptp(uchar c);
sbit L1 = P0^0;
sbit L2 = P0^3;
sbit K1 = P1^0;
void ptp(uchar c)
{
    SBUF = c;
    while(TI == 0);
    TI = 0;
}

void main()
{
    uchar opration_no = 0;
    SCON = 0x40;
    TMOD = 0x20;
    PCON = 0x00;
    TH1 = 0xfd;
    TL1 = 0xfd;
    TI = 0;
    TR1 = 1;
    while(1)
    {
        if(K1 == 0)
        {
            while(K1 == 0);
            opration_no = (opration_no + 1) % 4;
        }
        switch(opration_no)
        {
```

```
                case 0: L1 = L2 = 1;
                break;
                case 1: ptp('A');
                        L1 = ~L1;
                        L2 = 1;
                        break;
                case 2: ptp('B');
                        L2 = ~L2;
                        L1 = 1;
                        break;
                case 3: ptp('C');
                        L1 = ~L1;
                        L2 = L1;
                        break;
            }
            delay(100);
        }
}

void delay(uint z){
    uint x,y;
    for(x = z; x > 0; x--)
        for(y = 114; y > 0; y--);
}

/*
名称：乙机程序接收甲机发送字符并完成相应动作（此程序为乙机）
功能：乙机接收到甲机发送的信号后，根据相应信号控制 LED 完成不同闪烁动作。
*/
#include <reg51.h>
#include <intrins.h>

#define    uint unsigned int              //宏定义
#define    uchar unsigned char
void delay(uint z);                       //函数声名
sbit L1 = P0^0;
sbit L2 = P0^3;
```

```
void main()
{
    SCON = 0x50;
    TMOD = 0x20;
    PCON = 0x00;
    TH1 = 0xfd;
    TL1 = 0xfd;
    RI = 0;
    TR1 = 1;
    L1 = L2 = 1;
    while(1)
    {
        if(RI)
        {
            RI = 0;
            switch(SBUF)
            {
                case 'A':
                        L1 = ~L1;
                        L2 = 1;
                        break;
                case 'B':
                        L2 = ~L2;
                        L1 = 1;
                        break;
                case 'C':
                        L1 = ~L1;
                        L2 = L1;
            }
        }
        else L1 = L2 = 1;
      delay(100);
    }
}

void delay(uint z)
{
    uint x,y;
```

```
        for(x = z; x > 0; x--)
            for(y = 114; y > 0; y--);
}
```

【例 7.5】　甲乙两机双向通信，如图 7.21 所示。

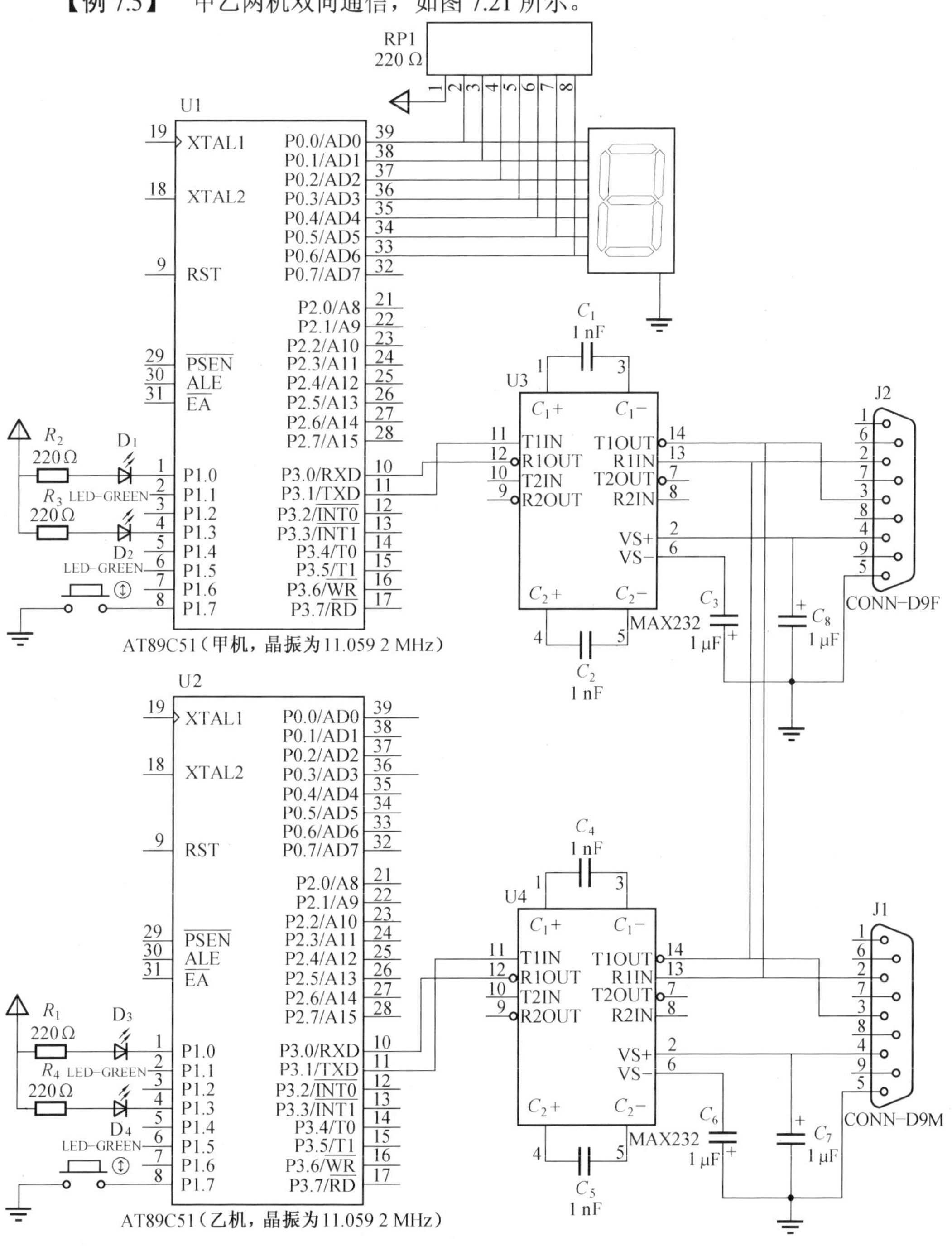

图 7.21　甲乙两机双向通信

甲乙两机双向通信源代码具体如下。

```
/*
名称：甲机串口程序
功能：甲机向乙机发送控制命令字符，甲机同时接收乙机发送的数字，并显示在数码管上。
*/

#include <reg51.h>
#include <intrins.h>

#define    uint unsigned int          //宏定义
#define uchar unsigned char
void delay(uint z);                   //函数声名
void ptp(uchar c);
sbit L1 = P1^0;
sbit L2 = P1^3;
sbit K1 = P1^7;
uchar opration_no = 0;

uchar code table[] = {
        0x3f, 0x06, 0x5b,
        0x4f, 0x66, 0x6d,
        0x7d, 0x07, 0x7f, 0x6f };

void ptp(uchar c)
{
        SBUF = c;
        while(TI == 0);
        TI = 0;
}

void main()
{
        L1 = L2 = 1;
        P0 = 0x00;
        SCON = 0x50;                  //串口模式 1，允许接受
        TMOD = 0x20;                  //T1 工作模式 2
        PCON = 0x00;
        TH1 = 0xfd;
```

```
    TL1 = 0xfd;
    TI = RI = 0;
    TR1 = 1;
    IE = 0x90;                    //允许串口中断
    while(1)
    {
        delay(100);               //延时，静态显示（重要）
        if(K1 == 0)
        {
            while(K1 == 0);
            opration_no = (opration_no + 1) % 4;
        }
        switch(opration_no)
        {
            case 0: ptp('X');
                    L1 = L2 = 1;
                    break;
            break;
            case 1: ptp('A');
                    L1 = ~L1;
                    L2 = 1;
                    break;
            case 2: ptp('B');
                    L2 = ~L2;
                    L1 = 1;
                    break;
            case 3: ptp('C');
                    L1 = ~L1;
                    L2 = L1;
                    break;
        }
        delay(100);
    }
}

void serial_int() interrupt 4          //中断函数
{
    if(RI)
```

```
        {
            RI = 0;
            if(SBUF >= 0 && SBUF <= 9) P0 = table[SBUF];
            else P0 = 0x00;
        }
}

void delay(uint z)
{
    uint x,y;
    for(x = z; x > 0; x--)
        for(y = 114; y > 0; y--);
}

/*
名称：乙机程序接收甲机发送字符并完成相应动作
功能：乙机接收到甲机发送的信号后，根据相应信号控制 LED 完成不同闪烁动作。
*/

#include <reg51.h>
#include <intrins.h>

#define   uint unsigned int            //宏定义
#define   uchar unsigned char
void delay(uint z);                    //函数声名
sbit L1 = P1^0;
sbit L2 = P1^3;
sbit K2 = P1^7;
uchar num = -1;

void main()
{
    SCON = 0x50;
    TMOD = 0x20;
    PCON = 0x00;
    TH1 = 0xfd;
    TL1 = 0xfd;
    RI = TI = 0;
    TR1 = 1;
```

```
        L1 = L2 = 1;
        IE = 0x90;
        while(1)
        {
                delay(100);
                if(K2 == 0)
                {
                        while(K2 == 0);
                        num = ++num % 11;
                        SBUF = num;
                        while(TI == 0);
                        TI = 0;
                }
        }
}

void serial_int() interrupt 4                          //中断函数
{
        if(RI)
         {
                RI = 0;
                switch(SBUF)
                {
                        case 'A':
                                        L1 = ~L1;
                                        L2 = 1;
                                        break;
                        case 'B':
                                        L2 = ~L2;
                                        L1 = 1;
                                        break;
                        case 'C':
                                        L1 = ~L1;
                                        L2 = L1;
                                        break;
                        case 'X':
                                        L1 = L2 = 1;
                                        break;
```

```
            }
        }
        else L1 = L2 = 1;
        delay(100);
    }

void delay(uint z)
{
    uint x,y;
    for(x = z; x > 0; x--)
        for(y = 114; y > 0; y--);
}
```

【例 7.6】 单片机与 PC 通信如图 7.22 所示。单片机可接收 PC 发送的数字或字符，按下单片机的 K1 键后，单片机可向 PC 发送字符串。在 Proteus 环境下完成本实验前，需安装 Virtual Serial Port Driver 和串口调试助手。本案例缓冲 100 个数字字符，缓冲满后数字从前面开始存放（环形缓冲）。

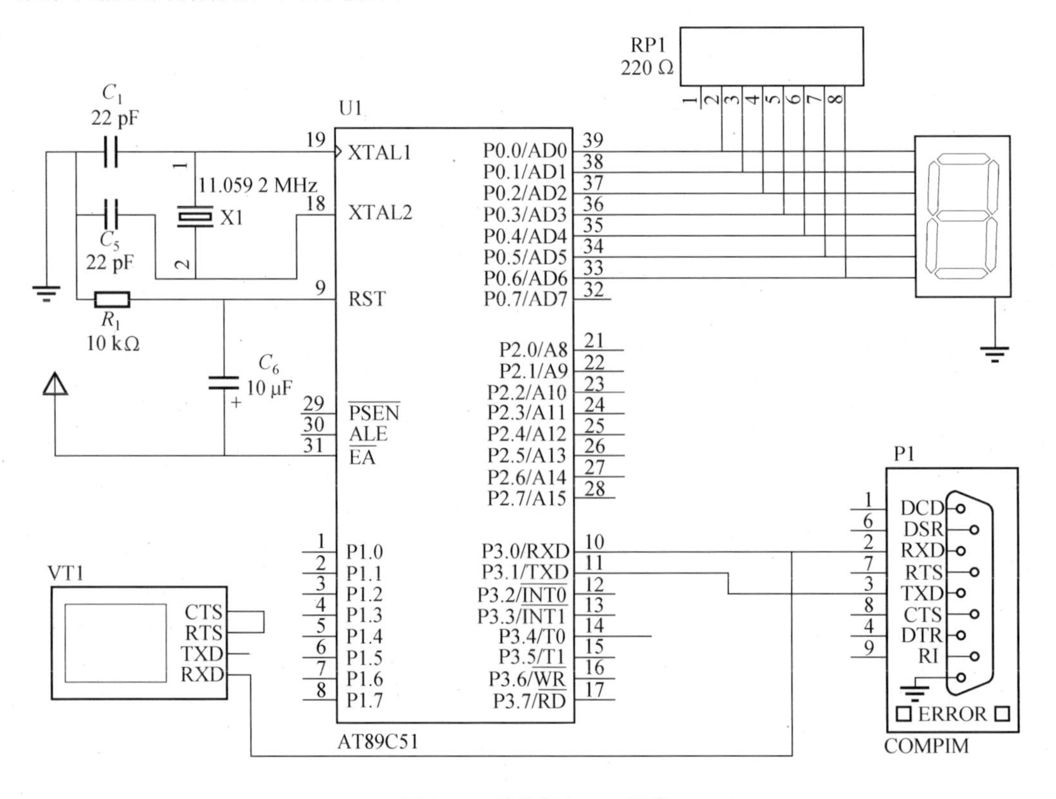

图 7.22　单片机与 PC 通信

Proteus 中增加串口控件 COMPIM，并将其设置成和 MCU 的属性、串口调试助手的属性一致的属性。这里设置属性，物理波特率为 9 600；虚拟波特率为 9 600；物理校验为 NONE；虚拟校验为 NONE；物理数据位为 8；虚拟数据位为 8；物理停止位为 1。

串口控件 COMPIM 的属性设置如图 7.23 所示。

编辑元件
元件位号(R): P1　隐藏
元件值(V): COMPIM　隐藏
组件(E): 新建(N)
确定(O)
帮助(H)
取消(C)
VSM Model: COMPIM.DLL　Hide All
Physical port: COM1　Hide All
Physical Baud Rate: 9600　Hide All
Physical Data Bits: 8　Hide All
Physical Parity: NONE　Hide All
Virtual Baud Rate: 9600　Hide All
Virtual Data Bits: 8　Hide All
Virtual Parity: NONE　Hide All
Advanced Properties:
Physical Stop Bits　1　Hide All
Other Properties:
不进行仿真(S)　附加层次模块(M)
不进行PCB布版(L)　隐藏通用管脚(C)
Exclude from Current Variant　使用文本方式编辑所有属性(A)

图 7.23　串口控件 COMPIM 的属性设置

计算机上首先要安装串口调试助手，还要安装并使用虚拟串口驱动软件，虚拟出虚拟串口，例如 COM1、COM2，如图 7.24 所示。

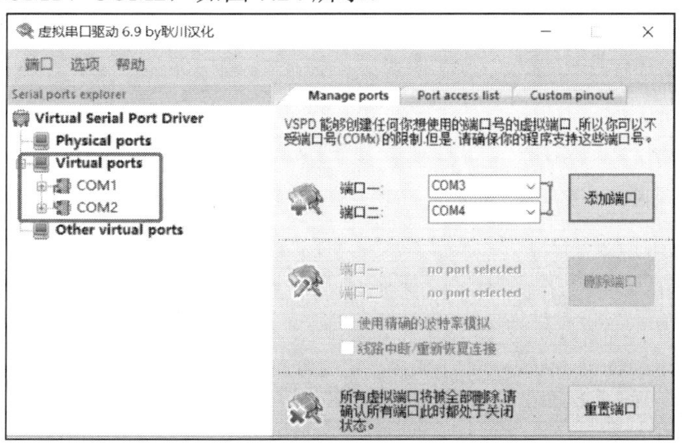

图 7.24　虚拟串口

如果要用虚拟终端查看计算机发送过来的信息，必须将 VT1 的属性设置成如图 7.25 所示参数。

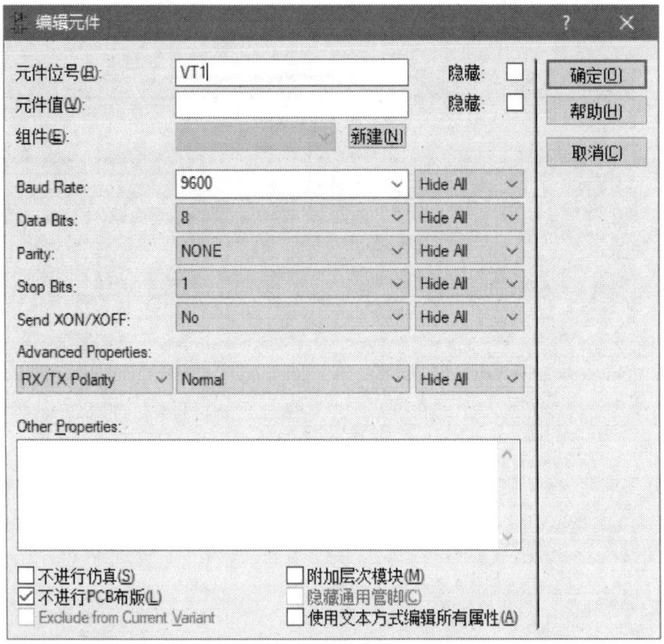

图 7.25　虚拟终端的设置

单片机与计算机通信源代码具体如下。

```
#include <reg51.h>
#define     uint unsigned int          //宏定义
#define uchar unsigned char

uchar Receive_Buffer[101];          //接收缓冲
uchar Buf_Index=0;                  //缓冲空间索引
//数码管编码
uchar DSY_CODE[]={0x3f, 0x06, 0x5b, 0x4f, 0x66, 0x6d, 0x7d, 0x07, 0x7f, 0x6f, 0x00};
//延时
void DelayMS(uint ms)
{
    uchar i;
    while(ms--) for (i = 0; i < 120; i++);
}
//主程序
void main()
```

```
{
        uchar i;
        P0=0x00;
        Receive_Buffer[0]=-1;
        SCON=0x50;                    //串口模式 1，允许接收
        TMOD=0x20;                    //T1 工作模式 2
        TH1=0xfd;                     //波特率 9 600
        TL1=0xfd;
        PCON=0x00;                    //波特率不倍增
        EA=1;
        EX0=1;
        IT0=1;
        ES=1;
        IP=0x01;
        TR1=1;

        while(1)
        {
                for(i=0;i<100;i++)
                {
                        //接收到-1 为显示结束
                        if(Receive_Buffer[i]==-1)break;
                        P0= DSY_CODE[Receive_Buffer[i]];
                        DelayMS(200);
                }
                DelayMS(200);
        }
}

//串口接收中断函数
void Serial_INT() interrupt 4
{
        uchar c;
        if(RI==0)return;
        ES=0;
        RI=0;
        c=SBUF;
        if(c>'0'&&c<'9')
```

```
        {
            //将新接收的字符放入缓存，并在其后放入-1 作为结束标志
            Receive_Buffer[Buf_Index]=c-'0';
            Receive_Buffer[Buf_Index]+1= -1;
            Buf_Index=(Buf_Index+1)%100;
        }
        ES=1;
    }

    void EX_INT0() interrupt 0          //外部中断
    {
        uchar *s="这是 51 单片机发送的字符串！\r\n";
        uchar i=0;
        while(s[i]!='\0')
        {
            SBUF=s[i];
            while(TI==0);
            TI=0;
            i++;
        }
    }
```

【例 7.7】 多机通信。

（1）多机通信原理。

在多机通信中，主机必须要能对各个从机进行识别，在 51 系列单片机中可以通过 SCON 寄存器的 SM2 位来实现。当串口以方式 2 或方式 3 发送数据时，每一帧信息都是 11 位，第 9 位是数据可编程位，通过给 TB8 置 1 或置 0 来区别地址帧和数据帧。当该位为 1 时，发送地址帧；当该位为 0 时，发送数据帧。

在多机通信过程中，主机先发送某一从机的地址，等待从机的应答。所有的从机接收到地址帧后与本机地址进行比较，若相同，则将 SM2 置 0 准备接收数据；若不同，则丢弃当前数据，SM2 位不变。

（2）多机通信电路图。

多机通信原理图如图 7.26 所示。其中，U1 作为主机，U2 为从机 1，U3 为从机 2。

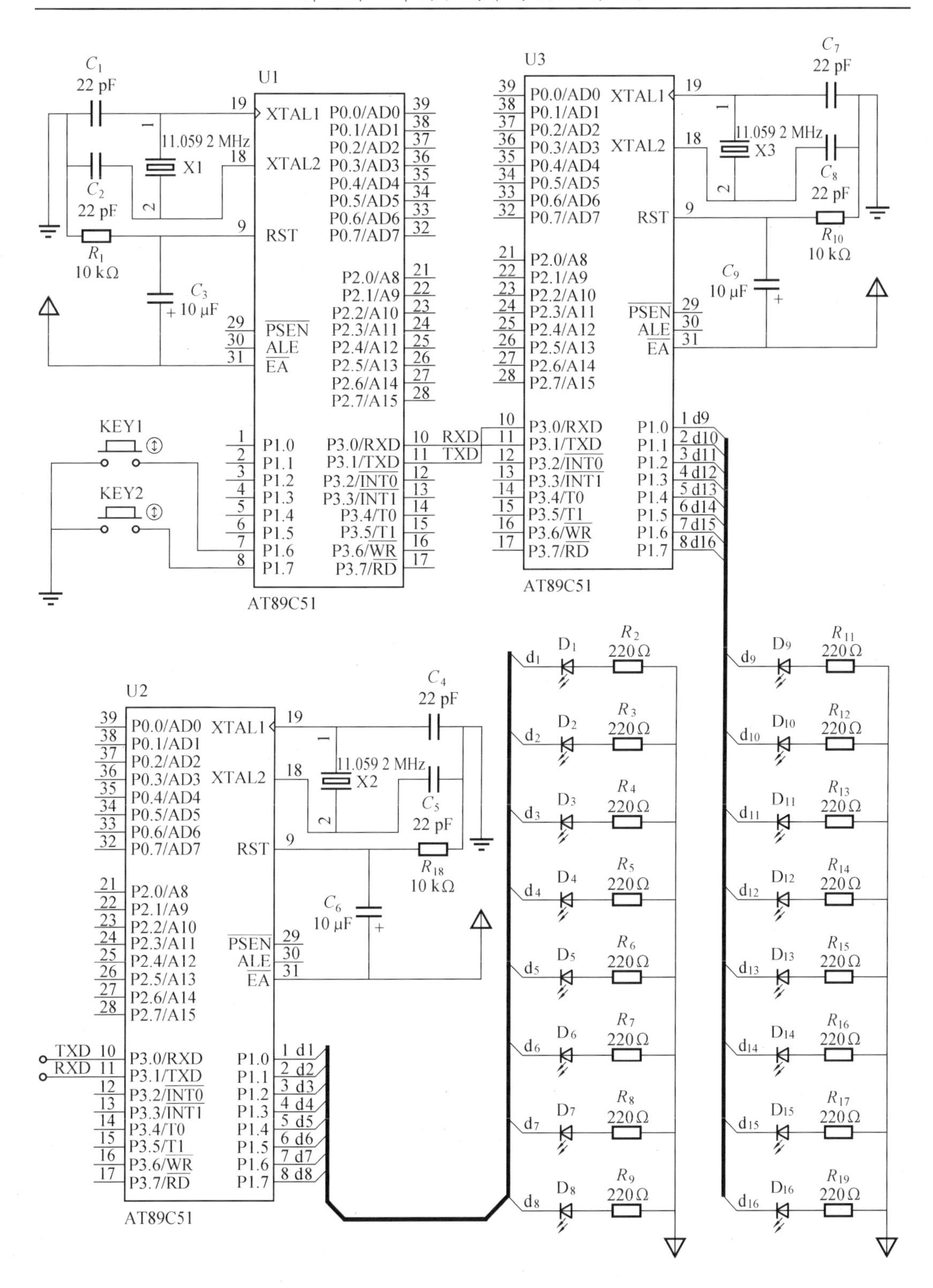

图 7.26　多机通信原理图

多机通信原理源代码具体如下。

（1）主机程序。

```
#include <reg51.h>
#include <math.h>
#define _SUCC_  0x0f                    //数据传送成功
#define _ERR_   0xf0                    //数据传送失败
unsigned char Table[9]={0x31,0x32,0x33,0x34,0x35,0x36,0x37,0x38,0x39};
unsigned char Buff[20];                 //数据缓冲区
unsigned char temp=0xff;
sbit KEY1=P1^6;
sbit KEY2=P1^7;
//unsigned char addr;
//延时 1 ms 函数
void delay_1ms(unsigned int t)
{
    unsigned int x,y;
    for(x=t;x>0;x- -)  for(y=110;y>0;y- -);
}

//缓冲区初始化
void Buff_init()
{
    unsigned char i;                    //将 Table 里的数据放到缓冲区里
    for(i=0;i<9;i++)
    {
        Buff[i]= Table[i];
        delay_1ms(100);
    }
}

//串口初始化函数
void serial_init()
{
    TMOD=0x20;                          //定时器 1 工作于方式 2
    TH1=0xfd;
    TL1=0xfd;                           //波特率为 9 600
    PCON=0;
```

```
        SCON=0xd0;                      //串口工作于方式 3
        TR1=1;                          //开启定时器
        TI=0;
        RI=0;
}

//发送数据函数
void SEND_data(unsigned char *Buff)
{
        unsigned char i;
        unsigned char lenth;
        unsigned char check;
        lenth=strlen(Buff);             //计算数据长度
        check=lenth;
         TI=0;                          //发送数据长度
         TB8=0;                         //发送数据帧
         SBUF=lenth;
         while(!TI);
         TI=0;
         for(i=0;i<lenth;i++)           //发送数据
         {
               check=check^Buff[i];
               TB8=0;
               SBUF=Buff[i];
               while(!TI);
               TI=0;
        }
        TB8=0;                          //发送校验字节
        SBUF=check;
        while(!TI);
        TI=0;
}

//向指定从机地址发送数据
void ADDR_data(unsigned addr)
{
        while(temp!=addr)               //主机等待从机返回其地址作为应答信号
        {
```

```
            TI=0;                    //发送从机地址
            TB8=1;                   //发送地址帧
            SBUF=addr;
            while(!TI);
            TI=0;
            RI=0;
            while(!RI);
            temp=SBUF;
            RI=0;
        }
        temp=_ERR_;
        //主机等待从机数据接收成功信号
        while(temp!=_SUCC_)
        {
            SEND_data(Buff);
            RI=0;
            while(!RI);
            temp=SBUF;
            RI=0;
        }
    }

    void main()
    {
        Buff_init();
        serial_init();
        while(1)
        {
            if(KEY1==0)
            {
                delay_1ms(5);
                if(KEY1==0)
                {
                    while(!KEY1);
                    ADDR_data(0x01);
                }
            }
            if(KEY2==0)
```

```
                {
                    delay_1ms(5);
                    if(KEY2==0)
                    {
                        while(!KEY2);
                        ADDR_data(0x02);
                    }
                }
            }
    }
```

（2）从机 1 程序。

```
#include <reg51.h>
#include <math.h>
#define addr     0x01                    //从机 1 的地址
#define _SUCC_ 0x0f                      //数据传送成功
#define _ERR_  0xf0                      //数据传送失败
unsigned char   aa=0xff;                 //主机与从机之间通信标志
unsigned char   Buff[20];                //数据缓冲区

//串口初始化函数
void serial_init()
{
    TMOD=0x20;                           //定时器 1 工作于方式 2
    TH1=0xfd;
    TL1=0xfd;                            //波特率为 9 600
    PCON=0;
    SCON=0xd0;                           //串口工作于方式 3
    TR1=1;                               //开启定时器
    TI=0;
    RI=0;
}

//接收数据函数
unsigned char RECE_data(unsigned char *Buff)
{
    unsigned char i,temp;
    unsigned char lenth;
```

```
unsigned char check;
RI=0;
while(!RI);
if(RB8==1)                          //若接收到地址帧，则返回 0xfe
      return 0xfe;
lenth=SBUF;
RI=0;
check=lenth;
for(i=0;i<lenth;i++)                //接收数据
{
      while(!RI);
      if(RB8==1)                    //若接收到地址帧，则返回 0xfe
            return    0xfe;
      buff[i]= SBUF;
      check=check^(Buff[i]);        //位异或
      RI=0;
}
while(!RI);
//接收校验字节
if(RB8==1)                          //若接收到地址帧，则返回 0xfe
      return 0xfe;
temp=SBUF;
RI=0;
check=temp^check;
//将从主机接收到的校验码与自己计算的校验码比对
//校验码不一致，表明数据接收错误，向主机发送错误信号，函数返回 0xff
if(check!=0)
{
      TI=0;
      TB8=0;
      SBUF=_ERR_;
      while(!TI);
      TI=0;
      return 0xff;
}
TI=0;          //校验码一致，表明数据接收正确，向主机发送成功信号，函数返回 0x00
TB8=0;
SBUF=_SUCC_;
```

```
        while(!TI);
        TI=0;
        return 0;
}

void main()
{
        serial_init();
        while(1)
        {
                SM2=1;                  //接收地址帧
                while(aa!=addr)         //从机等待主机请求自己的地址
                {
                        RI=0;
                        while(!RI);
                        aa=SBUF;
                        RI=0;
                }
                TI=0;                   //一旦被请求，从机返回自己的地址作为应答，等待接收数据
                TB8=0;
                SBUF=addr;
                while(!TI);
                TI=0;
                SM2=0;                  //接收数据帧
                aa=0xff;                //从机接收数据，并将数据保存到数据缓冲区
                while(aa==0xff)
                {
                        aa=RECE_data(Buff);
                }
                if(aa==0xfe) continue;
                P1=Buff[1];             //查看接收到的数据
        }
}
```

（3）从机 2 程序。

```
#include <reg51.h>
#include <math.h>
```

```
#define addr     0x02                    //从机 2 的地址
#define _SUCC_ 0x0f                      //数据传送成功
#define _ERR_  0xf0                      //数据传送失败
unsigned char    aa=0xff;                //主机与从机之间通信标志
unsigned char    Buff[20];               //数据缓冲区
//串口初始化函数
void serial_init()
{
    TMOD=0x20;                           //定时器 1 工作于方式 2
    TH1=0xfd;
    TL1=0xfd;                            //波特率为 9 600
    PCON=0;
    SCON=0xd0;                           //串口工作于方式 3
    TR1=1;                               //开启定时器
    TI=0;
    RI=0;
}
//接收数据函数
unsigned char RECE_data(unsigned char *Buff)
{
    unsigned char i,temp;
    unsigned char lenth;
    unsigned char check;
    RI=0;                                //接收数据长度
    while(!RI);
    if(RB8==1)                           //若接收到地址帧，则返回 0xfe
    return 0xfe;
    lenth=SBUF;
    RI=0;
    check=lenth;
    for(i=0;i<lenth;i++)                 //接收数据
    {
        while(!RI);
        if(RB8==1)                       //若接收到地址帧，则返回 0xfe
            return 0xfe;
        buff[i]= SBUF;
        check=check^(Buff[i]);
        RI=0;
```

```
    }
     while(!RI);                      //接收校验字节
     if(RB8==1)                       //若接收到地址帧，则返回 0xfe
     return 0xfe;
    temp=SBUF;
    RI=0;
    check=temp^check;                 //位异或
    //将从主机接收到的校验码与自己计算的校验码比对
    //校验码不一致，表明数据接收错误，向主机发送错误信号，函数返回 0xff
    if(check!=0)
    {
        TI=0;
        TB8=0;
        SBUF=_ERR_;
        while(!TI);
        TI=0;
        return 0xff;
    }
    TI=0;
    //校验码一致，表明数据接收正确，向主机发送成功信号，函数返回 0x00
    TB8=0;
    SBUF=_SUCC_;
    while(!TI);
    TI=0;
    return 0;
}

void main()
{
    serial_init();
    while(1) {
        SM2=1;                        //接收地址帧
        while(aa!=addr)               //从机等待主机请求自己的地址
        {
            RI=0;
            while(!RI);
            aa=SBUF;
            RI=0;
```

```
            }
            TI=0;                    //一旦被请求，从机返回自己地址作为应答，等待接收数据
            TB8=0;
            SBUF=addr;
            while(!TI);
            TI=0;
            SM2=0;                   //接收数据帧
            aa=0xff;                 //从机接收数据，并将数据保存到数据缓冲区
            while(aa==0xff)
            {
                aa=RECE_data(Buff);
            }
            if(aa==0xfe)   continue;
            P1=Buff[2];              //查看接收到的数据
        }
    }
```

习题

一、填空题

1. 串行通信波特率的单位是（　　　）。当 51 单片机用串行接口进行串行通信时，为减小波特率误差，使用的晶振时钟频率为（　　　）MHz。

2. 在串行通信中，发送时要把（　　　）数据转换成（　　　）数据，接收时又要把（　　　）数据转换成（　　　）数据。

3. AT89S51 单片机串行接口的 4 种工作方式中，方式（　　）和方式（　　）的波特率是可调的，与定时器/计数器 T1 的溢出率有关，另外两种方式的波特率是固定的。

4. 串行接口工作方式 1 的波特率的计算公式是（　　　）。

5. 帧格式为 1 个起始位、8 个数据位和 1 个停止位的异步串行通信方式是方式（　　　）。

6. AT89S51 单片机的串行通信接口若传送速率为每秒 120 帧，每帧 10 位，则波特率为（　　　）。

二、选择题

1. 从串口接收缓冲器中将数据读入到变量 temp 中的 C51 语句是（　　　）。

A. temp = SCON;　B. temp = TCON;　C. temp = DPTR;　D. temp = SBUF;

2. 全双工通信的特点是收发双方（　　）。

A. 角色固定不能互换　　B. 角色可换但需切换

C. 互不影响双向通信　　D. 相互影响互相制约

3. 80C51 单片机的串口工作方式中适合多机通信的是（　　）。

A. 工作方式 0　B. 工作方式 1　C. 工作方式 2　D. 工作方式 3

4. 80C51 单片机串口接收数据的正确顺序是（　　）。

①接收完一帧数据后，硬件自动将 SCON 的 RI 置 1

②用软件将 RI 清零

③接收到的数据由 SBUF 读出

④置 SCON 的 REN 为 1，外部数据由 RXD（P3.0）输入

A. ①②③④　B. ④①②③　C. ④③①②　D. ③④①②

5. 80C51 单片机串口发送数据的正确次序是（　　）。

①待发数据送 SBUF

②硬件自动将 SCON 的 TI 置 1

③经 TXD（P3.1）串行发送一帧数据完毕

④用软件将 SCON 的 TI 清零

A. ①③②④　B. ①②③④　C. ④③①②　D. ③④①②

6. 80C51 单片机用串口工作方式 0 时，（　　）。

A. 数据从 RXD 串行输入，从 TXD 串行输出

B. 数据从 RXD 串行输出，从 TXD 串行输入

C. 数据从 RXD 串行输入或输出，同步信号从 TXD 输出

D. 数据从 TXD 串行输入或输出，同步信号从 RXD 输出

7. 在用接口传送信息时，如果用一帧来表示一个字符，且每帧中有一个起始位、一个结束位和若干个数据位，则该传送属于（　　）。

A. 异步串行传送　B. 异步并行传送　C. 同步串行传送　D. 同步并行传送

8. 80C51 单片机的串口工作方式中适合点对点通信的是（　　）。

A. 工作方式 0　B. 工作方式 1　C. 工作方式 2　D. 工作方式 3

9. 以下有关 80C51 单片机串口内部结构的描述中，（　　）是不正确的。

A. 80C51 单片机内部有一个可编程的全双工串行通信接口

B. 80C51 单片机的串行接口可以作为通用异步接收器/发送器，也可以作为同步移位寄存

C. 串口中设有接收控制寄存器 SCON

D. 通过设置串口通信的波特率可以改变串口通信速率

10. 以下有关 80C51 单片机串口数据缓冲器的描述中，（　　）是不正确的。

A. 串口中有两个数据缓冲器 SUBF

B. 两个数据缓冲器在物理上是相互独立的，具有不同的地址

C. SUBF 发只能写入数据，不能读出数据

D. SUBF 收只能读出数据，不能发送数据

11. 以下有关 80C51 单片机串口发送控制器的作用描述中，（　　）是不正确的。

A. 作用一是将待发送的并行数据转为串行数据

B. 作用二是在串行数据上自动添加起始位、可编程位和停止

C. 作用三是在数据转换结束后使中断请求标志位 TI 自动置 1

D. 作用四是在中断被响应后使中断请求标志位 TI 自动清零

12. 下列有关 80C51 单片机串口接收控制器的作用描述中，（　　）是不正确的。

A. 作用一是将来自 RXD 引脚的串行数据转为并行数

B. 作用二是自动过滤掉串行数据中的起始位、可编程位和停止位

C. 作用三是在接收完成后使中断请求标志位 RI 自动置 1

D. 作用四是在中断被响应后使中断请求标志位 RI 自动清零

13. 下列有关 80C51 单片机串口收发过程中定时器 T1 的描述中，（　）是不正确的。

A. T1 的作用是产生用以串行收发节拍控制的通信时钟脉冲，也可用 T0 进行替换

B. 发送数据时，该时钟脉冲的下降沿对应数据的移位输出

C. 接收数据时，该时钟脉冲的上升沿对应数据位采样

D. 通信波特率取决于 T1 的工作方式和计数初值，也取决于 PCON 的设定值

14. 下列有关集成芯片 74LS164 的描述中，（　　）是不正确的。

A. 74LS164 是一种 8 位串入并出移位寄存器

B. 74LS164 的移位过程是借助 D 触发器的工作原理实现的

C. 8 次移位结束后，74LS164 的输出端 Q0 锁存着数据的最高位，Q7 锁存着数据的最低位

D. 74LS164 与 80C51 单片机的串口方式 0 配合可以实现单片机并行输出口的扩展功能

15. 与串口方式 0 相比，串口方式 1 发生的下列变化中，（　　）是错误的。

A. 通信时钟波特率是可变的，可由软件设置为不同速率

B. 数据帧由 11 位组成，包括 1 位起始位、8 位数据位、1 位校验位、1 位停止位

C. 发送数据由 TXD 引脚输出，接收数据由 RXD 引脚输入

D. 方式 1 可实现异步串行通信，而方式 0 只能实现串并转换

16. 与串口方式 1 相比，串口方式 2 发生的下列变化中，（　　）是错误的。

A. 通信时钟波特率是固定不变的，其值等于晶振频率

B. 数据帧由 11 位组成，包括 1 位起始位、8 位数据位、1 位可编程位、1 位停止位

C. 发送结束后 TI 可以自动置 1，但接收结束后 RI 的状态要由 SM2 和 RB8 共同决定

D. 可实现异步通信过程中的奇偶校验

17. 下列关于串口方式 3 的描述中（　　）是错误的。

A. 方式 3 的波特率是可变的，可以通过软件设定为不同速率

B. 数据帧由 11 位组成，包括 1 位起始位、8 位数据位、1 位可编程位、1 位停止位

C. 方式 3 主要用于要求进行错误校验或主从式系统通信的场合

D. 发送和接收过程结束后 TI 和 RI 都可硬件自动置 1

18. 下列关于串行主从式通信系统的描述中，（　　）是错误的。

A. 主从式通信系统由 1 个主机和若干个从机组成

B. 每个从机都要有相同的通信地址

C. 从机的 RXD 端并联接在主机的 TXD 端，从机的 TXD 端并联接在主机的 RXD 端

D. 从机之间不能直接传递信息，只能通过主机间接实现

19. 下列关于多机串行异步通信的工作原理描述中，（　　）是错误的。

A. 多机异步通信系统中各机初始化时都应设置为相同波特率

B. 各从机都应设置为串口方式 2 或方式 3，SM2＝REN＝1，并禁止串口中断

C. 主机先发送一条包含 TB8＝1 的地址信息，所有从机都能在中断响应中对此地址进行查证，但只有目标从机将 SM2 改为 0

D. 主机随后发送包含 TB8＝0 的数据或命令信息，此时只有目标从机能响应中断，并接收到此条信息

20. 假设异步串行接口按方式 1 每分钟传输 6 000 个字符，则其波特率应为（　　）。

A. 800　　B. 900　　C. 1 000　　D. 1 100

21. 在一采用串口方式 1 的通信系统中，已知 f_{osc}＝6 MHz，波特率＝2 400，SMOD＝1，则定时器 T1 在方式 2 时的计数初值应为（　　）。

A. 0xe6　　B. 0xf3　　C. 0x1fe6　　D. 0xffe6

22. 串行通信速率的指标是波特率，而波特率的量纲是（　　）。

A. 字符/秒　　B. 位/秒　　C. 帧/秒　　D. 帧/分

三、简答题

1. 串行通信与并行通信有何不同？它们各有何特点？

2. 按照数据传送方向来分模式，串行通信可分为哪几种模式？它们各有什么特点？

3. 何为异步串行通信？一帧数据由哪些位组成？

4. 51 单片机内置 UART 的全称是什么？有哪些基本用途？

5. 51 单片机有两个数据缓冲器，名称都是 SBUF，分别用于发送数据和接收数据，为何只有一个公用地址却不会产生冲突？

6. 51 单片机的 UART 中使用哪个定时器作为波特率发生器？时钟脉冲与接收和发送的数据有何对应关系？

7. 在中断允许的前提下，一帧异步串行数据被发送或接收完成后，哪几个位寄存器将由硬件自动置 1？

8. 异步串行通信中断响应后，中断请求标志的撤销需要采用什么方法？

第 8 章　单片机的串行扩展

8.1　I^2C 总线串行扩展

集成电路总线（Inter-Integrated Circuit，IIC），发音为“eye-squared cee”或“eye-two-cee”，它是一种两线接口，又称 I^2C。这种总线类型是由飞利浦半导体公司在 20 世纪 80 年代初设计出来的，主要是用来连接整体电路（ICS）。I^2C 是一种多向控制总线，也就是说多个芯片可以连接到同一总线结构下，同时每个芯片都可以作为实时数据传输的控制源。这种方式简化了信号传输总线接口。

8.1.1　I^2C 总线的结构

I^2C 的主要构成只有两条双向的信号线，一条是数据线（Serial Data Line，SDA），另一条是时钟线（Serial Clock Line，SCL）。

SDA 是双向数据线，为漏极输出（OD 门），与其他任意数量的 OD 与集电极开路（OC 门成）“线与”关系。

SCL 的上升沿将数据输入到每个 EEPROM 器件中，下降沿驱动 EEPROM 器件输出数据（边沿触发）。

I^2C 总线的基本结构如图 8.1 所示。

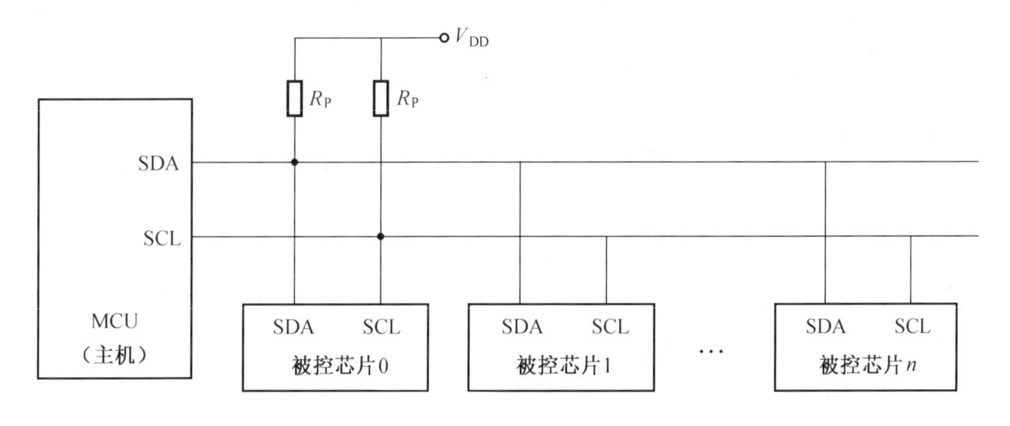

图 8.1　I^2C 总线的基本结构

I²C 主要特点：

I²C 具有多机功能，该模块既可以做主设备也可以做从设备。

①I²C 主设备功能，包括主要产生时钟，产生起始信号和停止信号。

②I²C 从设备功能，包括可编程的 I²C 地址检测，停止位检测。

支持不同速率的通信速度，标准速度（最高速度 100 kHz）和快速（最高速度 400 kHz）。

在 I²C 总线系统中，只有 CPU 拥有总线控制权，因而又称 CPU 为主控器；而其他电路皆受 CPU 的控制，故将它们统称为被控器。主控器既能向 I²C 总线发送时钟信号，又能积极地向 I²C 总线发送数据信号和接收被控器送来的应答信号，数据传送的起止时间及传送速度也要由主控器来决定。被控器不具备发送时钟信号能力，但能在主控器的控制下完成数据信号的发送，它所发送的数据信号一般是应答信号，用于将自身的工作情况通知 CPU。CPU 利用 SCL 线和 SDA 线与被控电路进行通信，进而完成对被控电路的控制。

I²C 总线由两根线组成，其数据传输方式是串行的（即一位一位地传输）。这种串行总线虽没有并行总线的输入/输出能力，但能使电路之间的连接变得简单，还能有效地减少微处理器的控制端。

8.1.2 I²C 总线上的数据传输

1. I²C 通信过程

主模式时，I²C 的接口启动数据传输并且产生时钟信号。串行数据传输总是以起始条件开始并以停止条件结束。起始条件和停止条件都是在主模式下由软件产生和控制的。

从模式时，I²C 接口能识别它自己的地址（7 位或者 10 位）和在数据总线广播的地址（就像每个人都有不同的身份 ID，能一一对应），同时软件能够控制开启或禁止广播呼叫地址的识别。

数据和地址按照每个字节 8 位来传输，高位在前。起始条件后的 1 或 2 个字节是地址（7 位模式为 1 个字节，10 位模式为 2 个字节）。地址只能主模式发送。在一个字节传输的 8 个时钟后的第 9 个时钟期间，从模式接收后必须回一个 ACK 给发送器，这样才能进行数据传输。

2. 起始信号和停止信号

起始信号和停止信号如图 8.2 所示。

①在 I²C 空闲时，SDA、SCL 都保持高电平。

②起始信号。在时钟 SCL 保持高电平期间，SDA 数据线从高电平变为低电平，表示起始信号。

③停止信号。在时钟 SCL 保持高电平期间，SDA 数据线从低电平变为高电平，表示停止信号。

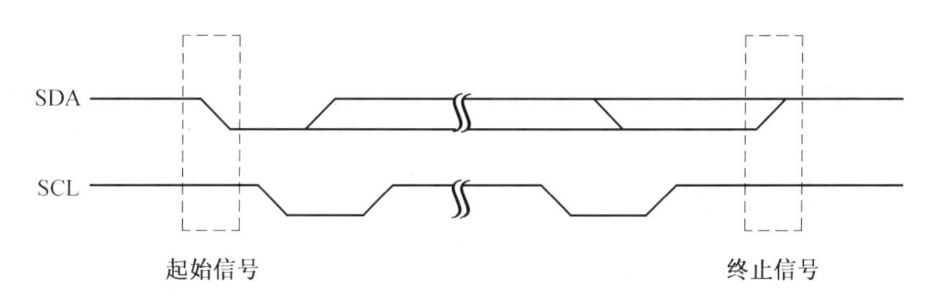

图 8.2　起始信号和停止信号

3. 应答信号

应答信号如图 8.3 所示。

应答信号指主机发送完一个 8 位数据后，会等待从机的回答一个 ACK 信号，既 SDA 将会拉低。

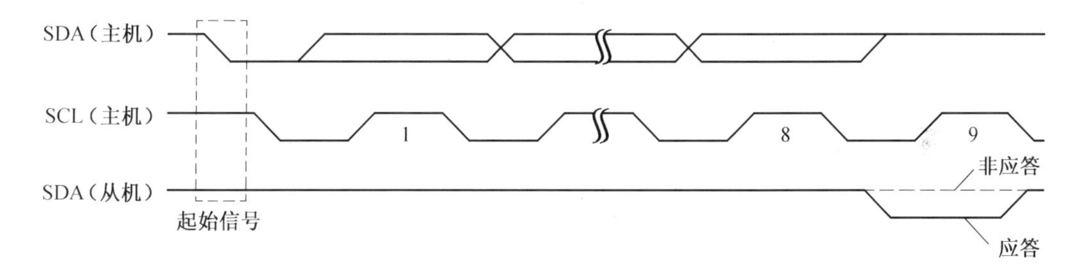

图 8.3　应答信号

4. 数据位

每一个字节必须保证是 8 位长度。数据传送时，先传送最高位（MSB），每一个被传送的字节后面都必须跟随一位应答位（即一帧共有 9 位）。如果一段时间内没有收到从机的应答信号，则认为从机已正确接收到数据。

在 I^2C 总线进行数据传送时，时钟信号为高电平期间，数据线上的数据必须保持稳定，只有在时钟线上的信号为低电平期间，数据线上的高电平或低电平状态才允许变化，否则会造成数据发送失败。

数据位如图 8.4 所示。

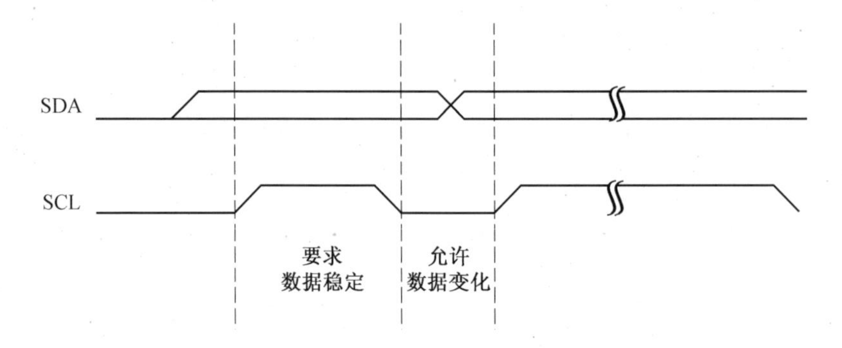

图 8.4　数据位

8.1.3　编程实现

要掌握 I^2C 的通信协议，需要掌握以下几个函数的写法：

①起始信号 i2c_Start()

②终止信号 i2c_Stop()

③写数据 i2c_SendByte()

④读数据 i2c_ReadByte()

⑤发送应答信号 i2c_Ack()

⑥发送非应答信号 i2c_Nack()

⑦延时 i2c_Delay

⑧等待应答 i2c_WaitAck()

⑨检测 I^2C 总线设备 i2c_CheckDevice

1. 起始信号和终止信号

SCL 线为高电平期间，SDA 线由高电平向低电平的变化表示起始信号；SCL 线为高电平期间，SDA 线由低电平向高电平的变化表示终止信号，源代码具体如下。

```
/*******************************************************************************
*    函 数 名: i2c_Start
*    功能说明: CPU 发起 I2C 总线启动信号
*    形      参: 无
*    返 回 值: 无
*******************************************************************************/
void i2c_Start(void)
{
    /* 当 SCL 为高电平时，SDA 出现一个下跳沿表示 I2C 总线启动信号 */
    SDA = 1;
    SCL = 1;
```

```
    i2c_Delay();
    SDA = 0;
    i2c_Delay();
    SCL = 0;
    i2c_Delay();
}

/*****************************************************************************
*   函 数 名: i2c_Stop
*   功能说明: CPU 发起 I²C 总线停止信号
*   形    参: 无
*   返 回 值: 无
*****************************************************************************/
void i2c_Stop(void)
{
    /* 当 SCL 为高电平时，SDA 出现一个上跳沿表示 I²C 总线停止信号 */
    SDA = 0;
    SCL = 1;
    i2c_Delay();
    SDA = 1;
    i2c_Delay();
}
```

2. 等待应答

I^2C 总线协议规定，每传送一个字节数据后，都要有一个应答信号，以确定数据传送是否被对方收到。应答信号由接收设备产生，在 SCL 为高电平期间，接收设备将 SDA 拉低为低电平，表示数据传输正确，产生应答，源代码具体如下。

```
/*****************************************************************************
*   函 数 名: i2c_WaitAck
*   功能说明: CPU 产生一个时钟，并读取器件的 ACK 应答信号
*   形    参: 无
*   返 回 值: 返回 0 表示正确应答，1 表示无器件响应
*****************************************************************************/
unsigned char i2c_WaitAck(void)
{
     unsigned char re;            //应答信号等于 0 则应答正确，等于 1 则没有应答
```

```
        SDA = 1;                //释放总线，能让对方拉低
        i2c_Delay();
        SCL = 1;                //此时刻开始，数据保持应答状态稳定
        i2c_Delay();
        if(SDA == 1)
        {
            re = 1;             //没有应答
        }
        else
        {
            re = 0;             //应答正确
        }
        SCL = 0;
        i2c_Delay();

        return re;
}
```

3. I²C 的数据传送（写数据和读数据）

数据位的有效性规定，当 I²C 总线进行数据传送时，时钟信号为高电平期间，数据线上的数据必须保持稳定；只有在时钟线上的信号为低电平期间，数据线上的高电平或低电平状态才允许变化，源代码具体如下。

```
/*****************************************************************************
*    函 数 名: i2c_SendByte
*    功能说明: CPU 向 I²C 总线设备发送 8 bit 数据
*    形    参: _ucByte，等待发送的字节
*    返 回 值: 无
*****************************************************************************/
void i2c_SendByte(unsigned char _ucByte)
{
        unsigned char i;            //起始信号开始后 SCL 是被拉低的
        for(i = 0; i < 8; i++)
        {
            if(_ucByte & 0x80)
                SDA = 1;
            else
                SDA = 0;
```

```
        SCL = 1;
        i2c_Delay();
        SCL = 0;            //SCL 等于 0 的时候写数据
        if(i == 7)          //最后一次时释放总线
        {
            SDA = 1;
        }
        _ucByte<<=1;  //左移一位
        i2c_Delay();
    }
}

/**************************************************************************
*   函 数 名: i2c_ReadByte
*   功能说明: CPU 从 I2C 总线设备读取 8 bit 数据
*   形    参: 无
*   返 回 值: 读到的数据
**************************************************************************/
unsigned char i2c_ReadByte(void)
{
    unsigned char i;
    unsigned char value = 0;
    for(i = 0; i < 8; i++)
    {
        value<<=1;
        SCL = 1;                        //稳定状态的时候读数据
        if(SDA == 1)
            value++;
        SCL = 0;                        //允许数据变化
        i2c_Delay();
    }

    return value;
}
```

4. 应答信号、非应答信号和延时

源代码具体如下。

```
/*************************************************************************
*    函 数 名: i2c_Ack
*    功能说明: CPU 产生一个 ACK 信号
*    形      参: 无
*    返 回 值: 无
**************************************************************************/
void i2c_Ack(void)
{
    SDA = 0;                    //响应
    i2c_Delay();
    SCL = 1;
    i2c_Delay();
    SCL = 0;
    i2c_Delay();                //在 SCL 为高电平期间 SDA 都为 0，即产生一个应答信号
    SDA = 1;                    //释放总线
    i2c_Delay();
}

/*************************************************************************
*    函 数 名: i2c_Nack
*    功能说明: CPU 产生 1 个 NACK 信号
*    形      参: 无
*    返 回 值: 无
**************************************************************************/
void i2c_Nack(void)
{
     SDA = 1;
     i2c_Delay();
     SCL = 1;
     i2c_Delay();
     SCL = 0;
     i2c_Delay();               //在 SCL 为高电平期间 SDA 都为 1，即产生一个非应答信号
}
```

```
延时
/*************************************************************************
*    函 数 名: i2c_Delay
*    功能说明: I²C 总线位延迟，最快 400 kHz
*    形    参: 无
*    返 回 值: 无
*************************************************************************/
static void i2c_Delay(void)
{
    unsigned char i;
    /*
        I²C 延时时间根据具体情况自行决定 for 循环延迟时间的大小
        实际应用选择小于 400 kHz 左右的速率即可
    */
    for (i = 0; i < 10; i++);
}
```

【例 8.1】　单片机通过 I²C 总线连接 AT24C04。首先，向 AT24C04 写入一段音符，然后读取并通过蜂鸣器播放。单片机通过 I²C 总线读写 AT24C04，如图 8.5 所示。

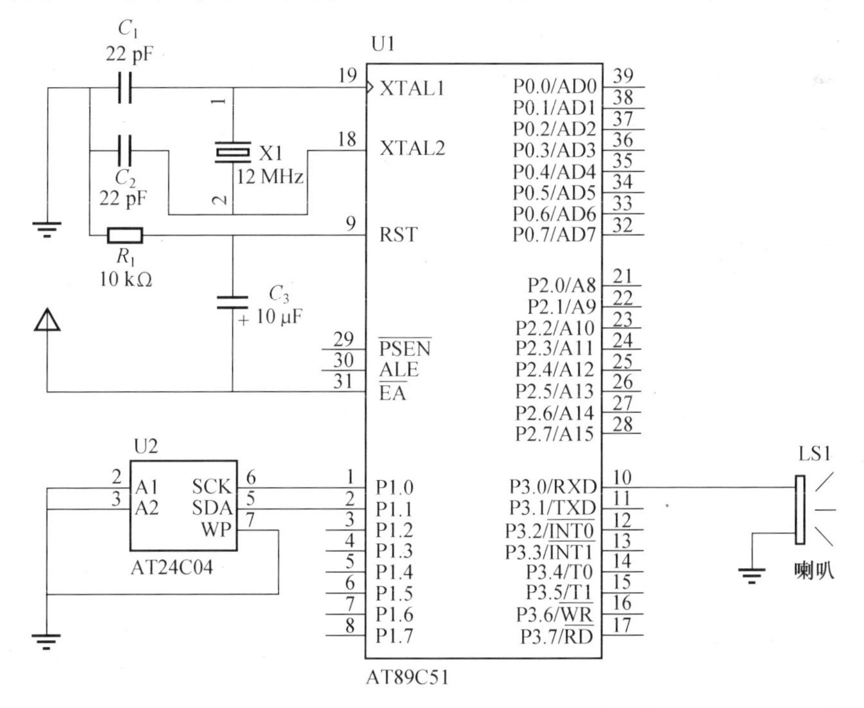

图 8.5　单片机通过 I²C 总线读写 AT24C04

单片机通过 I²C 总线读写 AT24C04 源代码具体如下。

```
/*
    名称：I2C-AT24C04 与蜂鸣器
    功能：程序首先向 AT24C04 写入一段音符，然后读取并播放。
*/
#include<reg51.h>
#include<intrins.h>
#define uchar unsigned char
#define uint unsigned int
#define NOP4(){_nop_();_nop_();_nop_();_nop_();}

sbit SCL=P1^0;                                          //SCL
sbit SDA=P1^1;                                          //SDA
sbit SPK=P3^0;                                          //喇叭输出
//音符频率对应的延时表
uchar code HI_LIST[]={266,229,232,233,236,238,240,241,242,244,
245,246,247,248};
uchar code LO_LIST[]={4,13,10,20,3,8,6,2,23,5,26,1,4,3};
uchar code Song_24C04[]={1,2,3,1,1,2,3,1,3,4,5,3,4,5};  //音符
uchar sidx;                                             //音符索引

void DelayMS(uint x)                                    //毫秒延时
{
        uchar i;
        while(x--)
        for(i=0;i<120;i++);
}

void Start()                                            //I2C 起始信号
{
      SDA=1;
      SCL=1;
      NOP4();
      SDA=0;
      NOP4();
      SCL=0;
}
```

```
void Stop()                                    //I²C 停止信号
{
     SDA=0;
    SCL=0;
    NOP4();
    SCL=1;
    NOP4();
    SDA=1;
}

void RACK()                                    //读取应答信号
{
     SDA=1;
    NOP4();
    SCL=1;
    NOP4();
    SCL=0;
}

void NO_ACK()                                  //发送非应答信号
{
     SDA=1;
    SCL=1;
    NOP4();
    SCL=0;
    SDA=0;
}

void Write_A_Byte(uchar b)                     //写一个字节
{
      uchar i;
      for(i=0;i<8;i++)
      {
          b<<=1;
          SDA=CY;
          _nop_();
          SCL=1;
          NOP4();
```

```
        SCL=4;
    }
    RACK();
}

void Write_IIC(uchar addr,uchar dat)              //向 AT24C02 写一个字节
{
    Start();
    Write_A_Byte(0xa0);
    Write_A_Byte(addr);
    Write_A_Byte(dat);
    Stop();
    DelayMS(10);
}

uchar Read_A_Byte()                               //读一个字节数据
{
    uchar i,b;
    for(i=0;i<8;i++)
    {
        SCL=1;
        b<<=1;
        b|=SDA;
        SCL=0;
    }
    return b;
}

uchar Read_Current()                              //读取当前数据
{
    uchar d;
    Start();
    Write_A_Byte(0xa1);
    d=Read_A_Byte();
    NO_ACK();
    Stop();
    return d;
}
```

```
uchar Random_Read(uchar addr)                        //读指定地址的字节数据
{
    Start();
    Write_A_Byte(0xa0);
    Write_A_Byte(addr);
    Stop();
    return Read_Current();
}

void T0_INT() interrupt 1                            //定时器 0 中断
{
    SPK=~SPK;
    TH0=HI_LIST[sidx];
    TL0=LO_LIST[sidx];
}

void main()
{
    uchar i;
    IE=0x82;                                         //开定时器 0 中断
    TMOD=0x00;                                       //定时器工作方式
    for(i=0;i<14;i++)
    {
        Write_IIC(i,Song_24C04[i]);                  //向存储器 AT24C02 写入音符
    }
    while(1)
    {

        for(i=0;i<15;i++)
        {
            sidx=Random_Read(i);                     //读出音符
            TR0=1;                                   //播放
            DelayMS(300);
        }

    }
}
```

8.2 单总线串行扩展

单总线及相应芯片是美国 Dallas Semiconductor 公司近年推出的新技术，也称为 1-Wire 总线结构。单总线系统定义了一根信号线，总线上的每个器件都能够在合适的时间驱动它，这相当于把计算机的地址线、数据线、控制线合为一根信号线对外进行数据交换，而无须时钟同步线。目前，已有多种器件使用单总线结构，如 A/D 转换器、D/A 转换器、温度传感器等。

单总线技术作用距离在单片机 I/O 直接驱动下可达 200 m，经扩展可达 1 000 m。使用单总线结构可以大大简化电路设计，节约引脚的使用；其允许挂上百个器件，能满足一般测控系统的要求，如环境状态检测系统、实时气象监测系统（自动气象站）、仓库测控系统、农业塑料大棚测控系统、宾馆楼宇监管系统、停车收费系统、考勤管理系统等领域的应用开发。单总线的数据传输有两种模式，通常以 16.3 kbit/s 的速率通信，超速模式可达 142 kbit/s。因此，只能用于对速度要求不高的场合，一般用于 100 kbit/s 以下速率的测控或数据交换系统中。

8.2.1 硬件结构及配置

单总线只有一根数据线，设备、主机或从机通过一个漏极开路或三态端口连接至该数据线，这样允许设备在不发送数据时释放数据总线，以便总线被其他设备所使用。单总线端口为漏极开路，DS18B20 内部方框图如图 8.6 所示。

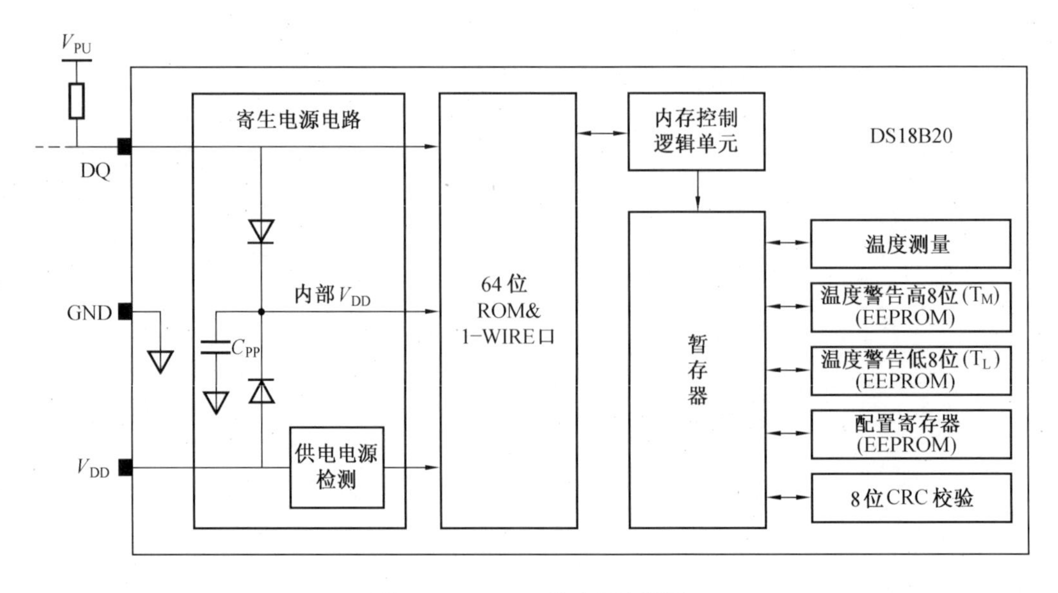

图 8.6　DS18B20 的内部方框图

单总线要求外接一个约 5 kΩ的上拉电阻，以满足单总线的闲置状态为高电平的要求。不论什么原因，如果传输过程需要暂时挂起，且要求传输过程还能够继续的话，则总线必须处于空闲状态。位传输之间的恢复时间没有限制，只要总线在恢复期间处于空闲状态（高电平），如果总线保持低电平超过 480 μs，总线上的所有器件将复位。另外，在寄生方式供电时，为了保证单总线器件在某些工作状态下（如温度转换期间 EEPROM 写入等）具有足够的电源电流，必须在总线上提供强上拉（图 8.6）。

单总线适用于单个主机系统，能够控制一个或多个从机设备。主机可以是微控制器，从机可以是单总线器件，单总线构成的分布式温度监测系统结构图如图 8.7 所示。

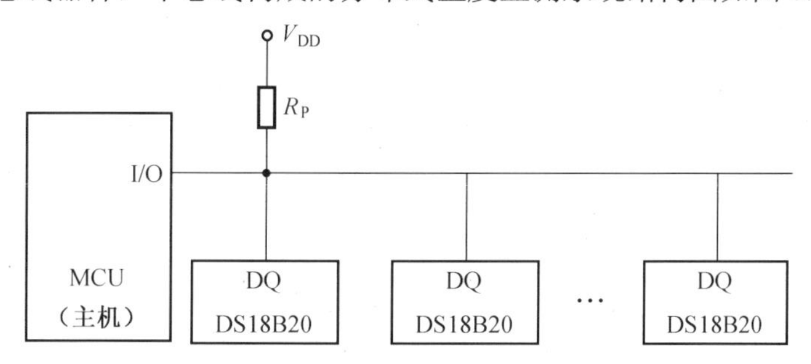

图 8.7　单总线构成的分布式温度监测系统结构图

系统之间的数据交换只通过一条数据线进行。当只有一个从机设备时，系统可按单节点系统操作；当有多个从机设备时，系统按多节点系统操作。

8.2.2　命令序列

Wire 协议定义了复位脉冲、应答脉冲、写 0、读 0 和读 1 时序等几种信号类型。所有单总线命令序列（初始化 ROM 命令、功能命令）都是由这些基本的信号类型组成的。在这些信号中，除了应答脉冲外，其他均由主机发出同步信号、命令和数据，都是字节的低位在前。

典型的单总线命令序列如下：

①初始化。

②ROM 命令，跟随需要交换的数据。

③功能命令，跟随需要交换的数据。

每次访问单总线器件都必须遵守这个命令序列，如果序列出现混乱，则单总线器件不会响应主机。但是这个准则对于搜索 ROM 命令和报警搜索命令例外，在执行两者中任何一条命令后，主机不能执行其他功能命令，必须返回至第一步。

1. 初始化

单总线上的所有传输都是从初始化开始的，初始化过程由主机发出的复位脉冲和从机响应的应答脉冲组成。应答脉冲使主机知道总线上有从机设备，且准备就绪。

2. ROM 命令

当主机检测到应答脉冲后，发出 ROM 命令，这些命令与各个从机设备的唯一 64 位 ROM 代码相关，允许主机在单总线上连接多个从设备时指定操作某个从设备，使得主机可以操作某个从机设备。这些命令能使主机检测到总线上有多少个从机设备以及设备类型，或者有没有设备处于报警状态。从机设备支持 5 种 ROM 命令，每种命令长度为 8 位。主机在发出功能命令之前，必须发出 ROM 命令。

3. 功能命令

主机发出 ROM 命令，访问指定的从机，接着发出某个功能命令。这些命令允许主机写入或读出从机暂存器、启动工作以及判断从机的供电方式。

【例 8.2】 数码管显示温度（共阳极数码管）如图 8.8 所示。

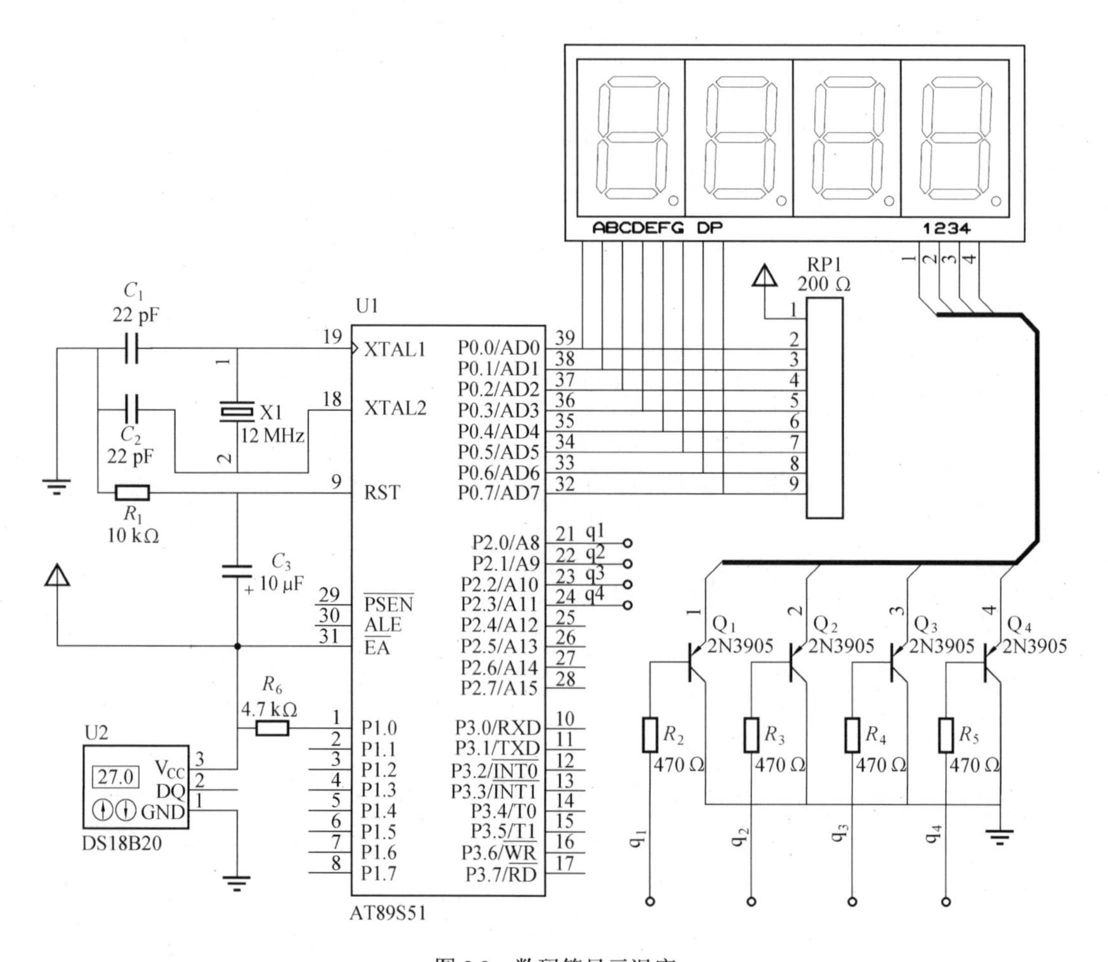

图 8.8 数码管显示温度

数码管显示温度源代码具体如下。

```
#include<reg51.h>
#include"temp.h"
#define duanxuan P0                    //段选端口
#define weixuan P2                     //位选端口
unsigned char code wxcode[4]={0x01,0x02,0x04,0x08};
unsigned char code dxcode[10] =
{0xc0,0xf9,0xa4,0xb0,0x99,0x92,0x82,0xf8,0x80,0x90};

sbit DSPORT=P1^0;
int temp;
void DigDisplay(int);

void Delay1ms(unsigned int y)
{
    unsigned int x;
    for(y;y>0;y--)
        for(x=110;x>0;x--);
}

/*******************************************************************************
* 函数名: Ds18b20Init
* 函数功能: 初始化
* 输入: 无
* 输出: 初始化成功返回 1，失败返回 0
*******************************************************************************/
unsigned char Ds18b20Init()
{
    unsigned int i;
    DSPORT=0;                          //将总线拉低 480~960 μs
    i=70;
    while(i--);                        //延时 642 μs
    DSPORT=1;    //然后拉高总线，如果 DS18B20 做出反应将会在 15~60 μs 后总线拉低
    i=0;
    while(DSPORT)                      //等待 DS18B20 拉低总线
    {
        i++;
```

```
        if(i>5000)                              //等待大于 5 ms
            return 0;                           //初始化失败
    }
    return 1;                                   //初始化成功
}

/*******************************************************************************
* 函数名: Ds18b20WriteByte
* 函数功能: 向 DS18B20 写入一个字节
* 输入: com
* 输出: 无
*******************************************************************************/

void Ds18b20WriteByte(unsigned char dat)
{
    unsigned int i,j;
    for(j=0;j<8;j++)
    {
        DSPORT=0;                               //每写入一位数据之前先把总线拉低 1 μs
        i++;
        DSPORT=dat&0x01;                        //写入一个数据，从最低位开始
        i=6;
        while(i--);                             //延时 68 μs，持续时间最少 60 μs
        DSPORT=1;                   //释放总线，至少 1 μs 给总线恢复时间才能接着写入第二个数值
        dat>>=1;
        DigDisplay(temp);
    }
}
/*****************************************************************
* 函数名: Ds18b20ReadByte
* 函数功能: 读取一个字节
* 输入: com
* 输出: 无
*****************************************************************/
unsigned char Ds18b20ReadByte()
{
    unsigned char byte,bi;
    unsigned int i,j;
```

```
        for(j=8;j>0;j--)
        {
            DSPORT=0;                               //将总线拉低 1 μs
            i++;
            DSPORT=1;                               //释放总线
            i++;
            i++;                                    //延时 6 μs 等待数据稳定
            bi=DSPORT;                              //读取数据，从最低位开始读取
            //将 byte 左移一位，然后与上右移 7 位后的 bi，注意移动之后移掉的位补 0
            byte=(byte>>1)|(bi<<7);
            i=4;                                    //读取完之后等待 48 μs 再接着读取下一个数
            while(i--);
            DigDisplay(temp);
        }
        return byte;
}
/*******************************************************************
* 函数名: Ds18b20ChangTemp
* 函数功能: 让 DS18B20 开始转换温度
* 输入: com
* 输出: 无
*******************************************************************/

void   Ds18b20ChangTemp()
{
        int i = 50;
        Ds18b20Init();
        Delay1ms(1);
        Ds18b20WriteByte(0xcc);                         //跳过 ROM 操作命令
        Ds18b20WriteByte(0x44);                         //温度转换命令

        while(i != 0)
        {
            i--;
            DigDisplay(temp);


        }
}
```

```
/*******************************************************************************
* 函数名: Ds18b20ReadTempCom
* 函数功能: 发送读取温度命令
* 输入: com
* 输出: 无
*******************************************************************************/

void   Ds18b20ReadTempCom()
{
     Ds18b20Init();
     Delay1ms(1);
     Ds18b20WriteByte(0xcc);          //跳过 ROM 操作命令
     Ds18b20WriteByte(0xbe);          //发送读取温度命令
}
/*******************************************************************************
* 函数名: Ds18b20ReadTemp
* 函数功能: 读取温度
* 输入: com
* 输出: 无
*******************************************************************************/

int Ds18b20ReadTemp()
{
     int temp=0;
     unsigned char tmh,tml;
     Ds18b20ChangTemp();              //写入转换命令
     Ds18b20ReadTempCom();            //等待转换完后发送读取温度命令
     tml=Ds18b20ReadByte();           //读取温度值共 16 位，先读低字节
     tmh=Ds18b20ReadByte();           //再读高字节
     temp=tmh;
     temp<<=8;
     temp|=tml;
     return temp;
}

void main()
{
```

```
	int tp;
	int i= 0;
	while(1)
	{
		temp = Ds18b20ReadTemp();
		if(temp < 0)
		{
			temp=temp-1;
			temp=~temp;
			tp=temp;
			temp=tp*0.0625*100+0.5;
		}
		else
		{
			tp=temp;
			temp=tp*0.0625*100+0.5;
		}
	DigDisplay(temp);
	}
}

void DigDisplay(int temp)                      //数码管显示
{
	int bai;
	int shi;
	int ge;
	int yi;

	unsigned char i;
	unsigned int j;

	bai = temp / 10000;
	shi = temp % 10000 / 1000;
	ge = temp % 1000 / 100;
	yi = temp % 100 / 10;
	for(i=0; i<5; i++)
	{
		weixuan = wxcode[i];
```

```
            duanxuan = 0xff;
            if(i == 0)
            {
                duanxuan = dxcode[bai];
            }
            if(i == 1)
            {
                duanxuan = dxcode[shi];
            }
            if(i == 2)
            {

                duanxuan = dxcode[ge]&0x7f;
            }
            if(i == 3)
            {
                duanxuan = dxcode[yi];
            }
            j=10;
            while(j--);
            duanxuan=0xff;
        }
}
```

8.3　SPI 总线串行扩展

串行外设接口（Serial Peripheral Interface，SPI）总线是由摩托罗拉公司提出的一种同步串行外围设备接口总线，主要用于微控制器和外围设备之间的串行传输。SPI 也能在多主设备系统中进行处理器的通信。外围设备可以是简单普通的 TTL 移位寄存器，也可以是复杂完整的从系统，如 LCD 显示驱动器、A/D 转换器系统等。

8.3.1　SPI 总线

SPI 总线包含 4 条线，分别是串行时钟（SCLK）、主输出从输入（MOSI）、主输入从输出（MISO）、从设备选择（SS）。SPI 总线主从器件之间的连接如图 8.9 所示。

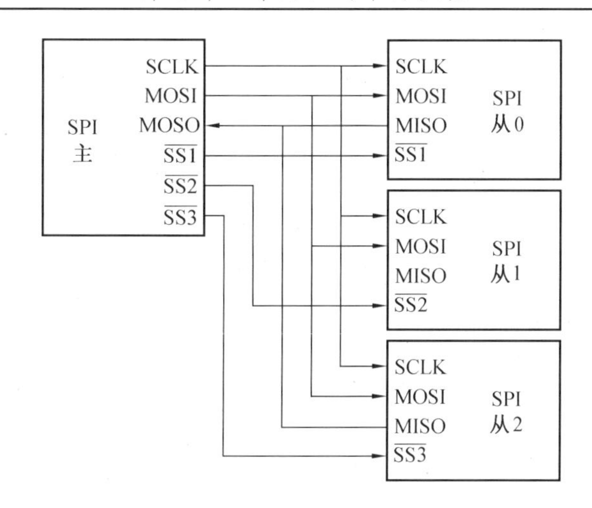

图 8.9　SPI 总线主从器件之间的连接

总线系统中所有的 SCLK、MOSI、MISO 引脚要连在一起。系统中只有一个 SPI 设备可做主设备，其他连在总线上的 SPI 设备为从设备。主设备将它的 SCLK 和 MOSI、MISO 分别连到从设备的 SCLK 和 MOSI、MISO 端。

SPI 串行接口主要用于短距离的主机与从机的数据传送，具有连接电路简单、使用方便等优点，为实现主机和从机及从外围设备的通信提供了一种简单易行的方案。

SPI 总线由 4 根主要的信号线组成，以实现数据在主设备（Master）和从设备（Slave）之间的全双工（收、发同时执行）同步（由时钟同步）通信。

①SCLK 为串行时钟（由主设备输出），每个时钟周期将会移出一个新的数据位。

②MOSI 为主设备输出、从设备输入，数据由主设备进入从设备，器件 A 上的 MOSI 线连接到器件 B 上的 MOSI 线。

③MISO 为主设备输入、从设备输出，数据由从设备送到主设备（或其他从设备，采用菊花链配置），器件 A 上的 MISO 线连接到器件 B 上的 MISO 线。

④SS（或 SSN）为从设备选择（低电平有效），用于主设备控制从设备，当该从选择信号线有效的时候表示主设备正在向相应的从设备发送数据或从相应的从设备请求数据。

SPI 端口管脚的名字也有其他的称呼，不同的芯片公司称呼不同，例如：

①串行时钟 SCLK 其他的称呼有 SCK、CLK。

②主输出从输入 MOSI 其他的称呼有 SIMO、SDI（从设备）、DI、DIN、SI、MTST。

③主输入从输出 MISO 其他的称呼有 SOMI、SDO（从设备）、DO、DOUT、SO、MRSR。

④从设备选择 SS 其他的称呼有 SSN、nCS、CS、CSB、CSN、EN、nSS、STE、SYNC。

由于 SPI 未标准化，不同厂商的器件具体的定义不同，有的首先传输最高有效位（MSB），有的则是首先传输最低有效位（LSB），需要认真阅读用到的相应器件的数据手册，以确定正确的数据处理方式。

8.3.2 SPI 总线的优缺点

1. 优点

（1）支持全双工通信。

（2）推挽驱动（跟漏极开路正相反）提供了比较好的信号完整性和较快的速度。

（3）比 I^2C 或 SMBus 吞吐率更高。

（4）协议非常灵活，支持位传输。

（5）不仅限于 8 bit 一个字节的传输。

（6）可任意选择信息大小、内容以及用途。

（7）异常简单的硬件接口。一般来讲 SPI 总线比 I^2C 或 SMBus 需要的功耗更低，因为需要更少的电路（包括上拉电阻）。

（8）没有仲裁机制或相关的失效模式。

（9）从设备采用的是主设备的时钟，不需要精确的晶振。

（10）从设备不需要一个单独的地址，I^2C、GPIB、SCSI 则需要。

（11）不需要收发器。

（12）在一个器件上只用了 4 个管脚，板上走线和布局连接都比并行接口简单很多。

（13）每个设备最多只有一个单独的从设备选择信号（SS、SSN、CSN），其他的都是共享的信号，都是单方向的，非常容易进行电流隔离。

（14）对于时钟的速度没有上限，有进一步提高速度的潜力，很多 MCU 的 SPI 传输速率可以高达 50 Msps（百万抽样/秒），可用于数据采集以及图像的传输。

2. 缺点

（1）与 I^2C 总线相比需要更多的管脚，即便是在只用到 3 根线的情况下。

（2）没有寻址机制，在共享的总线连接时需要通过片选信号支持多个设备的访问。

（3）在从设备侧没有硬件流控机制（主设备一侧可以通过延迟到下一个时钟沿以降低传输的速率）。

（4）从设备无法进行硬件应答（主设备传送的信息无法确定传递到哪里，是否传递成功）。

（5）一般只支持一个主设备（取决于设备的硬件构成）。

（6）没有查错机制。

（7）没有一个正式的标准规范，无法验证一致性。

（8）相对于 RS-232、RS-485 或 CAN-总线，其只能近距离传输。

（9）存在很多的变种，很难找到开发工具（例如主适配卡）支持所有的变种。

（10）SPI 不支持热交换（动态地增加一个节点）。

（11）如果想使用中断，只有通过 SPI 信号以外的其他信号线，或者采用类似 USB1.1 或 2.0 中的周期性查询的欺骗方式进行。

【例 8.3】 51 单片机利用 SPI 读写 25AA320 实例。51 单片机以 SPI 总线读写 MicroChip 的 25AA320 EEPROM 程序，其电路图如图 8.10 所示。

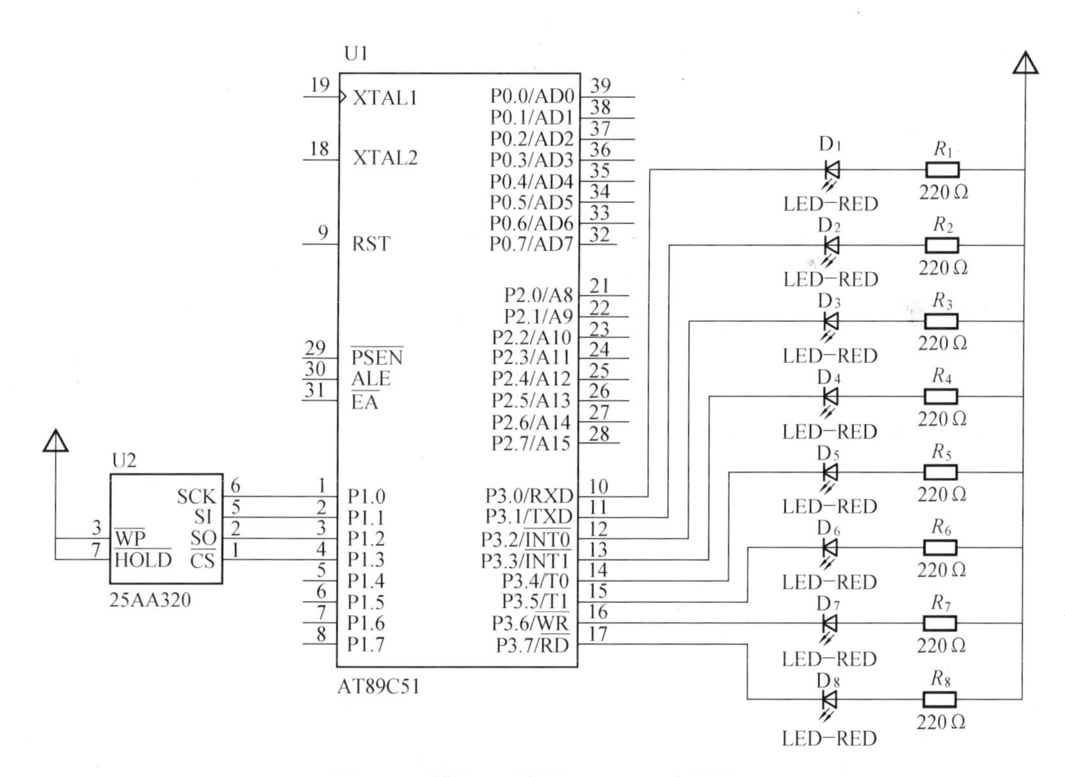

图 8.10　利用 SPI 读写 25AA320 电路图

利用 SPI 读写 25AA320 源程序具体如下。

```
/*********51 单片机以 SPI 总线读写 MicroChip 的 25AA320EEPROM 程序************/
# include <reg51.h>                    //包含单片机寄存器的头文件
# include <intrins.h>                  //包含_nop_()函数定义的头文件
sbit CS=P1^3;
sbit SO=P1^2;
sbit SI=P1^1;
sbit SCK=P1^0;

/************** 延时微秒 ***************/
void delaynus(unsigned char n,unsigned char i)
{
    for(i=0;i<n;i++);
}
/************** 写允许函数 **************/
void wren(unsigned char enable,unsigned char i)
{
    CS=0;
    enable=0x06;
    SCK=0;
    delaynus(1,2);
    for(i=0;i<8;i++)
    {
        SI=enable&0x80;
        delaynus(1,2);
        SCK=1;
        enable<<=1;
        delaynus(1,2);
        SCK=0;
    }
    CS=1;
    delaynus(1,5);
}

/**************** 写禁止函数 ***************/
void wrds(unsigned char dis,unsigned char i)
{
    CS=0;
```

```
        dis=0x04;
        SCK=0;
        delaynus(1,2);
        for(i=0;i<8;i++)
        {
                SI=dis&0x80;
                delaynus(1,2);
                SCK=1;
                dis<<=1;
                delaynus(1,2);
                SCK=0;
        }
        CS=1;
}

/**************** 写指令函数 ***************/
void wrin(unsigned char write,unsigned char i)
{
        CS=0;
        write=0x02;
        SCK=0;
        delaynus(1,2);
        for(i=0;i<8;i++)
        {
                SI=write&0x80;
                delaynus(1,2);
                SCK=1;
                write<<=1;
                delaynus(1,2);
                SCK=0;
        }
}

/*************** 写地址函数 ***************/
void wrad(unsigned char adh,unsigned char adl,unsigned char i)
{
        CS=0;
        SCK=0;
```

```
        delaynus(1,2);
        for(i=0;i<8;i++)
        {
            SI=adh&0x80;
            delaynus(1,2);
            SCK=1;
            adh<<=1;
            delaynus(1,2);
            SCK=0;
        }
        for(i=0;i<8;i++)
        {
            SI=adl&0x80;
            delaynus(1,2);
            SCK=1;
            adl<<=1;
            delaynus(1,2);
            SCK=0;
        }
}

/**************** 写数据函数 ***************/
void wrda(unsigned char i,unsigned char dataa)
{
        CS=0;
        SCK=0;
        delaynus(1,2);
        for(i=0;i<8;i++)
        {
            SI=(dataa&0x80);
            delaynus(1,2);
            SCK=1;
            dataa=(dataa<<1);
            delaynus(1,2);
            SCK=0;
        }
}
```

```
/**************** 读命令函数 ***************/
void rdin(unsigned char read,unsigned char i)
{
        CS=0;
        SCK=0;
        delaynus(1,2);
        read=0x03;
        for(i=0;i<8;i++)
        {
                SI=read&0x80;
                delaynus(1,2);
                SCK=1;
                read=(read<<=1);
                delaynus(1,2);
                SCK=0;
        }
}

/**************** 读数据函数 ***************/
unsigned char rdda()
{
        unsigned char i;
        unsigned char dat=0;
        delaynus(1,2);
        SCK=0;
        CS=0;
        for(i=0;i<8;i++)
        {
                SCK=1;
                dat<<=1;
                if (SO==1)
                dat | =0x01;
                delaynus(1,2);
                SCK=0;
                delaynus(1,2);
        }
        CS=1;
        return dat;
```

```
}

main()
{
      CS=0;
      wren(0x06,0x00);
      wrin(0x02,0);
      wrad(0x00,0x00,0);
      wrda(0,0x80);
      CS=1;
      delaynus(1,20);
      CS=0;
      rdin(0x03,0);
      wrad(0x00,0x00,0);
      delaynus(1,2);
      ACC=rdda();
      P3=ACC;
      CS=1;
      while（1）;
}
```

习题

一、填空题

1. I^2C 的英文缩写为（　　　），是应用广泛的（　　　）总线。I^2C 串行总线只有两条信号线，一条是（　　　），另一条是（　　　）。

2. I^2C 总线上扩展的器件数量不是由（　　　）负载确定的，而是由（　　　）负载确定的。标准的 I^2C 普通模式下，数据的传输速率为（　　　）bit/s，高速模式下可达（　　　）bit/s 。

3. SPI 具有较高的数据传输速度，最高可达（　　　）Mbit/s。

4. SPI 接口是一种（　　　）串行（　　　）接口，允许单片机与多厂家的带有标准 SPI 接口的外围器件直接连接。

5. 单总线系统中配置的各种器件由 DALLAS 公司提供的专用芯片实现。每个芯片都有（　　　）位 ROM，用激光烧写编码，其中存有（　　　）位十进制编码序列号，它是器件的（　　　）编号，确保它挂在总线上后，可唯一被确定。

6. 单总线系统只有一条数据输入/输出线（　　　），总线上的所有器件都挂在该线上，电源也通过这条信号线供给。

7. DS18B20 在 12 位精度时，测温分辨率为（　　　）。

8. DS18B20 是（　　　　　　　　）芯片，在 12 位精度时，其内部寄存器的读数为 0x0550，这个读数代表的温度为（　　　）。

二、简答题

1. I^2C 总线有哪些优点？

2. I^2C 总线的数据传输方向如何控制？

3. 单片机如何对 I^2C 总线中的器件进行寻址？

4. I^2C 总线在数据传送时，应答是如何进行的？

5. 简述 SPI 总线的优缺点。

6. SPI 串行接口在扩展多个 SPI 器件时，单片机如何寻址多个 SPI 器件？

7. 简述 DS18B20 的工作时序。

第 9 章　单片机与 DAC 和 ADC 的接口技术

经数字系统处理后的数字量，有时又要求再转换成模拟量以便实际使用，这种转换称为数模转换。完成数模转换的电路称为数模转换器（Digital to Analog Converter，DAC），又称 D/A 转换器，它是把数字量转变成模拟量的器件。

9.1　D/A 转换器的工作原理

数字量是用代码按数位组合起来表示的，对于有权码，每位代码都有一定的权。为了将数字量转换成模拟量，必须将每一位的代码按其权的大小转换成相应的模拟量，然后将这些模拟量相加，即可得到与数字量成正比的模拟量，从而实现数模转换。

D/A 转换器主要由数字寄存器、模拟电子开关、位权网络、求和运算放大器和基准电压源（或恒流源）组成，用存于数字寄存器的数字量的各位数码，分别控制对应位的模拟电子开关，使数码为 1 的位在位权网络上产生与其位权成正比的电流值，再由运算放大器对各电流值求和，并转换成电压值。

9.1.1　倒 T 形电阻网络 D/A 转换器

D/A 转换器的原理可以用“按权展开，然后相加”来概括，即将数字量中的每一位都按其位权分别转换成模拟量，并通过运算放大器求和相加。数字信号用二进制数来表示数的大小，按照位权的定义原则，每一位二进制代码根据其在数据中的位置不同，分别表示不同的值，为了将数字量转换成模拟量，必须将每一位的代码按其权的大小转换成相应的模拟量，然后将这些模拟量相加，得到与数字量成正比的总模拟量。这就是 D/A 转换器的基本思路。

D/A 转换器基本由 4 部分组成，即权电阻网络、运算放大器、基准电源和模拟开关。可以分为二进制权电阻网络 D/A 转换器、倒 T 形电阻网络 D/A 转换器、权电流型 D/A 转换器等类型。

下面以倒 T 形电阻网络 D/A 转换器为例来说明。

如图 9.1 所示，电阻网络中只有 R、$2R$ 两种阻值的电阻，这为集成电路的设计和制作提供了便利。

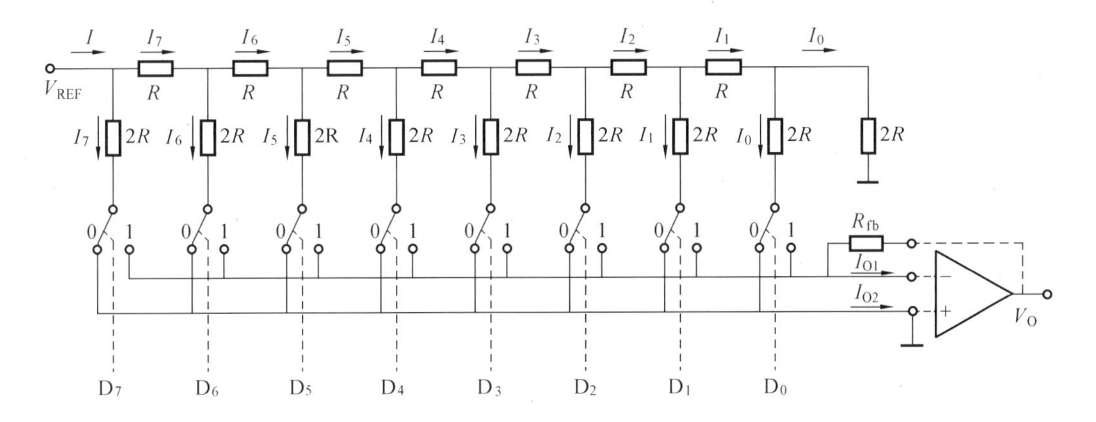

图 9.1　倒 T 形电阻网络 D/A 转换器

以图 9.1 中最顶上一行所示的 I_1～I_7 所在位置的电阻右侧作为观测点，依次分析可以发现，从每一个观测点向右看过去的等效电阻都是 R。因此，根据参考电源流入倒 T 形电阻网络的总电流为 $I=V_{REF}/R$，可得出每个支路的电流分别为

$$I_7 = I/2 = I/2^1$$

$$I_6 = I/4 = I/2^2$$

$$I_5 = I/8 = I/2^3$$

$$I_4 = I/16 = I/2^4$$

$$I_3 = I/32 = I/2^5$$

$$I_2 = I/64 = I/2^6$$

$$I_1 = I/128 = I/2^7$$

$$I_0 = I/256 = I/2^8$$

当输入数据 D_7～D_0 为 1111 1111B 时，得出

$$I_{O1} = I_7 + I_6 + I_5 + I_4 + I_3 + I_2 + I_1 + I_0 = (I/2^8)\times(2^7 + 2^6 + 2^5 + 2^4 + 2^3 + 2^2 + 2^1 + 2^0)$$

$$I_{O2} = 0$$

若 $R_{fb} = R$，则

$$\begin{aligned} V_O &= -I_{O1}\times R_{fb} \\ &= -I_{O1}\times R \\ &= -[(V_{REF}/R)/2^8]\times(2^7 + 2^6 + 2^5 + 2^4 + 2^3 + 2^2 + 2^1 + 2^0)\times R \\ &= -(V_{REF}/2^8)\times(2^7 + 2^6 + 2^5 + 2^4 + 2^3 + 2^2 + 2^1 + 2^0) \end{aligned}$$

9.1.2 D/A 转换器的重要参数

1. 分辨率

D/A 转换器的分辨率定义为在不同的输入数字码值下所有可能输出的模拟电平的个数，N 位分辨率意味着 D/A 转换器能产生 2^N-1 个不同的模拟电平，一般情况下它就指输入数字码的位数。

2. 转换精度

D/A 转换器的精度分为绝对精度和相对精度。绝对精度定义为理想输出和实际输出之间的差值，包括各种失调和非线性误差。相对精度定义为最大积分非线性误差。精度表示为满量程的比例，用有效位数来表示。

注意：精度这个概念和分辨率不相关。绝对精度是指输出模拟电压的实际值与理想值之差，即最大静态转换误差。它是由参考电压 V_{REF} 偏离标准值、运算放大器的零点漂移、模拟开关的压降及电阻值的偏差等所引起的。除此之外，工程应用中要尽可能选用多位数 D/A 转换器，并选用稳定度高的参考电压源和低零漂的运算放大器与之配合。

3. 转换速度

转换速度一般由建立时间决定。建立时间是指数字量为满刻度值（各位全为 1）时，D/A 转换器的模拟输出电压达到某个规定值（如 90%满量程或满量程±1/2 LSB）时所需要的时间。亦即，从输入由全 0 转变为全 1 时开始，到输出模拟信号稳定在满量程（Full Scale Range，FSR）的规定误差范围内所需要的时间。

建立时间是 D/A 转换速率快慢的一个重要参数。它是 D/A 转换器的最大响应时间，所以用它衡量转换速度的快慢。建立时间的数值越大，转换速率越低。不同型号 D/A 转换器的建立时间一般从几毫微秒到几微秒不等。若输出形式是电流，则 D/A 转换器的建立时间很短；若输出形式是电压，D/A 转换器的建立时间主要是输出运算放大器所需要的响应时间。

4. 非线性误差

D/A 转换器的非线性误差定义为实际转换特性曲线与理想特性曲线之间的最大偏差，并以该偏差相对于满量程的百分数度量。转换器电路设计一般要求非线性误差不大于±1/2 LSB 值。

9.2　DAC0832 的使用

9.2.1　DAC0832 简介

DAC0832 是采用 CMOS 工艺制成的单片直流输出型 8 位 D/A 转换器。该 D/A 转换器由 8 位输入锁存器、8 位 DAC 寄存器、8 位 D/A 转换电路及转换控制电路构成。DAC0832 的内部结构如图 9.2 所示。

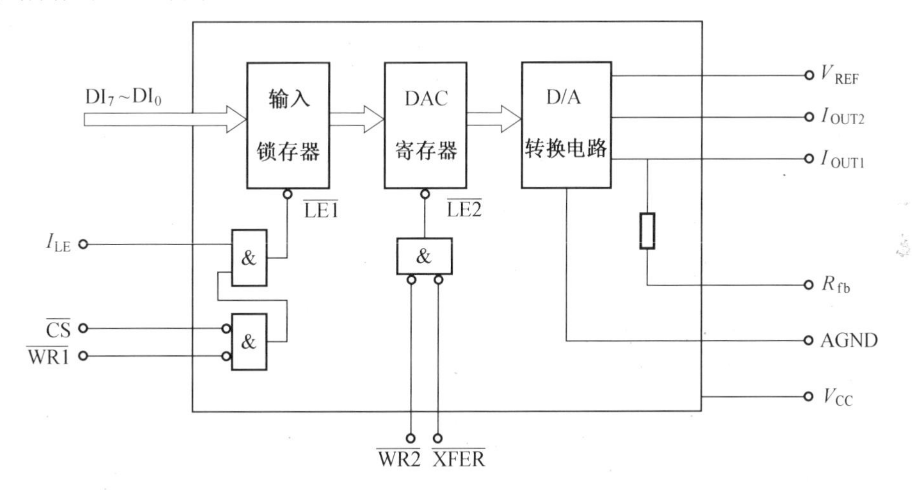

图 9.2　DAC0832 的内部结构

它由倒 T 型 R-2R 电阻网络、模拟开关、运算放大器和参考电压 V_{REF} 组成。运算放大器输出的模拟量为 V_O，输出的模拟量与输入的数字量成正比，这就实现了从数字量到模拟量的转换。DAC0832 的电流开关 R-$2R$ T 型网络如图 9.3 所示。

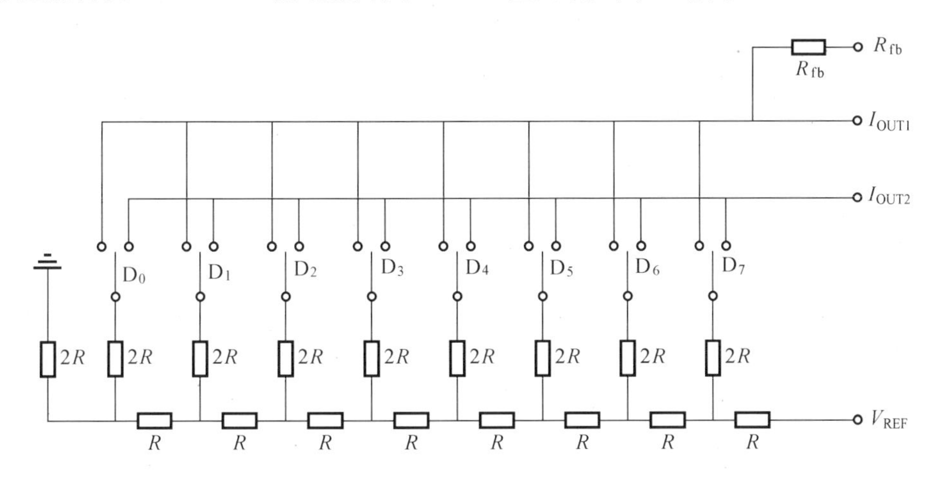

图 9.3　DAC0832 的电流开关 R-$2R$ T 型网络

一个 8 位 D/A 转换器有 8 个输入端（其中每个输入端是 8 位二进制数的一位），有一个模拟输出端。输入可有 2^8=256 个不同的二进制组态，输出为 256 个电压之一，即输出电压不是整个电压范围内的任意值，而是 256 个可能值。Proteus 中的 DAC0832 如图 9.4 所示。

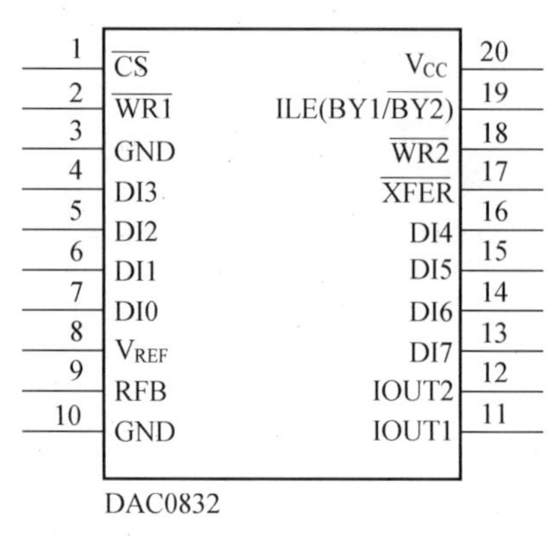

图 9.4　Proteus 中的 DAC0832

图 9.4 中各管角介绍如下。

①DI0～DI7：数字信号输入端。

②ILE：输入寄存器允许，高电平有效。

③$\overline{CS}$：片选信号，低电平有效。

④$\overline{WR1}$：写信号 1，低电平有效。

⑤$\overline{XFER}$：传送控制信号，低电平有效。

⑥$\overline{WR2}$：写信号 2，低电平有效。

⑦IOUT1、IOUT2：D/A 转换器电流输出端。

⑧RFB：集成在片内的外接运放的反馈电阻。

⑨V_{REF}：基准电压（-10～10 V）。

⑩V_{CC}：源电压（+5～+15 V）。

⑪AGND：模拟地，图中管脚 3 的 GND。

⑫NGND：数字地，可与 AGND 接在一起使用，图中管脚 10 的 GND。

DAC0832 输出的是电流，一般要求输出是电压，所以还必须经过一个外接的运算放大器（如图 9.1 中的虚线连接部分），以便转换成输出电压。

9.2.2　DAC0832 应用案例

【例 9.1】　基于 AT89S52 单片机和 DAC0832 的信号发生器。

分析：DAC0832 是 8 位全 MOS 中速 D/A 转换器，采用 R-2R T 形电阻解码网络，转换结果为一对差动电流输出，转换时间为 1 μs。使用单电源 5～15 V 供电，参考电压为-10～10 V。DAC0832 有 3 种工作方式：直通方式、单缓冲方式和双缓冲方式。在此选择直通的工作方式。基于 AT89C51 单片机和 DAC0832 的信号发生器如图 9.5 所示。

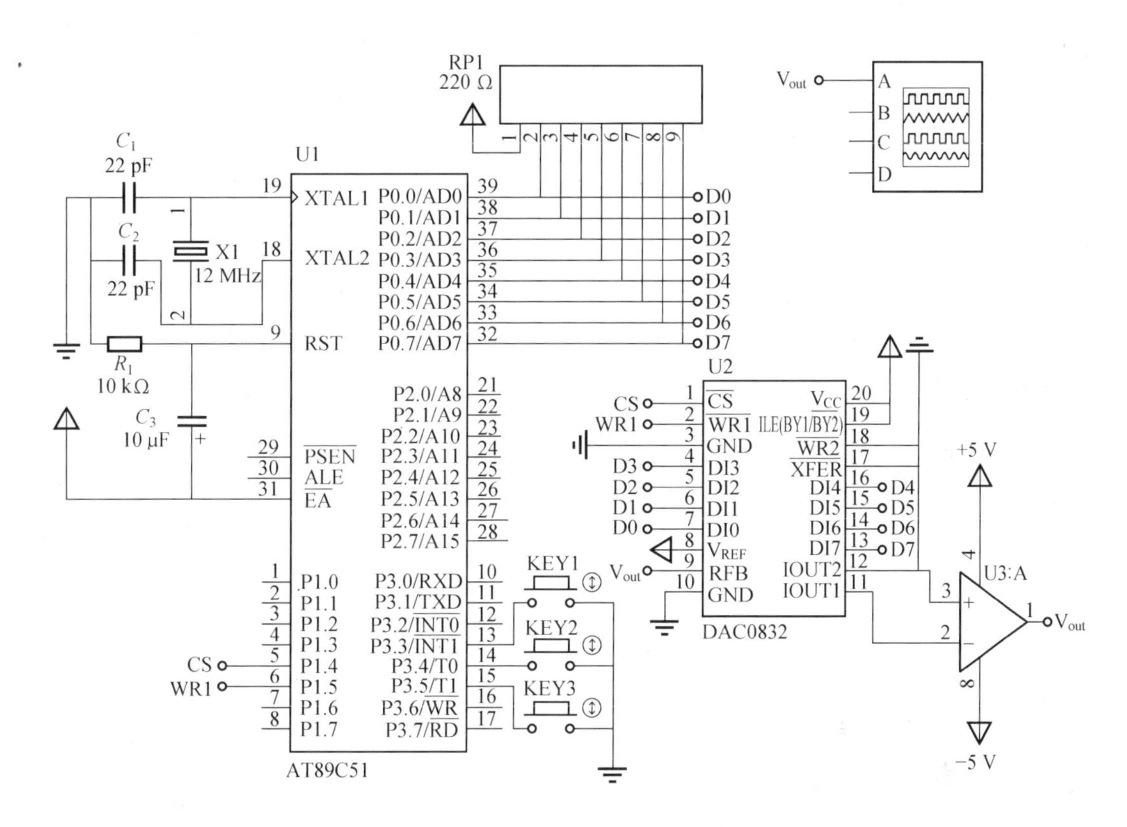

图 9.5　基于 AT89C51 单片机和 DAC0832 的信号发生器

基于 AT89C51 单片机和 DAC0832 的信号发生器源代码具体如下。

```
//main.c 文件
#include "reg52.h"
#include "init.h"
#include "single.h"
#include "delay.h"
#include "Key.h"

int main(void)
{
    unsigned char Model=0;              //0-方波，1-三角波，2-锯齿波，3-正弦波
    unsigned int Count=0;               //计数器
    unsigned int Squ_Per=256;
```

```
unsigned int Tri_Per=256;
unsigned int Saw_Per=256;
unsigned int Sin_Per=256;
init();
while(1)
{
    while(Model==0)
    {
        Square_wave(Squ_Per,&Count);
        Count+=4;
        Squ_Per=Key_Plus(Squ_Per);
        Squ_Per=Key_Subc(Squ_Per);
        //每次退出当前 while 时记得复原 Period 和 Count 的数据
        Model=Key_Model(Model,&Squ_Per,&Count);
    }
    while(Model==1)
    {
        Triangle_wave(Tri_Per,&Count);
        Count+=4;
        Tri_Per=Key_Plus(Tri_Per);
        Tri_Per=Key_Subc(Tri_Per);
        Model=Key_Model(Model,&Tri_Per,&Count);
    }
    while(Model==2)
    {
        Sawtooth_wave(Saw_Per,&Count);
        Count+=4;
        Saw_Per=Key_Plus(Saw_Per);
        Saw_Per=Key_Subc(Saw_Per);
        Model=Key_Model(Model,&Saw_Per,&Count);
    }
    while(Model==3)
    {
        Sin_wave(Sin_Per,&Count);
        Count+=4;
        Sin_Per=Key_Plus(Sin_Per);
        Sin_Per=Key_Subc(Sin_Per);
        Model=Key_Model(Model,&Sin_Per,&Count);
```

```
        }
    }
     return 0;
}

//init.c 文件
#include "reg52.h"
sbit CS_DAC=P1^5;                    //DAC0832 的片选端口
sbit WR_DAC=P1^6;                    //DAC0832 的数据写入端口
extern void init(void)
{
    P0=0xff;
    P1=0xff;
    P2=0xff;
    P3=0xff;
    CS_DAC=0;                        //一直选中 DAC0832，因为低电平有效
    WR_DAC=0;                        //一直写入数据到 DAC0832
}

//single.c 文件
#include "reg52.h"
#include "single.h"
#include "delay.h"
#define DATA P0

void Square_wave(unsigned int Per,unsigned int *Count)
{
    if(*Count>=Per) *Count=0;
    if(*Count<Per/2)
    {
        DATA=0x00;
    }
    else
    {
        DATA=0xff;
    }
}
void Triangle_wave(unsigned int Per,unsigned int *Count)
```

```
{
    if(*Count>=Per) *Count=0;
    if(*Count<Per/2)
    {
        DATA=*Count;
    }
    else
    {
        DATA=Per-*Count;
    }
}
void Sawtooth_wave(unsigned int Per,unsigned int *Count)
{
    if(*Count>=Per) *Count=0;
    if(*Count<Per)
    {
        DATA=*Count;
    }
}
void Sin_wave(unsigned int Per,unsigned int *Count)
{
    if(*Count>Per) *Count=0;
    if(*Count<Per/2)
    {
        DATA=*Count;
    }
    else if(*Count==Per/2)
    {
        delay(100);
    }
    else if(*Count<Per)
    {
        DATA=Per-*Count;
    }
    else if(*Count==Per)
    {
        delay(100);
    }
```

```
}

//Key.c 文件
#include "Key.h"
#include "delay.h"
sbit key1=P3^3;                          //改变波形
sbit key2=P3^4;                          //增加频率
sbit key3=P3^5;                          //减小频率

unsigned char Key_Model(unsigned char Model,unsigned int *Pre,unsigned int *Count)
{
    if(key1==0)
    {
        delay(10);
        if(key1==0)
        {
            Model=Model+1;
            *Pre=256;
            *Count=0;
        }
    }
    while(key1==0);
    if(Model>3)
    {
        Model=0;
    }
    return Model;
}
unsigned int Key_Plus(unsigned int Per)
{
    if(key2==0)
    {
        delay(10);
        if(key2==0)
        {
            Per=Per+8;
        }
    }
```

```
        while(key2==0);
        if(Per>256)
        {
            Per=0;
        }
        return Per;
    }

    unsigned int Key_Subc(unsigned int Per)
    {
        if(key3==0)
        {
            delay(10);
            if(key3==0)
            {
                Per=Per-8;
            }
        }
        while(key3==0);
        if(Per<0)
        {
            Per=256;
        }
        return Per;
    }

    //delay.c 文件：
    void delay(unsigned int r)
    {
        unsigned int i,j;
        for(i=r;i>0;i--)
        for(j=110;j>0;j--);
    }

    //init.h 文件：
    #ifndef __INIT_H_
    #define __INIT_H_
    extern void init(void);
```

```
#endif

//single.h 文件
#ifndef __SINGLE_H_
#define __SINGLE_H_
void Square_wave(unsigned int Per,unsigned int *Count);
void Triangle_wave(unsigned int Per,unsigned int *Count);
void Sawtooth_wave(unsigned int Per,unsigned int *Count);
void Sin_wave(unsigned int Per,unsigned int *Count);
#endif

//Key.h 文件
#ifndef __KEY_H_
#define __KEY_H_
#include "reg52.h"
unsigned char Key_Model(unsigned char Model,unsigned int *Pre,unsigned int *Count);
unsigned int Key_Plus(unsigned int Per);
unsigned int Key_Subc(unsigned int Per);
#endif

//delay.h 文件
#ifndef __DELAY_H_
#define __DELAY_H_
#include <intrins.h>

#define NOP() _nop_()

void delay(unsigned int r);
#endif
```

9.3　A/D 转换器

9.3.1　A/D 转换器的工作原理

A/D 转换器即模/数转换器（Analog-to-digital Converter，ADC）是用于将模拟形式的连续信号转换为数字形式的离散信号的设备，与之相对应的设备为 D/A 转换器。典型的 A/D 转换器将模拟信号转换为表示一定比例电压值的数字信号。

输入端的模拟电压，经采样、保持、量化和编码处理后，转换成对应的二进制编码输出，A/D 转换器转换示意图如图 9.6 所示。

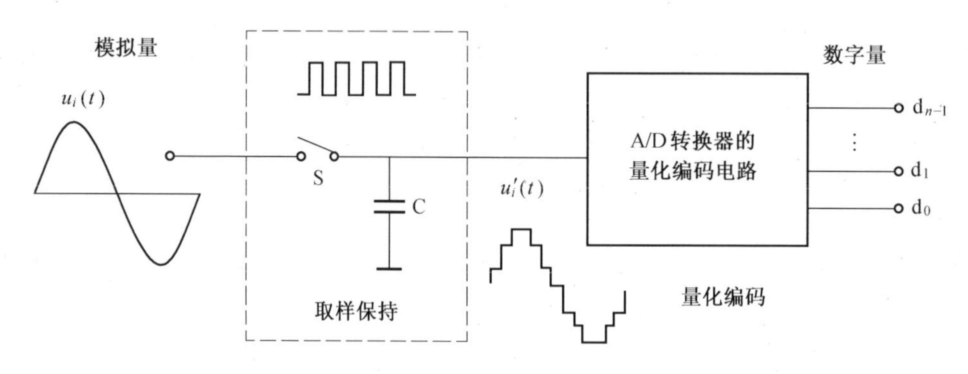

图 9.6　A/D 转换器转换示意图

A/D 转换器（亦可简称为 AD）可分为以下几种类型：积分型、逐次逼近型、并行比较型/串并行比较型、Σ−Δ 调制型、电容阵列逐次比较型及压频变换型。

1. 积分型

积分型 A/D 转换器工作原理是将输入电压转换成时间（脉冲宽度信号）或频率（脉冲频率），然后由定时器/计数器获得数字值。其优点是用简单电路就能获得高分辨率，抗干扰能力强（为何抗干扰性强?原因假设一个对于零点正负的白噪声干扰，显然一积分后结果为 0，则会滤掉该噪声），但缺点是由于转换精度依赖于积分时间，因此转换速率极低。初期的单片 A/D 转换器大多采用积分型，现在逐次比较型已逐步成为主流。

2. 逐次逼近型

逐次逼近型 A/D 转换器由一个比较器和 D/A 转换器通过逐次比较逻辑构成，从 MSB 开始，顺序地对每一位将输入电压与内置 D/A 转换器输出进行比较，经 n 次比较而输出数字值。其电路规模属于中等，优点是速度较高、功耗低，在低分辨率（小于 12 位）时价格便宜，但高精度（大于 12 位）时价格很高。

3. 并行比较型/串并行比较型

并行比较型 A/D 转换器采用多个比较器，仅做一次比较而实行转换，又称快速（flash）型。由于转换速率极高，n 位的转换需要 $2n-1$ 个比较器，因此电路规模也极大，价格也高，只适用于视频 A/D 转换器等速度特别高的领域。

串并行比较型 A/D 转换器结构上介于并行比较型和逐次逼近型之间，最典型的是由两个 $n/2$ 位的并行比较型 A/D 转换器配合 D/A 转换器组成，用两次比较实行转换，所以称为半快速（half flash）型。还有分成三步或多步实现 A/D 转换的称为分级（multistep/subrangling）型 A/D 转换器，而从转换时序角度又可称为流水线（pipelined）型 A/D 转换器，现代的分级型 A/D 转换器中还加入了对多次转换结果做数字运算而修正特性等功能。这类 A/D 转换器速度比逐次比较型高，电路规模比并行比较型小。

4. Σ-Δ 调制型

Σ-Δ（Sigma delta）调制型 A/D 转换器由积分器、比较器、1 位 D/A 转换器和数字滤波器等组成。原理上近似于积分型，将输入电压转换成时间（脉冲宽度）信号，用数字滤波器处理后得到数字值。电路的数字部分基本上容易单片化，因此容易做到高分辨率。其主要用于音频和测量（如 AD7705）。

5. 电容阵列逐次比较型

电容阵列逐次比较型 A/D 转换器在内置 D/A 转换器中采用电容矩阵方式，也可称为电荷再分配型。一般的电阻阵列 D/A 转换器中多数电阻的值必须一致，在单芯片上生成高精度的电阻并不容易。如果用电容阵列取代电阻阵列，可以用低廉成本制成高精度单片 A/D 转换器。最近的逐次比较型 A/D 转换器大多为电容阵列式的。

6. 压频变换型

压频变换型（voltage-frequency converter）A/D 转换器是通过间接转换方式实现 A/D 转换的。其原理是首先将输入的模拟信号转换成频率，然后用计数器将频率转换成数字量。从理论上讲这种 A/D 转换器的分辨率几乎可以无限增加，只要采样的时间能够满足输出频率分辨率要求的累积脉冲个数的宽度。其优点是分辨率高、功耗低、价格低，但是需要外部计数电路共同完成 A/D 转换（如 AD650）。

9.3.2　逐次逼近型 A/C 转换器的工作原理

A/D 转换器的种类很多，工作原理各异，其中逐次逼近型 A/D 转换器是应用较多的类型之一。在 8FX 系列单片机中配置的就是这种 A/D 转换器。因此，这里就以逐次逼近型 A/D 转换器为代表，讲解其工作原理。

逐次逼近型 A/D 转换器以 D/A 转换器为基础，再加上模拟电压比较器、逐次逼近寄存器、置数控制逻辑以及输出缓冲器组成，其结构图如图 9.7 所示。

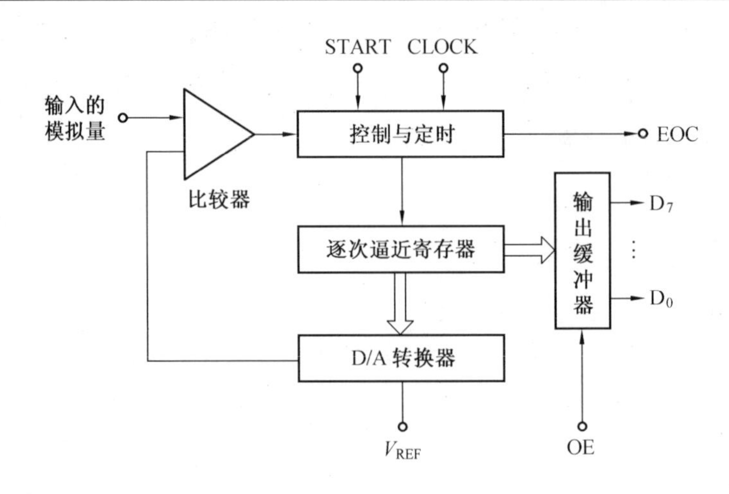

图 9.7　逐次逼近型 A/D 转换器的结构

转换过程中的逐次逼近就是按照对分比较或者对分搜索的原理进行的，其信号转换的工作原理如下。

逐次逼近型 A/D 转换器由比较器、D/A 转换器、缓冲寄存器和若干控制逻辑电路构成。原理是从高位到低位逐位比较。首先将缓冲寄存器各位清零；转换开始后，先将寄存器最高位置 1，把值送入 D/A 转换器，经 D/A 转换后的模拟量送入比较器，称为 V_O，与比较器的待转换的模拟量 V_I 比较，若 $V_O<V_I$，该位被保留，否则被清零。然后，再置寄存器次高位为 1，将寄存器中新的数字量送 D/A 转换器，输出的 V_O 再与 V_I 比较，若 $V_O<V_I$，该位被保留，否则被清零。循环此过程，直到寄存器最低位，得到数字量的输出。

下面的例子中，假设 8 位 A/D 转换器的模拟输入电压为 V_I =3.427 5 V，参考电压 V_{REF}= 5.0 V，转换完成后输出的数字量为 1011 0000。其转换过程如图 9.8～9.11 所示。

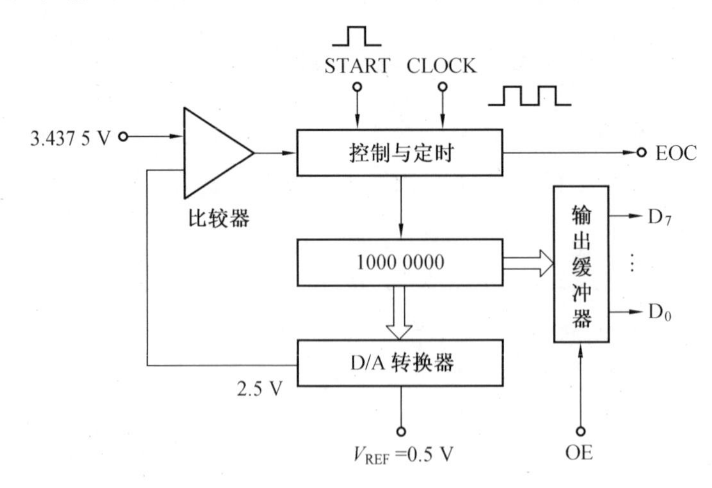

图 9.8　A/D 转换器转换开始（数字量 1000 0000 对应的模拟量 2.5 V 小于 V_I）

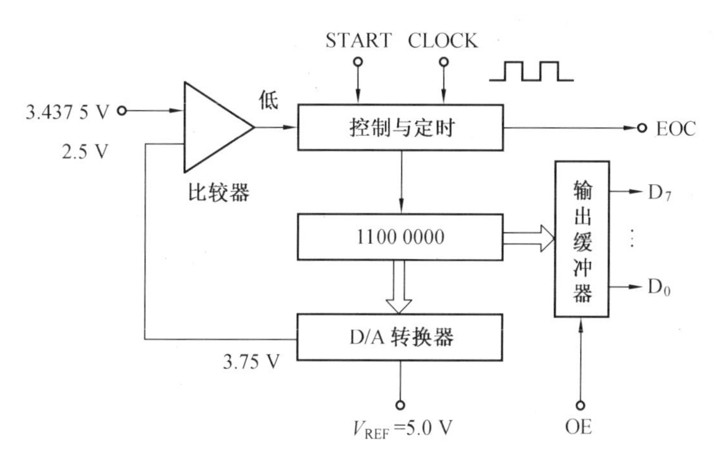

图 9.9　数字量调整为 1100 0000（对应的模拟量 3.75 V 大于 V_I）

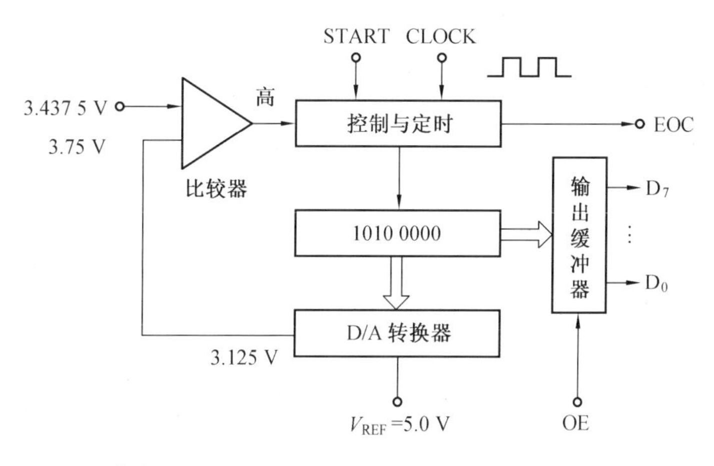

图 9.10　数字量调整为 1010 0000（对应的模拟量 3.125 V 小于 V_I）

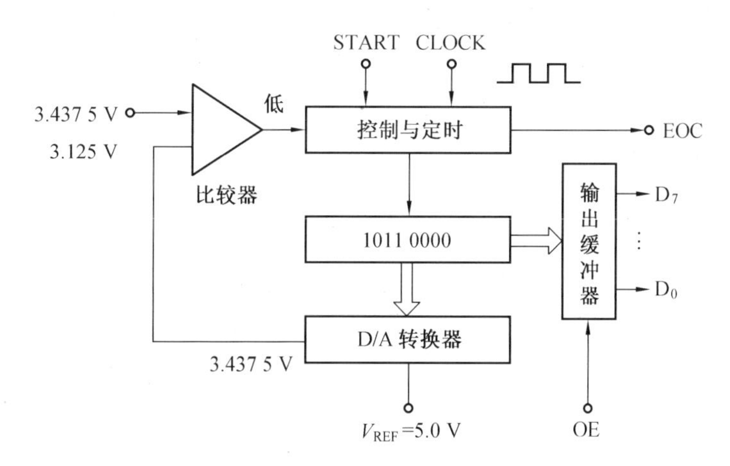

图 9.11　数字量调整为 1011 0000（对应的模拟量 3.437 5 V 等于 V_I）

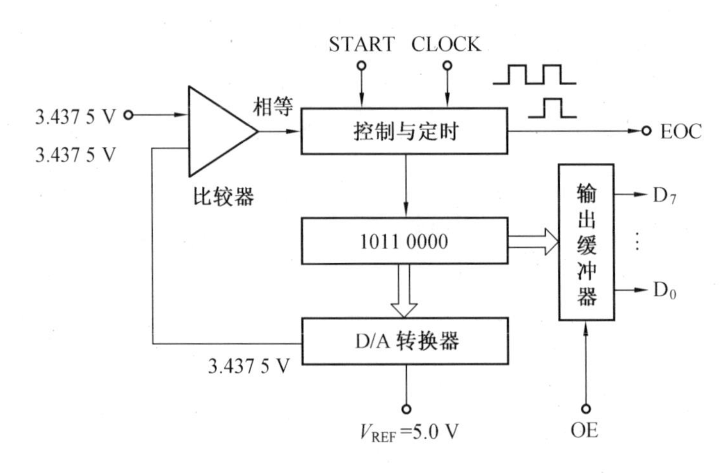

图 9.12 A/D 转换器转换完成（EOC=1，允许数字量输出）

A/D 转换器的主要特性参数有以下几点。

1. 分辨率

A/D 转换器的分辨率通常以输出二进制数的位数表示，说明 A/D 转换器对输入信号的分辨能力。理论上 A/D 转换器的每位输出能区分两个输入模拟电压信号的不同等级，在最大输入电压一定时，位数越多，分辨率越高。

A/D 转换器模块一般有 8 位、10 位、12 位、16 位和 24 位。以 5 V 的 A/D 转换器模块为例进行介绍：

①8 位：把 0～5 V 分成 256 份，每份表示 5/256=0.02 V。

②10 位：把 0～5 V 分成 1 024 份，每份表示 5/1 024=0.005 V。

③12 位：把 0～5 V 分成 4 096 份，每份表示 5/4 096=0.001 2 V。

④16 位：把 0～5 V 分成 65 536 份，每份表示 5/65 536=0.000 076 V。

⑤24 位：把 0～5 V 分成 16 777 215 份，每份表示 5/16 777 215=0.000 000 23 V。

2. 量化误差

由于 A/D 转换器的有限分辨率而引起的误差，即有限分辨率 A/D 转换器的阶梯状转移特性曲线与无限分辨率 A/D 转换器（理想 A/D 转换器）的转移特性曲线（直线）之间的最大偏差。通常是 1 个或半个最小数字量的模拟变化量，表示为 1 LSB 或 1/2 LSB。

引起 A/D 转换器量化误差的原因除了量化误差外，还有设备误差，包括失调误差、增益误差和非线性误差等。另外，它和分辨率是不同的概念。量化误差指的是转换结果相对于理论值的准确度；而分辨率指的是能对转换结果产生影响的最小输入量。即使是分辨率高的 A/D 转换器也可能因为设备误差的存在而使得量化误差很大，这两个参数要精心设计和协调。

3. 转换速率

转换速率是指完成一次 A/D 转换所需的时间的倒数。积分型 A/D 转换器的转换时间是毫秒级，属低速 A/D 转换器；逐次逼近型 A/D 转换器的转换时间是微秒级，属中速 A/D 转换器；全并行/串并行型 A/D 转换器的转换时间可达纳秒级。采样时间则是另外一个概念，其是指两次转换的间隔。为了保证转换的正确完成，采样速率（sample rate）必须小于或等于转换速率。因此有人习惯上将转换速率在数值上等同于采样速率也是可以接受的。常用单位是 ksps 和 Msps，表示每秒采样千/百万次（kilo/million samples per second）。

4. 偏移误差

偏移误差是输入信号为零时输出信号不为零的值，可外接电位器调至最小。

5. 满刻度误差

满刻度误差是满刻度输出时对应的输入信号与理想输入信号值之差。

6. 线性度

线性度是实际转换器的转移函数与理想直线的最大偏移，不包括以上三种误差。

9.4　ADC0808 的使用

ADC0808 是含 8 位 A/D 转换器、8 路多路开关，与微型计算机兼容的控制逻辑的 CMOS 组件，其转换方法为逐次逼近型。ADC0808 的精度为 1/2LSB。在 A/D 转换器内部有一个高阻抗斩波稳定比较器、一个带模拟开关树组的 256 电阻分压器，以及一个逐次逼近型寄存器。8 路模拟开关的通断由地址锁存器和译码器控制，可以在 8 个通道中访问任意一个单边的模拟信号。

1. 主要技术指标和特性

（1）分辨率：8 位。

（2）总不可调误差：ADC0808 为±2LSB，ADC0809 为±1LSB。

（3）转换时间：取决于芯片时钟频率，如 CLK=500 kHz 时，TCONV=128 μs。

（4）单一电源：+5 V。

（5）模拟输入电压范围：单极性为 0～5 V；双极性为±5 V、±10 V（需外加一定电路）。

（6）具有可控三态输出缓存器。

（7）启动转换控制为脉冲式（正脉冲），上升沿使所有内部寄存器清零，下降沿使 A/D 转换开始。

（8）使用时不需要进行零点和满刻度调节。

2. 内部结构

ADC0808 是 CMOS 单片型逐次逼近型 A/D 转换器，它有 8 路模拟开关、地址锁存与译码器、比较器、8 位开关树型 A/D 转换器。

ADC0808 是 ADC0809 的简化版本，二者功能基本相同。一般在硬件仿真时使用 ADC0808 进行 A/D 转换，实际使用时使用 ADC0809 进行 A/D 转换。

3. 外部特性（引脚功能）

ADC0808 芯片有 28 条引脚，采用双列直插式封装，如图 9.13 所示。

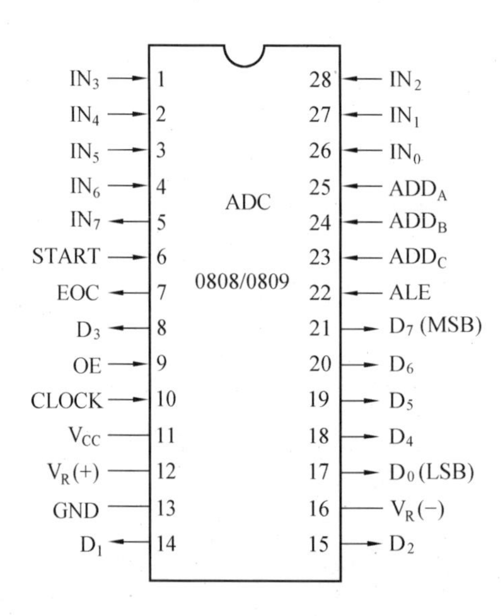

图 9.13　双列直插式封装的引脚分配

图 9.13 中各引脚功能说明如下。

①IN_0～IN_7：8 路模拟量输入端。

②D_0～D_7：8 位数字量输出端。

③ALE：地址锁存允许信号，输入端，高电平有效。

④START：A/D 转换启动脉冲输入端，输入一个正脉冲（至少 100 ns 宽）使其启动（脉冲上升沿使 ADC0808 复位，下降沿启动 A/D 转换）。

⑤EOC：A/D 转换结束信号，输出端，当 A/D 转换结束时，此端输出一个高电平（转换期间一直为低电平）。

⑥OE：数据输出允许信号，输入端，高电平有效。当 A/D 转换结束时，此端输入一个高电平，才能打开输出三态门，输出数字量。

⑦CLOCK：时钟脉冲输入端，要求时钟频率不高于 640 kHz。

⑧V_R（+）和 V_R（-）：参考电压输入端。

⑨V_{CC}：主电源输入端。

⑩GND：地。

⑪ADD_A、ADD_B、ADD_C：3 位地址输入线，用于选通 8 路模拟输入中的一路。

【例 9.2】　ADC0808 模数转换与显示。数码管显示模数转换结果如图 9.14 所示。

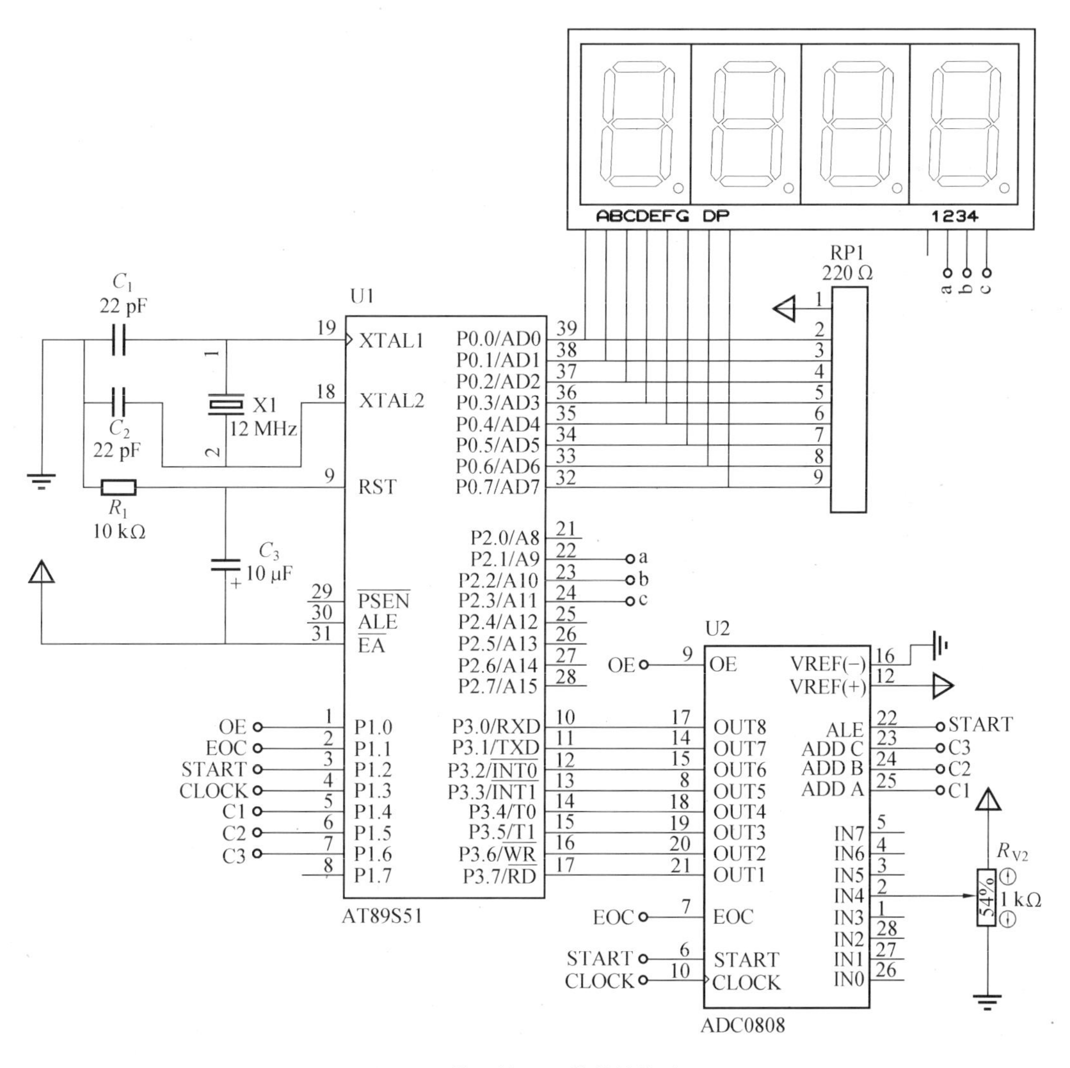

图 9.14　数码管显示模数转换结果

数码管显示模数转换结果源代码具体如下。

```
/*
    名称：用 ADC0808 控制 PWM 输出
    功能：使用数模转换芯片 ADC0808，通过调节可变电阻 RV2 来调节通道，最终显示到数码
管上
*/
#include <reg51.h>
#include <string.h>
#include <intrins.h>
#define uint unsigned int                          //宏定义
#define uchar unsigned char

uchar code table[]={
0x3f,0x06,0x5b,0x4f,
0x66,0x6d,0x7d,0x07,
0x7f,0x6f};

sbit clk = P1^3;                                   //时钟信号
sbit st = P1^2;                                    //启动信号
sbit eoc = P1^1;                                   //转换结束信号
sbit oe = P1^0;                                    //输出使能

void delay(uint z){
    uint x,y;
    for(x = z; x > 0; x--)
        for(y = 114; y > 0; y--);
}

void display_result(uchar d)
{
    P2 = 0xf7;
    P0 = table[d%10];
    delay(5);
    P2 = 0xfb;
    P0 = table[d%100/10];
    delay(5);
    P2 = 0xfd;
    P0 = table[d/100];
```

```
        delay(5);
    }

    void main()
    {
        TMOD = 0x02;                            //T1 工作模式 2
        TH0 = 0x14;
        TL0 = 0x00;
        IE = 0x82;
        TR0 = 1;
        P1 = 0x33;                              //P1.6、P1.5、P1.4 分别为 1、0、0，选通道 4
        while(1)
        {
            st = 0; st = 1; st = 0;             //启动 A/D 转换
            while(eoc==0);                      //等待转换完成
            oe = 1;
            display_result(P3);
            oe = 0;
        }
    }

    void timer0()    interrupt 1
    {
        clk = ~clk;
    }
```

习题

一、填空题

1. 使用双缓冲同步方式的 D/A 转换器，可实现多路模拟信号的（　　）输出。

2. 一个 8 位 A/D 转换器的分辨率是（　　），若基准电压为 5 V，该 A/D 转换器能分辨的最小的电压变化为（　　）。

3. 若单片机发送给 8 位 D/A 转换器 DAC0832 的数字量为 65H，基准电压为 5 V，则 D/A 转换器的输出电压为（　　）。

4. 若A/D转换器ADC0809的基准电压为5 V，输入的模拟信号为2.5 V时，A/D转换后的数字量是（　　）。

5. A/D转换器按转换原理形式可分为计数器式、（　　）式和（　　）式。A/D转换器ADC0809按转换原理分属于（　　）式。

6. 8位的D/A转换器能给出的满量程电压分辨能力为2^8，满量程电压为5 V时的分辨率为（　　）。

二、简答题

1. D/A转换器的主要性能指标都有哪些？设某D/A转换器为二进制12位，满量程输出电压为5 V，试问它的分辨率是多少？

2. A/D转换器有哪些技术指标？

3. 分析A/D转换器产生量化误差的原因。一个8位的A/D转换器，当输入电压为0～5 V时，其最大的量化误差是多少？

4. 在D/A转换器和A/D转换器的主要技术指标中，量化误差、分辨率和精度有何区别？

5. D/A转换器由哪几部分组成？各部分的作用是什么？

6. 单片机控制A/D转换器转换时，程序查询方式与中断控制方式有什么不同？各自的优缺点是什么?

第 10 章　单片机综合应用案例

10.1　智能风扇

本项目要求在仿真环境下实现温度控制风扇转速，且将环境温度和风扇的开关状态在 LCD 上显示。要求在温度小于 25 ℃时，风扇停；温度在 25～50 ℃时，环境温度越高风扇转得越快。

10.1.1　方案选择

在仿真环境下，风扇采用直流电机模拟，利用 DS18B20 获取环境温度值，1602LCD 作为显示器件显示风扇的开关状态和环境温度值。

通常，单片机的端口管脚无法直接驱动直流电动机，因此在单片机和直流电动机之间要增加电机驱动模块。L298 是 SGS 公司的产品，比较常见的是 15 脚 Multiwatt（数瓦特）封装的 L298N，内部同样包含 4 通道逻辑驱动电路，可以方便地驱动两台直流电动机，或一台两相步进电机。智能风扇系统架构如图 10.1 所示。

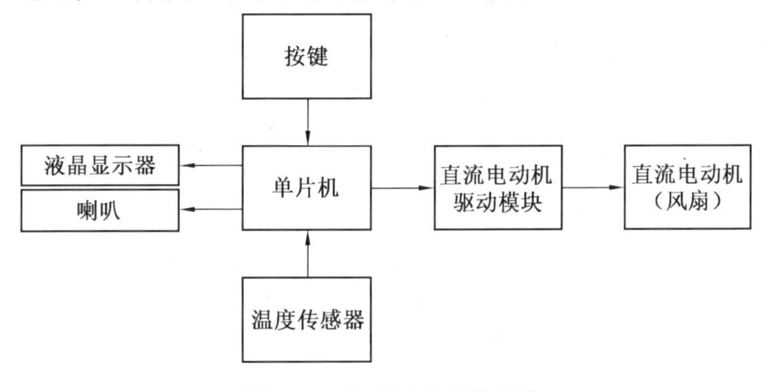

图 10.1　智能风扇系统架构

10.1.2　L298N 芯片简介

L298N 芯片可以驱动两台二相电机，也可以驱动一台四相电机，输出电压最高可达 50 V，可以直接通过电源来调节输出电压，也可以直接用单片机的 I/O 端口提供信号，而且电路简单，使用比较方便。

L298N 可接受标准 TTL 逻辑电平信号 VSS，VSS 可接 4.5～7.0 V 电压。4 脚 V_S 接电源电压，V_S 电压范围 VIH 为＋2.5～46 V。输出电流可达 2.5 A，可驱动电感性负载。1 脚和 15 脚下管的发射极分别单独引出，以便接入电流采样电阻，形成电流传感信号。L298 可驱动两台电动机，OUTPUT1、OUTPUT2 和 OUTPUT3、OUTPUT4 之间可分别接电动机，本实验装置只需驱动一台电动机。5 脚、7 脚、10 脚、12 脚接输入控制电平，控制电动机的正反转；ENABLE A、ENABLE B 接控制使能端，控制电动机的停转。L298N 的管脚分配如图 10.2 所示。L298N 功能模块对直流电动机的控制见表 10.1。

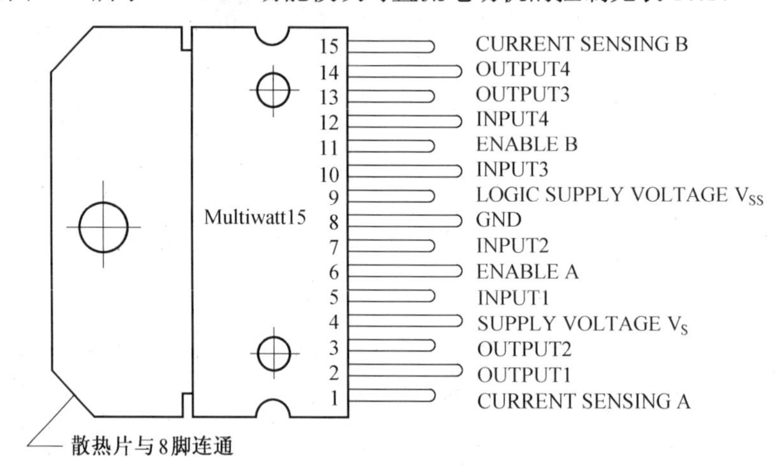

图 10.2　L298N 的管脚分配

表 10.1　L298N 功能模块对直流电动机的控制

ENABLE A	INPUT1	INPUT 2	电动机运行状态
0	×	×	停止
1	1	0	正转
1	0	1	反转
1	1	1	刹停
1	0	0	停止

INPUT3、INPUT 4 的逻辑图与表 10.1 相同。由表 10.1 可知，当 ENABLE A 为低电平时，输入电平对电动机控制不起作用；当 ENABLE A 为高电平时，输入电平为一高一低，电动机正转或反转。同为低电平电动机停止，同为高电平电动机刹停。

10.1.3　智能温控风扇的硬件和软件实现

智能温控风扇的核心是 AT89S52，其系统原理图如图 10.3 所示。MCU 采用 AT89C51，温度传感器采用 DS18B20，直流电动机驱动模块采用 L298，温度和风扇的开关状态在 1602LCD 上显示，报警声可通过喇叭发出。

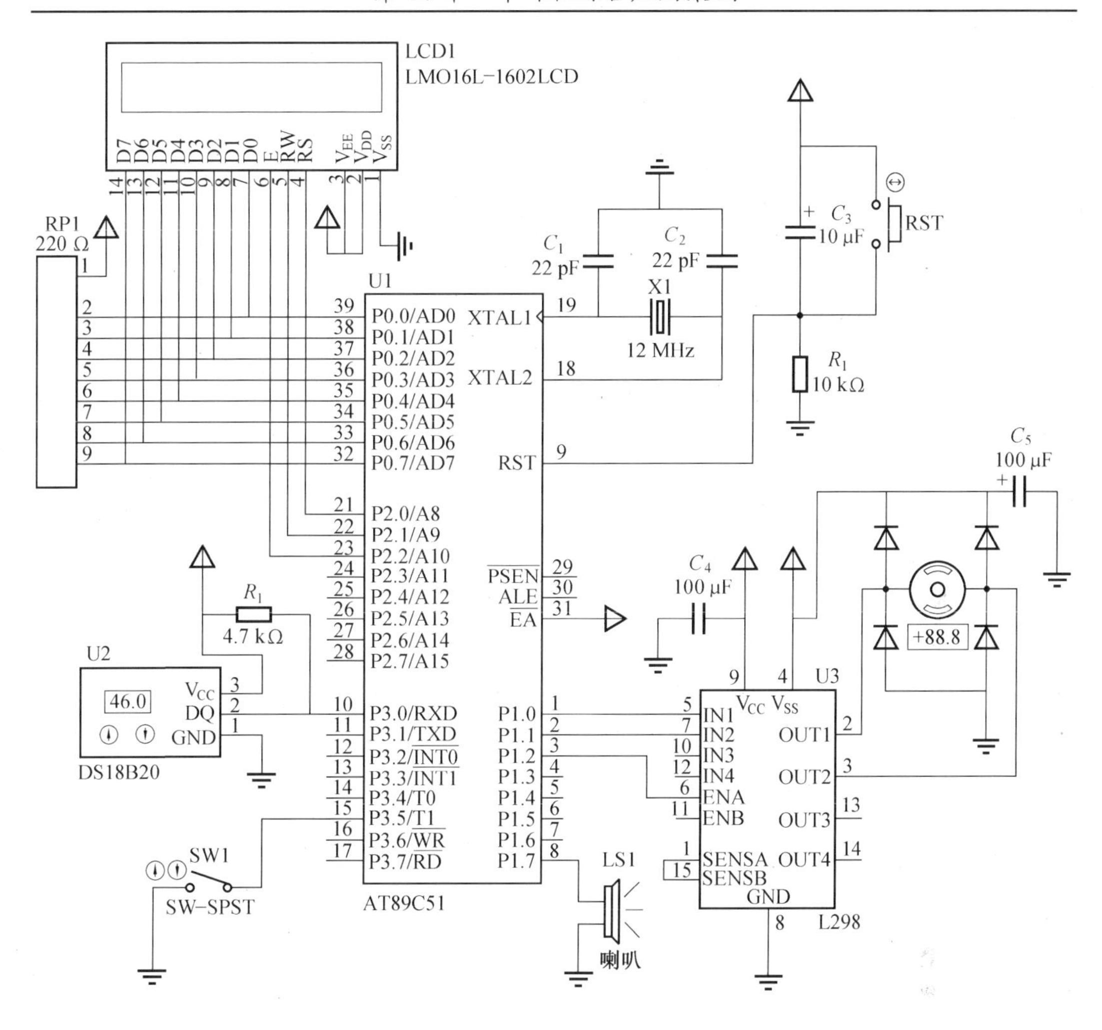

图 10.3　系统原理图

本项目代码的 Keil 工程视图如图 10.4 所示。

- 目标 1
  - 源代码组 1
    - 温度控制直流电动机转速.c
      - reg52.h
      - intrins.h
      - define.h
      - delay.h
      - lcd1602.h
      - ds18b20.h
      - hl_alarm.h

图 10.4　Keil 工程视图

本项目源代码如下：

```
//define.h
#ifndef __DEFINE_H_
#define __DEFINE_H_

#define uchar unsigned char
#define uint unsigned int
sbit MA=P1^0;
sbit MB=P1^1;
sbit PWM=P1^2;
sbit rs=P2^0;
sbit rw=P2^1;
sbit en=P2^2;
sbit DQ=P3^0;
sbit beep=P1^7;
bit DS_OK=1;
uchar buffer_line1[]={" DC Motor "};
uchar buffer_line2[]={" Temp: C "};
uchar code df_tab[]={0,1,1,2,3,3,4,4,5,6,6,7,8,8,9,9};
uchar current=0;
uchar display_digit[]={0,0,0,0};
uchar temp_value[]={0x00,0x00};
uchar back_temp_value[]={0x00,0x00};
char alarm_HL[]={70,-10};
char sign_temp;
bit LO_alarm=0;
bit HI_alarm=0;

#endif

//delay.h
#ifndef __DELAY_H_
#define __DELAY_H_

void delay(uint z)
{
    uint x;
    while(z--)
```

```
            for(x=50;x>0;x--);
}
void delay1(uint y)
{
        uint x;
        while(y--)
            for(x=4500;x>0;x--);
}
void delay_us()
{
        _nop_();
        _nop_();
        _nop_();
        _nop_();
}

void delay_1us(uint x)                                    //延时
{
         while(--x);
}

#endif

//lcd1602.h
#ifndef _LCD1602_H_
#define _LCD1602_H_

uchar LCD_check_busy()
{
        uchar state;
        rs=0;
        rw=1;
        delay(2);
        en=1;
        state=P0;
        delay(2);
        en=0;
        delay(2);
```

```
        return state;
}

void LCD_write_cmd(uchar cmd)
{
        while((LCD_check_busy()&0x80)==0x80);
        rs=0;
        rw=0;
        delay(2);
        en=1;
        P0=cmd;
        delay(2);
        en=0;
        delay(2);
}

void LCD_write_data(uchar dat)
{
        while((LCD_check_busy()&0x80)==0x80);
        rs=1;
        rw=0;
        delay(2);
        en=1;
        P0=dat;
        delay(2);
        en=0;
        delay(2);
}

void LCD_display(uchar position,uchar *s)
{
        uchar i;
        LCD_write_cmd(0x80+position);
        for(i=0;i<16;i++)
        {
                LCD_write_data(s[i]);
        }
}
```

```
void LCD_init()
{
      LCD_write_cmd(0x38);
      LCD_write_cmd(0x0c);
      LCD_write_cmd(0x06);
      LCD_write_cmd(0x01);
}

#endif

//ds18b20.h
#ifndef __DS18B20_H_
#define __DS18B20_H_

/******************对于 DS18B20 全局都要精确延时*********************/
uchar DS_init()
{
      uchar state;
      DQ=1;
      delay_1us(8);
      DQ=0;
      delay_1us(80);                          //精确延时大于 4 800 μs
      DQ=1;
      delay_1us(8);
      state=DQ;
      delay(100);                             //延时
      return state;                           //返回值为 1 时，初始化失败
}

void DS_write_byte(uchar dat)
{
      uchar i;
      for(i=0;i<8;i++)
      {
            if((dat&0x01)==0)                 //写 1
            {
                  DQ=0;
```

```
                delay_1us(5);
                DQ=1;                                   //精确延时，形成脉冲
            }
            else                                        //写 0
            {
                DQ=0;
                delay_1us(1);
                DQ=1;
                delay_1us(4);
            }
            dat>>=1;
        }
    }

    uchar DS_read_byte()
    {
        uchar i,dat=0;
        for(i=0;i<8;i++)
        {
            DQ=0;
            dat>>=1;
            DQ=1;
            if(DQ==1)
                dat|=0x80;
            else
                dat|=0x00;
            delay_1us(30);
            DQ=1;
        }
        return dat;
    }

    void DS_read_temperature()
    {
        if(DS_init()==1)                                //返回值为 1 时
            DS_OK=0;                                    //DS_OK=0 代表失败
        else
        {
```

```
        DS_init();
        DS_write_byte(0xcc);                    //跳过序列号
        DS_write_byte(0x44);                    //启动温度转换
        DS_init();
        DS_write_byte(0xcc);
        DS_write_byte(0xbe);                    //启动读取温度
        temp_value[1]=DS_read_byte();           //先写低位再写高位
        temp_value[0]=DS_read_byte();
        alarm_HL[0]=DS_read_byte();             //警报先写高位再写低位
        alarm_HL[1]=DS_read_byte();
        DS_OK=1;
    }
}

void set_alarm_HL()
{
    DS_init();
    DS_write_byte(0xcc);
    DS_write_byte(0x4e);                        //写入 RAM
    DS_write_byte(alarm_HL[0]);                 //先写高位
    DS_write_byte(alarm_HL[1]);
    DS_write_byte(0x7f);
    DS_init();
    DS_write_byte(0xcc);
    DS_write_byte(0x48);                        //转移保存至 ROM
}

void display_temperature()
{
    uchar flag=0;
    if((temp_value[0]&0xf8)==0xf8)
    {
        flag=1;
        temp_value[0]=~temp_value[0];
        temp_value[1]=~temp_value[1]+1;
        if(temp_value[1]==0x00)
            temp_value[0]++;
    }
```

```
    display_digit[3]=df_tab[temp_value[1]&0x0f];                  //取小数
                                                                  //取整数
    current=((temp_value[0]&0x07)<<4)|((temp_value[1]&0xf0)>>4);
                                                                  //判断正负
    sign_temp=flag?-current:current;

    LO_alarm=sign_temp<=alarm_HL[1]?1:0;
    HI_alarm=sign_temp>=alarm_HL[0]?1:0;

/************************分解整数******************************/
    display_digit[0]=current/100;
    display_digit[1]=current%100/10;
    display_digit[2]=current%10;
/*************************装入缓冲*****************************/
    buffer_line2[8]=display_digit[0]+'0';
    buffer_line2[9]=display_digit[1]+'0';
    buffer_line2[10]=display_digit[2]+'0';
    buffer_line2[11]='.';
    buffer_line2[12]=display_digit[3]+'0';
/***********************屏蔽高位不显示*************************/
    if(display_digit[0]==0)
        buffer_line2[8]=' ';
    if(display_digit[0]==0&&display_digit[1]==0)
        buffer_line2[9]=' ';
    if(flag==1)
    {
        if(buffer_line2[9]==' ')
            buffer_line2[9]='-';
        else
        {
            if(buffer_line2[8]==' ')
                buffer_line2[8]='-';
            else
                buffer_line2[7]='-';
        }
    }
    LCD_display(0x00,buffer_line1);
    LCD_display(0x40,buffer_line2);
```

```
        LCD_write_cmd(0x80+0x4d);
        LCD_write_data(0x00);
        LCD_write_cmd(0x80+0x4e);
        LCD_write_data('C');
}

#endif

//hl_alarm.h
#ifndef __HL_ALARM_H_
#define __HL_ALARM_H_

void alarm()
{
        uchar i,j,k=60;
        for(i=0;i<200;i++)
        {
                beep=~beep;
                for(j=0;j<k;j++);
        }
}

#endif

//主程序----温度控制直流电动机转速.c
#include<reg52.h>
#include<intrins.h>
#include"define.h"
#include"delay.h"
#include"LCD1602.h"
#include"DS18B20.h"
#include"HL_alarm.h"
sbit KEY = P3^5;                                    //定义开始/停止
void zhuan();
unsigned char timer1;

void main()
{   if(KEY==0)                                      //第一次检测是否有键按下
```

```
        {
            PWM=0;MA=~MA;MB=~MB;
            delay(1);
            return;
        }
        else
            {LCD_init();
            set_alarm_HL();
            DS_read_temperature();
            TMOD=0x01;
            TH0=-50000/256;
            TL0=-50000%256;
            EA=1;
            ET0=1;
            TR0=1;
            while(1){}
            }
}

void timer0() interrupt 1
{
        if(KEY3==0)                           //第一次检测是否有键按下
        {
            TH0=-50000/256;
            TL0=-50000%256;
            DS_read_temperature();            //读取温度
            if((HI_alarm==1)||(LO_alarm==1))
            alarm();
            if(DS_OK==0) return;              //如果读取错误，返回重新再读
            display_temperature();
            buffer_line1[10]='S';             //*********修改成 STOP
            buffer_line1[11]='T';             //*********修改成 STOP
            buffer_line1[12]='O';             //*********修改成 STOP
            buffer_line1[13]='P';             //*********修改成 STOP
            PWM=0;MA=~MA;MB=~MB;
            delay(1);
            return;
        }
```

```
    else
    {
        TH0=-50000/256;
        TL0=-50000%256;
        DS_read_temperature();              //读取温度
        if((HI_alarm==1)||(LO_alarm==1)) alarm();
        if(DS_OK==0) return;                //如果读取错误，返回从新再读
        display_temperature();
        if(sign_temp<=50&&sign_temp>=15)
        {
            MA=1;
            MB=0;
            if(sign_temp<25)                //等于 45 或 65 时停止转动，占空比 0
            {
                buffer_line1[10]='S';       //*********修改成 STOP
                buffer_line1[11]='T';       //*********修改成 STOP
                buffer_line1[12]='O';       //*********修改成 STOP
                buffer_line1[13]='P';       //*********修改成 STOP
                PWM=0;
                delay(1);
                return;
            }
            buffer_line1[10]='R';           //*********修改成 RUN
            buffer_line1[11]='U';           //*********修改成 RUN
            buffer_line1[12]='N';           //*********修改成 RUN
            buffer_line1[13]=' ';           //*********修改成 RUN
            zhuan();
        }
        else
        {
            if(sign_temp>50) alarm();
                MA=0;
                MB=0;
        }
    }
}

void zhuan()
```

```
{
    TMOD|= 0x10;                //设置定时计数器工作方式 1 为定时器
    TH1 = 0xFE;
    TL1 = 0x0C;                 //定时器赋初始值，12 MHz 下定时 0.5 ms
    ET1 = 1;                    //开启定时器 1 中断
    EA = 1;
    TR1 = 1;                    //开启定时器

    if(timer1>50)               //PWM 周期为 50*0.5 ms
    {
        timer1=0;
    }
    if(timer1 < sign_temp)      //改变 sign_temp 这个值可以改变直流电机的速度
    {
        PWM=1;
    }
    else
    {
        PWM=0;
    }
}

void Time1(void) interrupt 3    // 3 为定时器 1 的中断号
{
    TH1 = 0xFE;                 //重新赋初值
    TL1 = 0x0C;
    timer1++;
}
```

10.2 智能窗帘

10.2.1 方案选择

实现智能窗帘控制系统，且实时温度和窗帘的开关模式（自动/手动）及开关状态（open/close）必须在 LCD 上显示。能手动（按按钮）开关窗帘、光照太强自动关窗帘，温度超出（+15～+30 ℃）范围自动关窗帘，在此温度范围内且光不太强时自动打开窗帘。基本要求是，窗帘打开和关闭分别由电机的正转和反转控制，具体要求如下。

（1）窗帘必须有使用按钮手动开关的功能。

（2）窗帘当前的开关状态和控制模式需在 LCD 上显示（要设一个变量记录窗帘当前的开关状态）。

（3）光强超过某阈值，窗帘自动关闭。

（4）温度大于 30 ℃或温度小于 15 ℃时，窗帘自动关闭。

问题分析：该系统以 51 单片机为核心，采用温度传感器芯片 DS18B20 感知环境温度，窗帘的开关采用步进电机执行，温度和窗帘的开关状态显示采用液晶显示器。但是，51 单片机无法直接驱动步进电机，因此，采用 ULN2003A 驱动步进电机。智能窗帘系统架构如图 10.5 所示。

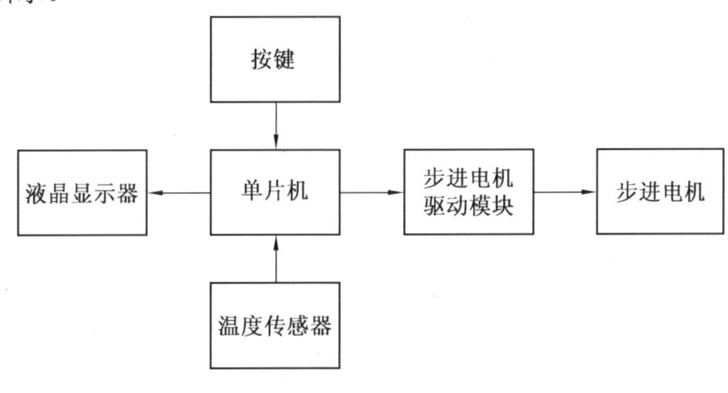

图 10.5　智能窗帘系统架构

10. 2. 2　ULN2003 简介

ULN2003 是一个单片高电压、高电流的达林顿晶体管阵列集成电路。它是由 7 对 NPN 达林顿管组成的，它的高电压输出特性和阴极钳位二极管可以转换感应负载。单个达林顿对的集电极电流是 500 mA，达林顿管并联可以承受更大的电流。此电路主要应用于继电器驱动器、字锤驱动器、灯驱动器、显示驱动器（LED 气体放电）、线路驱动器和逻辑缓冲器。

ULN2003 的每对达林顿管都有一个 2.7 kΩ 串联电阻，可以直接和 TTL 或 5 V CMOS 电路相连。在 ULN2003 内部有 7 个高耐压、大电流 NPN 达林顿管构成的反相器，输入 5 V 的 TTL 电平，输出可达 500 mA/50 V。

ULN2003A 是一个 7 路反向器电路，即当输入端为高电平时 ULN2003A 输出端为低电平，当输入端为低电平时 ULN2003A 输出端为高电平。由于 ULN2003A 是集电极开路输出，为了让这个二极管起到续流作用，必须将 COM 引脚（pin 9）接在负载的供电电源上，只有这样才能够形成续流回路，其也可以作为步进电机的驱动电路。ULN2003 的管脚分配如图 10.6 所示。

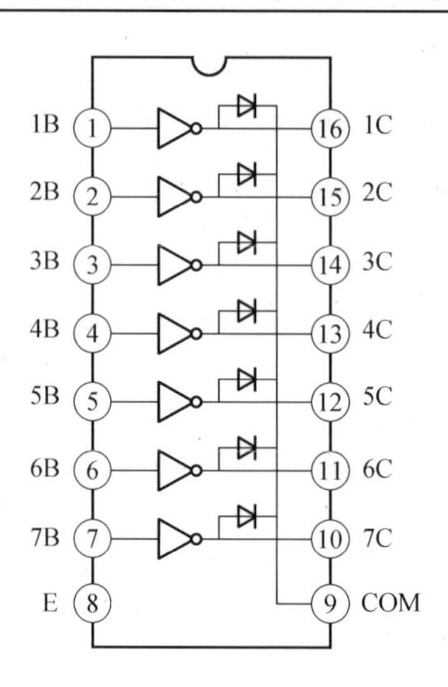

图 10.6　ULN2003 的管脚分配

10. 2. 3　28BYJ48 简介

步进电机是一种将电脉冲信号转换成角位移或线位移的机电元件。步进电机的输入量是脉冲序列，输出量则为相应的增量位移或步进运动。正常运动情况下，它每转一周具有固定的步数；做连续步进运动时，其旋转转速与输入脉冲的频率保持严格的对应关系，不受电压波动和负载变化的影响。由于步进电机能直接接受数字量的控制，所以特别适合采用微机对其进行控制。可以通过控制脉冲个数来控制角位移量，从而达到准确定位的目的；同时还可以通过控制脉冲频率来控制电机转动的速度和加速度，从而达到调速的目的。

步进电机 28BYJ48 型四相八拍永磁电机，电压为 DC 5 V～DC 12 V。当对步进电机施加一系列连续不断的控制脉冲时，它可以连续不断地转动。每一个脉冲信号对应步进电机的某一相或两相绕组的通电状态改变一次，也就对应转子转过一定的角度（一个步距角）。当通电状态的改变完成一个循环时，转子转过一个齿距。28BYJ48 实物图如图 10.7 所示。

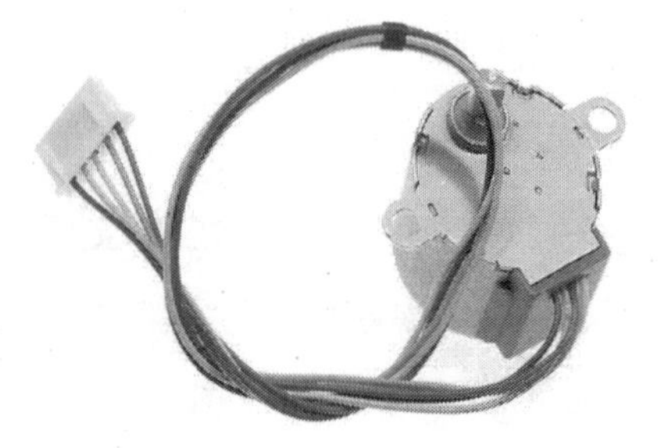

图 10.7　28BYJ48 实物图

四相步进电机的内部结构示意图如图 10.8 所示，其可以在不同的通电方式下运行，常见的通电方式有单（单相绕组通电）四拍（A-B-C-D-A…）、双（双相绕组通电）四拍（AB-BC-CD-DA-AB…）和八拍（A-AB-B-BC-C-CD-D-DA-A…）。八拍模式绕组控制顺序表（轴伸端视图的逆时针旋转）见表 10.2。

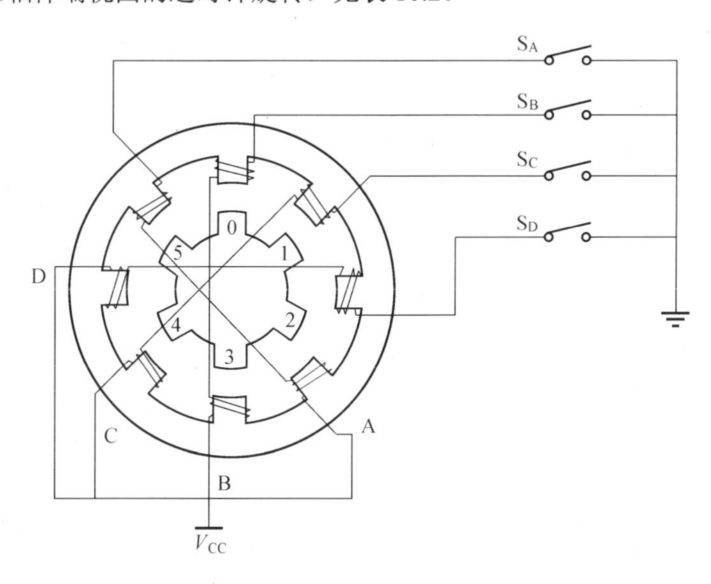

图 10.8　四相步进电机的内部结构示意图

表 10.2　八拍模式绕组控制顺序表

导线	节拍							
	1	2	3	4	5	6	7	8
红色	VCC	VCC	VCC	VCC	VCC	VCC	VCC	VCC
橙色	GND	GND	—	—	—	—	—	—
黄色	—	GND	GND	GND	—	—	—	—
粉色	—	—	—	GND	GND	GND	—	—
蓝色	—	—	—	—	—	GND	GND	GND

若要让电机转动起来，首先，假设让 B 线导通，此时转子 0 和 3 都对应 B 有一个吸引力，可以看到，A 和 2 之间有一个很小的夹角，当导通 A 时，转子就会顺时针转动对齐 A，此时 D 和 4 之间的夹角也减到了最小（再小就是正对），为了让转子向一个方向旋转，可以先关闭 A，导通 D，此时 4 和 D 之间产生的吸引力使电机又顺时针转动了一点。

单片机控制步进电机的原理图如图 10.9 所示。单片机 P2 端口的输出与步进电机供电的对应关系见表 10.3。

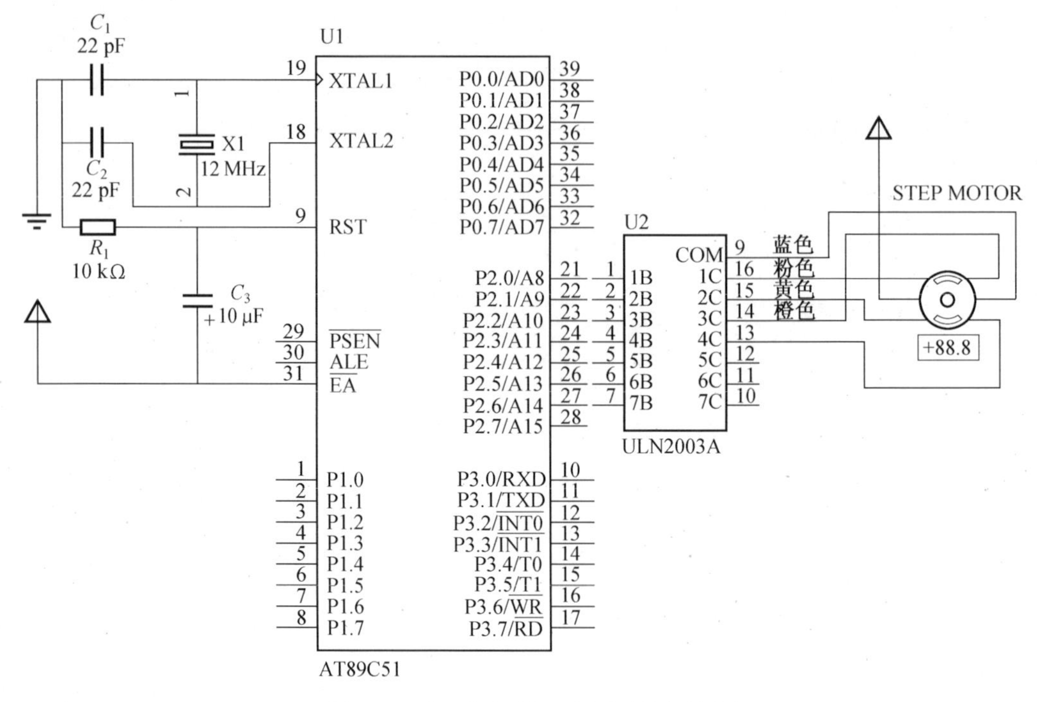

图 10.9 单片机控制步进电机的原理图

表 10.3 单片机 P2 端口的输出与步进电机供电的对应关系

节拍	导线				
	橙色	黄色	粉色	蓝色	P2 端口输出值
1	1	0	0	0	0x08
2	1	1	0	0	0x0c
3	0	1	0	0	0x04
4	0	1	1	0	0x06
5	0	0	1	0	0x02
6	0	0	1	1	0x03
7	0	0	0	1	0x01
8	1	0	0	1	0x09

根据表 10.3 可以定义旋转相序：

```
uchar code CCW[8]={0x08,0x0c,0x04,0x06,0x02,0x03,0x01,0x09}; //逆时针旋转相序表
uchar code CW[8]={0x09,0x01,0x03,0x02,0x06,0x04,0x0c,0x08};   //顺时针旋转相序表
```

10.2.4 智能窗帘的硬件和软件实现

智能窗帘控制系统的核心是 AT89S52，其原理图如图 10.10 所示。图 10.11 所示为智能窗帘控制系统的 Keil 工程视图。

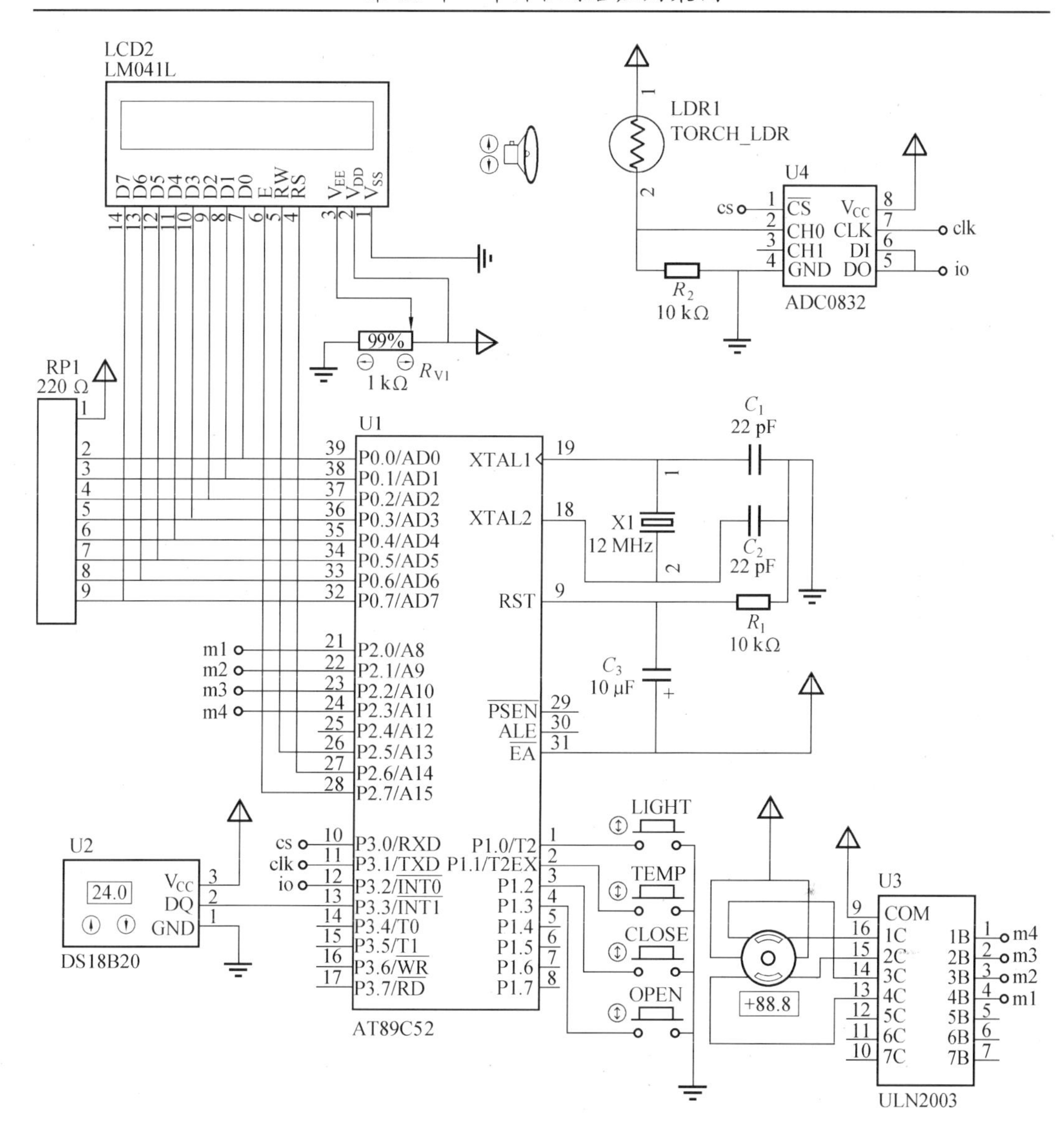

图 10.10　智能窗帘控制系统原理图

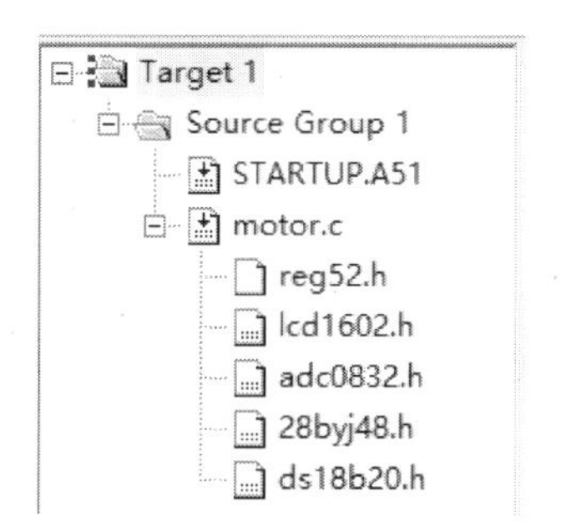

图 10.11　智能窗帘控制系统的 Keil 工程视图

本项目参考代码如下：

```
//lcd1602.h
/*************************************************************
                    1602LCD 头文件
实现功能：1602LCD 的控制
补充说明：无
**************************************************************/
#ifndef __LCD1602_H_
#define __LCD1602_H_
#include<reg52.h>

#define uchar unsigned char
#define uint unsigned int

/*****************1602LCD 引脚定义*******************/
#define LCD_DB P0
sbit LCD_RS = P2^6;
sbit LCD_RW = P2^5;
sbit LCD_E = P2^7;

/*****************1602LCD 函数声明*******************/
void LCD_init(void);                                    //初始化函数
void LCD_write_command(uchar command);                  //写指令函数
void LCD_write_data(uchar dat);                         //写数据函数
//显示一个字符, x(0-16),y(1-2)
void LCD_disp_char(uchar   x,uchar   y,uchar   dat);
//显示一个字符串, x(0-16),y(1-2)
void lcd1602_write_character(uchar x,uchar y,uchar *p);
void delay_n40us(uint n);                               //延时函数
void Print(uchar *str);
void LCD_Print(uchar x, uchar y, uchar*str);
void GotoXY(uchar x, uchar y) ;

//1602LCD 显示的字符数组
uchar code ASCII[] ={'0','1','2','3','4','5','6','7','8','9'};

/*********************************************************
```

```
函数名称: void LCD_init(void)
函数作用: 1602LCD 初始化函数
参数说明: 无
**********************************************************/
void LCD_init(void)
{
    LCD_write_command(0x38);            //设置 8 位格式，2 行，5x7
    LCD_write_command(0x38);            //设置 8 位格式，2 行，5x7
    LCD_write_command(0x38);            //设置 8 位格式，2 行，5x7
    LCD_write_command(0x0c);            //整体显示，关光标，不闪烁
    LCD_write_command(0x06);            //设定输入方式，增量不移位
    LCD_write_command(0x01);            //清除屏幕显示
    delay_n40us(200);                   //用 for 循环 200 次就能可靠完成清屏指令
}

/**********************************************************
函数名称: void LCD_write_command(uchar dat)
函数作用: 1602LCD 写命令
参数说明: dat 为指令，参考数据手册
**********************************************************/
void LCD_write_command(uchar dat)
{
    LCD_RS=0;                           //指令
    LCD_RW=0;                           //写入
    LCD_DB=dat;
    delay_n40us(3);
    LCD_E=1;                            //允许
    delay_n40us(13);
    LCD_E=0;
}

/**********************************************************
函数名称: void LCD_write_data(uchar dat)
函数作用: 1602LCD 写数据
参数说明: dat 为要写入 1602LCD 的数据
**********************************************************/
void LCD_write_data(uchar dat)
{
```

```
    LCD_RS=1;                              //数据
    LCD_RW=0;                              //写入
    LCD_DB=dat;
    delay_n40us(3);
    LCD_E=1;                               //允许
    delay_n40us(13);
    LCD_E=0;
}

/*****************************************************
函数名称: void LCD_disp_char(uchar x,uchar y,uchar dat)
函数作用: 1602LCD 显示一个字符
参数说明: 在横坐标 x（0~15）、纵坐标 y（1~2）显示一个字符 dat
*****************************************************/
void LCD_disp_char(uchar x,uchar y,uchar dat)
{
    uchar add;
    //根据显示位置（x,y）确定显示地址
    if(y==1)                               //在第 1 行显示
        add=0x80+x;
    else if(y == 2)                        //在第 2 行显示
        add=0xc0+x;
    else if(y == 3)                        //在第 3 行显示
        add=0x90+x;
    else if(y == 4)                        //在第 4 行显示
        add=0xd0+x;

    LCD_write_command(add);                //写入需要显示的地址
    LCD_write_data(dat);                   //写入需要显示的内容
}

/*****************************************************
函数名称: lcd1602_write_character(uchar x,uchar y,uchar *p)
函数作用: 1602LCD 显示一个字符
参数说明: 在横坐标 x（0~15）、纵坐标 y（1~2）开始显示字符串*p
*****************************************************/
void lcd1602_write_character(uchar x,uchar y,uchar *p)
{
```

```
    uchar add;
    //根据显示位置（x,y）确定显示地址
    if(y==1)                    //在第 1 行显示
        add=0x80+x;
    else if(y == 2)             //在第 2 行显示
        add=0xc0+x;
    else if(y == 3)             //在第 3 行显示
        add=0x90+x;
    else if(y == 4)             //在第 4 行显示
        add=0xd0+x;
    LCD_write_command(add);     //写入需要显示的地址
    while (*p!='\0')            //写入需要显示的内容，直到字符串全部显示完成
    {
        LCD_write_data(*p++);
    }
}

/*********************************************************
函数名称: void delay_n40us(uint n)
函数作用: 1602LCD 延时函数
参数说明: n 为延时的时长
*********************************************************/
void delay_n40us(uint n)
{
    uint i;
    uchar j;
    for(i=n;i>0;i--)
    for(j=0;j<2;j++);
}

void LCD_display(uchar position,uchar *s)
{
    uchar i;
    LCD_write_command(0x80+position);
    for(i=0;i<16;i++)
    {
        LCD_write_data(s[i]);
    }
```

```
}
#endif

//adc0832.h
/**********************************************************
                    ADC0832 头文件
实现功能：ADC0832 的控制
补充说明：无
**********************************************************/
#ifndef __ADC0832_H_
#define __ADC0832_H_
#include <reg52.h>

#define uchar unsigned char
#define uint   unsigned int

/*****************ADC0832 引脚定义*******************/
sbit ADCLK   =P3^1;                  //时钟接口
sbit ADDI    =P3^2;                  //数据输入接口
sbit ADDO    =P3^2;                  //数据输出接口
sbit ADCS    =P3^0;                  //使能接口

/*****************ADC0832 函数定义********************/
void ADC0832_start();                //A/D 转换初始化
uchar ADC0832_read(uint CH);         //CH=0 选择通道 ch0，CH =1 选择通道 ch1 进行 A/D 转换

/******************************************************
函数名称:void ADC0832_start()
函数作用:初始化 ADC0832
参数说明:无
******************************************************/
void ADC0832_start()
{
    ADCS=1;                          //重置 ADC 芯片
    ADCS=0;                          //开启转化

    ADDI=1;
    ADCLK=1;
```

```
    ADCLK=0;                    //第 1 个下降沿 DI=1
}

/*******************************************************
函数名称:uchar ADC0832_read(uint CH)
函数作用:启动 ADC0832 进行转换
参数说明:CH=0 选择通道 ch0，CH =1 选择通道 ch1 进行 A/D 转换
*******************************************************/
uchar ADC0832_read(uint CH)
{
    uchar temp;
    uint i;
    ADC0832_start();            //发送起始信号
    if(CH==0)                   //选择通道 0
    {
        ADDI=1;
        ADCLK=1;
        ADCLK=0;                //第 2 个下降沿 DI=1
        ADDI=0;
        ADCLK=1;
        ADCLK=0;                //第 3 个下降沿 DI=0
    }
    else                        //否则，选择通道 1
    {
        ADDI=1;
        ADCLK=1;
        ADCLK=0;                //第 2 个下降沿 DI=1

        ADDI=1;
        ADCLK=1;
        ADCLK=0;                //第 3 个下降沿 DI=1
    }
    ADCLK=1;
    ADCLK=0;
    /*****************通道选择结束开始读取转换后的二进制数*************/
    for(i=0;i<8;i++)
    {
        temp=temp<<1;           //每读取一位后将数据往左移动一位，最右端补 0
```

```
        ADDI=1;                     //拉高数据信号线
        ADCLK=1;                    //拉高时钟信号线

        if(ADDO)                    //如果读取数据为 1，将数据写入缓存
            temp+=0x01;
        ADCLK=0;                    //拉低时钟信号线，产生下降沿
    }
    return temp;
}
#endif

//28byj48.h
/*************************************************************
28BYJ48 头文件
实现功能：28BYJ48 步进电机的控制
补充说明：无
**************************************************************/
#ifndef __28BYJ48_H_
#define __28BYJ48_H_
#include <reg52.h>                  //MCU 芯片管脚定义头文件

#define uchar unsigned char
#define uint   unsigned int

/*****************步进电机控制口定义*******************/
#define BYJ48 P2
/****************步进电机控制数组定义******************/
uchar code FFW[4] ={0x08,0x04,0x02,0x01};        //正转电机导通相序 D-C-B-A
uchar code REV[4]={0x01,0x02,0x04,0x08};         //反转电机导通相序 A-B-C-D

/*******************************************************
函数名称:void delay2(uint t)
函数作用:毫秒延时函数
参数说明:x 为延时的毫秒数
********************************************************/
void delay2(uint x)
{
    uint i,j;
```

```
        for(i=0;i<x;i++)
        for(j=0;j<10;j++);
}

void Delay_xms(uint x)
{
  uint i,j;
  for(i=0;i<x;i++)
  for(j=0;j<112;j++);
}

/********************************************************
函数名称:void   motor_z()
函数作用:步进电机正转
参数说明:转 5.625°
********************************************************/
void   motor_z()
{
        uchar i;
        uint   j;
        for (j=0; j<4; j++)                          //8*8=64 个脉冲，转 5.625°
        {
                for (i=0; i<4; i++)
                {
                        BYJ48 = ((P2&0xf0)|FFW[i]);     //取数据
                        delay2(1);                      //调节转速
                }
        }
}

/********************************************************
函数名称:void   motor_f()
函数作用:步进电机反转
参数说明:转 5.625°
********************************************************/
void   motor_f()
{
        uchar i;
```

```
        uint   j;
        for (j=0; j<4; j++)                          //8*8=64 个脉冲，转 5.625°
        {
                for (i=0; i<4; i++)
                {
                        BYJ48 = ((P2&0xf0)|REV[i]);     //取数据
                        delay2(1);                      //调节转速
                }
        }
}

void motor_s()
{
        BYJ48 = 0x00;
}

#endif

//ds18b20.h
#ifndef __DS18B20_H_
#define __DS18B20_H_

sbit DQ = P3^3;
uint Temp1=0;
uchar temp_value[]={0x00,0x00};
uchar display_digit[]={0,0,0,0};
uchar buffer_line2[]={"Temp : "};
uchar current=0;
char sign_temp;
uchar code df_tab[]={0,1,1,2,3,3,4,4,5,6,6,7,8,8,9,9};

void delay_18B20(uint i)
{
        while(i--);
}

void Init_DS18B20(void)
{
```

```
        uchar x=0;
        DQ =1;
        delay_18B20(8);
        DQ =0;
        delay_18B20(80);
        DQ =1;
        delay_18B20(14);
        x=DQ;
        delay_18B20(20);
}

uchar ReadOneChar(void)
{
        unsigned char i=0;
        unsigned char dat0 = 0;
        for(i=8;i>0;i--){
                DQ= 0;
                dat0>>=1;
                DQ= 1;
                if(DQ)      dat0|=0x80;
                delay_18B20(4);
        }
        return(dat0);
}

void WriteOneChar(uchar dat1)
{
        uchar i=0;
        for(i=8; i>0; i--)
        {
                DQ= 0;
                DQ= dat1&0x01;
                delay_18B20(5);
                DQ = 1;
                dat1>>=1;
        }
}
```

```
void ReadTemperature()                         //读温度
{
    uchar a,b;
    float tt;
    delay_18B20(80);
    Init_DS18B20();
    WriteOneChar(0xCC);
    WriteOneChar(0x44);
    Init_DS18B20();
    WriteOneChar(0xCC);
    WriteOneChar(0xBE);
    a=ReadOneChar();
    b=ReadOneChar();
    Temp1=b;
    Temp1<<=8;
    Temp1=Temp1|a;
    tt=Temp1*0.0625;
    Temp1=tt*10;
}

void DS_read_temperature()
{
    Init_DS18B20();
    WriteOneChar(0xcc);                        //跳过序列号
    WriteOneChar(0x44);                        //启动温度转换
    Init_DS18B20();
    WriteOneChar(0xcc);
    WriteOneChar(0xbe);                        //启动读取温度
    temp_value[1]=ReadOneChar();               //先写低位再写高位
    temp_value[0]=ReadOneChar();
}

void display_temperature()
{
    uchar flag=0;
    if((temp_value[0]&0xf8)==0xf8)
    {
        flag=1;
```

```
        temp_value[0]=~temp_value[0];
        temp_value[1]=~temp_value[1]+1;
        if(temp_value[1]==0x00)
            temp_value[0]++;
    }

    current=((temp_value[0]&0x07)<<4)|((temp_value[1]&0xf0)>>4);    //取整数

    /***********分解整数*************************************/
    display_digit[0]=current/100;
    display_digit[1]=current%100/10;
    display_digit[2]=current%10;

    /*********装入缓冲***************************************/
    buffer_line2[12]=display_digit[0]+'0';
    buffer_line2[13]=display_digit[1]+'0';
    buffer_line2[14]=display_digit[2]+'0';

    /***********屏蔽高位不显示********************************/
    LCD_display(0x40,buffer_line2);
    LCD_write_command(0x80+0x4f);
    LCD_write_data(0x00);
}
#endif

//主程序----motor.c
#include<reg52.h>
#include"LCD1602.h"
#include"ADC0832.h"
#include"28BYJ48.h"
#include"DS18B20.h"
#define uchar unsigned char

sbit k1 = P1^0;
sbit k2 = P1^1;
sbit k3 = P1^2;
sbit k4 = P1^3;
```

```
//全局变量
uchar light=0,temp=0;
int flag=0,z=0,f=0;
int q=0;
int j=0,k=0;
int count=0,flag1=0;
int Time;
int mode=0;

void delay(int x)
{
	int i;
	while(x--)
	for(i=10;i>0;i--);
}

void auto_control_motor(uchar dat)
{
	if(Time < dat)
	{
		Time++;
		motor_z();
	}
	else if(Time == dat) motor_s();
	else
	{
		Time--;
		motor_f();
	}
}

void light_state_control()
{
	if(light<0) flag = -1;
	if(light>=0 && light<35) flag = 0;
	else if(light>35 && light<75) flag = 1;
	else flag = 2;
	switch(flag){
```

```
            case -1:   auto_control_motor(0);
                  break;
            case  0:   auto_control_motor(0);
                  break;
            case  1:   auto_control_motor(10);
                  break;
            case  2:   auto_control_motor(30);
                  break;
            }
}

void temp_state_control()
{
      if(current<0) flag = 0;
      if(current>15 && current<=25) flag = 0;
      else if(current == 15) motor_s();                    //特殊情况
      else if(current>25 && current<35) flag = 1;
      else flag = 2;
      switch(flag){
            case -1:delay(10000);
                  break;
            case  0:   auto_control_motor(0);
                  break;
            case  1:   auto_control_motor(14);
                  break;
            case  2:   auto_control_motor(14);
                  break;
            }
}

void curtain_state_control()
{
      if((light>=0 && light<35)) flag = 0;
      else if((light>35 && light<75)) flag = 1;
      else flag = 2;
      switch(flag){
      case   0:
            lcd1602_write_character(12, 3, "on");
```

```
            lcd1602_write_character(12, 4, "low");
            break;
        case  1:
                    lcd1602_write_character(12, 3, "half");
                    lcd1602_write_character(12, 4, "mid");
            break;
        case  2:
                    lcd1602_write_character(12, 3, "off ");
                    lcd1602_write_character(12, 4, "high");
            break;
        }
}

void main(void)
{
        delay(100);
        ReadTemperature();
        delay(100);
        LCD_init();
        ADC0832_read(0);
        ADC0832_read(0);
        lcd1602_write_character(0, 1, "Light:");
        lcd1602_write_character(0, 2, "Temp:");
        lcd1602_write_character(0, 3, "Cutain:");
        lcd1602_write_character(0, 4, "Level:");

        while(1)
        {
            if(k1 == 0)        mode = 1;
            if(k2 == 0)        mode = 2;
            if(k3 == 0)        mode = 3;
            if(k4 == 0)        mode = 4;
            if(mode==1)
            {
                light=ADC0832_read(0);                //读取 A/D 值
                light=light*100/255;                  //转换为光强
                LCD_disp_char(12, 1, ASCII[light/100]);
                LCD_disp_char(13,1,ASCII[light%100/10]);
```

```
                LCD_disp_char(14,1,ASCII[light%10]);
                //窗帘状态管理
                light_state_control();
                curtain_state_control();
            }

/************************温控模式****************************/
            if(mode==2)
            {
                DS_read_temperature();
                display_temperature();
                temp_state_control();
                if(current>15 && current<=25) lcd1602_write_character(12, 3, "on");
                else lcd1602_write_character(12, 3, "off ");
            }
            if(mode==3){
                lcd1602_write_character(12, 3, "off ");
                auto_control_motor(120);
            }
            if(mode==4){
                lcd1602_write_character(12, 3, "on");
                auto_control_motor(0);
            }
        }
}

void Timer0() interrupt 1
{
    TH0 = 0x3C;                                          //设置初始值
    TL0 = 0xB0;
}
```

10.3　基于 51 单片机的电子秤

设计和实现基于 51 单片机的电子秤。设计要求是，电子秤可在液晶显示屏上显示商品的名称、单价、重量、总价等信息；可储存几种商品的单价；量程为 5 kg，测量精度为 0.001；可自动计算商品的总价。

要理解电子秤的传感器工作原理，首先要了解称重所用的压力传感器。电阻应变式称重传感器的基本原理是，弹性体在外力作用下产生弹性形变，使粘贴在它表面的电阻应变片也随之产生形变。电阻应变片形变后，它的阻值会发生变化，再经相应的测量电路把这一阻值的变化转换为电信号的变化，从而实现将外力变化转换为电信号变化。

质量值以及相应的电压值都是模拟量，不能被 CPU 直接处理，因此必须将其数字化，变成数字信号后才能进行计算和数字显示。ADC0832 是美国国家半导体公司生产的一种 8 位分辨率、双通道 A/D 转换芯片。它有体积小、兼容性好、性价比高等优点。A/D 转换分辨率的确定与整个测量控制系统所需测量控制的范围和精度有关，系统精度涉及的环节很多，包括传感器的精度、信号预处理电路精度、A/D 转换器以及输出电路等。

10.3.1 方案选择

整个系统以 51 单片机为核心，外围电路由压力传感电路、A/D 转换器（ADC0832）、LM4229 显示电路（液晶显示器）、蜂鸣器报警电路（报警模块）和 4×4 键盘电路（按键）等部分组成。基于单片机的电子秤的基本硬件架构如图 10.12 所示。

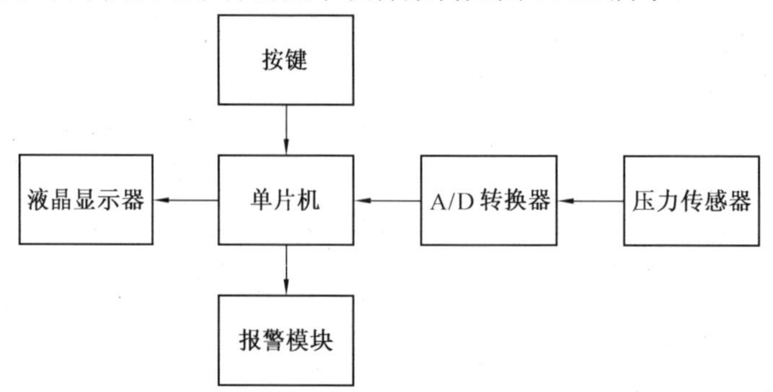

图 10.12　基于单片机的电子秤的基本硬件架构

电子秤的称重原理是通过电阻应变传感器将被测物体的质量转换成电压信号输出，电压信号经过 A/D 转换，把模拟信号转换成数字量，数字量通过显示器显示出被称物体的质量。打开电源，数字电子秤开始工作。接通电源时，数字电子秤进入欢迎界面，显示“欢迎使用电子秤”。数字电子秤上单片机开始工作，对键盘不断进行扫描，同时也通过 ADC0832 不断进行外部称量数据采样，LCD 上显示“实用电子秤名称单价……”。当载物台上放有物体时，ADC0832 立即将采集的压力传感器数据送给单片机处理。通过键盘输入对应商品的代码编号，在 240×128 的 LCD 上可以看到相应商品的名称、单价、总重和总价等信息。在称量的过程中，一旦被称物体的质量超出电子秤的称量范围，蜂鸣器立即会发出“滴滴”的警报声，提醒电子秤操作人员所称量物品已超重。

10.3.2　电子秤硬件和软件实现

电子秤采用 AT89S51 单片机作为微控制器， 接口电路由 LM4229 显示电路、4×4 按键电路、ADC0832 电路、报警电路等组成。电子秤原理图如图 10.13 所示。

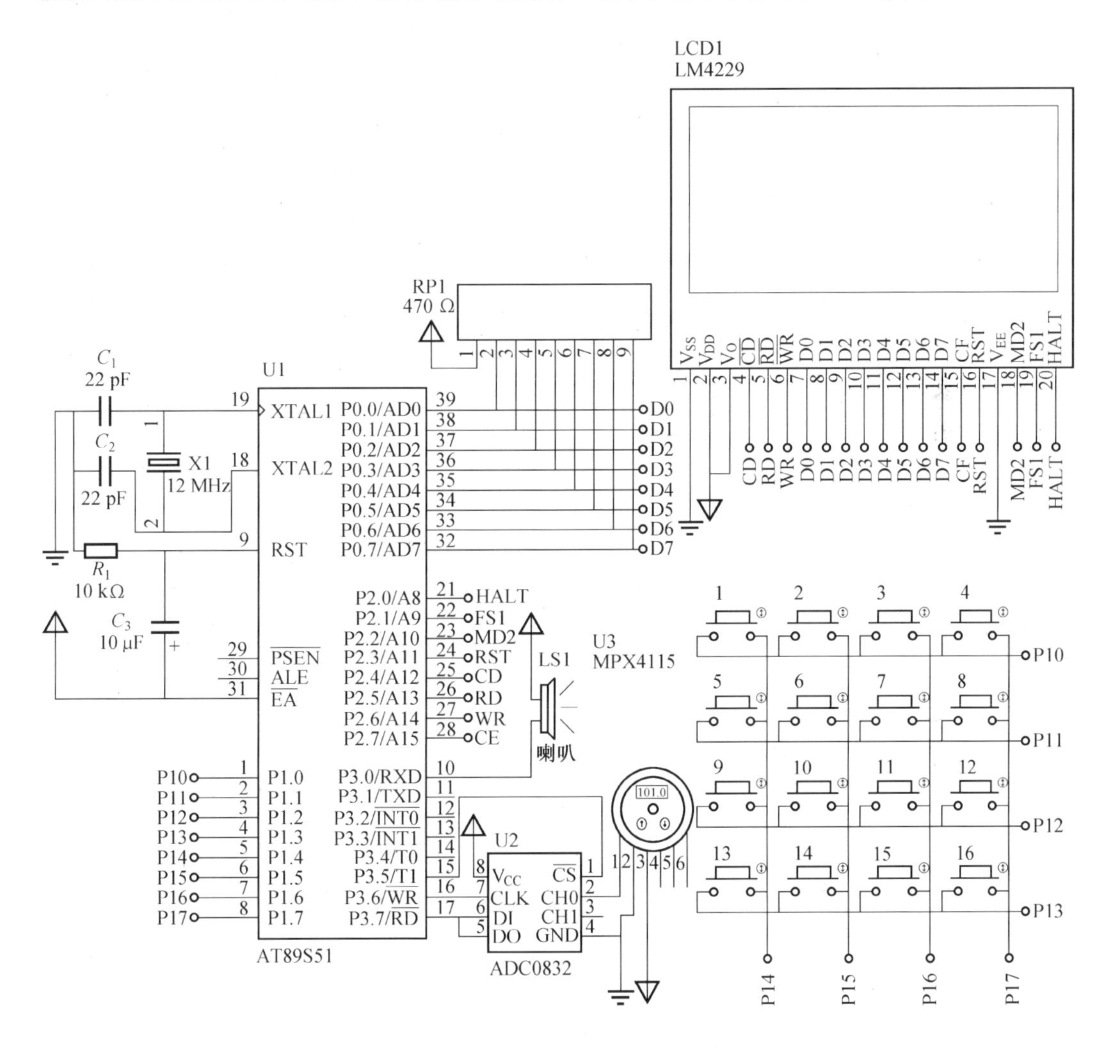

图 10.13　电子秤原理图

系统的工作过程是，打开电源时，MCU 及各个部分电路开始工作，MCU 调用内部存储数据对各部分接口电路初始化；200 ms 后 LM4229 进入欢迎界面，ADC0832 不断对压力传感器进行采样，一旦有物品放上载物台，ADC0832 立即发送中断请求，并将本次采样数据交给 MCU 处理，之后 LM4229 显示相应数据；在此过程中，键盘也在不断进行扫描，一旦有键按下，单片机也会对其数据进行相应处理，然后对 LM4229 进行写操作。

本设计要求称量不超过 5 kg，误差不大于 0.001 kg。考虑到秤台自重、振动和冲击分量，还要避免超重损坏传感器，所以传感器量程必须大于额定称重。这里选择 L-PSIII型传感器，量程为 20 kg，精度为 0.01%，满量程时误差为±0.002 kg，可以满足本系统的精度要求。压力传感器电路原理如图 10.14 所示。

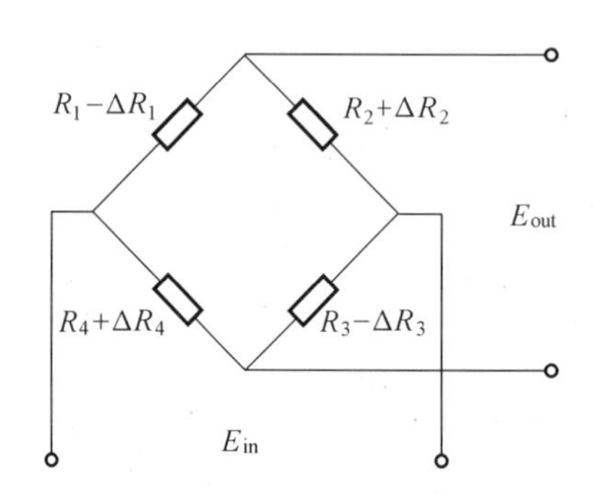

图 10.14　压力传感器电路原理

称重传感器主要由弹性体、电阻应变片电缆线等组成，内部线路采用惠更斯电桥，当弹性体承受载荷产生变形时，输出信号电压可由下式给出：

$$E_{out} = \frac{R_2 \times R_4}{R_2 + R_4} \times 0 \times E_{in}$$

采用串行的A/D转换器ADC0832完成将压力传感器感应的载荷的模拟值转换成数字量。ADC0832 与单片机接口构成了串行的 8 位通道。微处理器通过软件写入 3 位串行控制命令决定 ADC0832 的工作方式。CH0 单端输入，输入电压范围为 0～5 V。非调整误差为±1 LSB。电路仅使用微处理器的两根控制线，两根数据线可方便进行光电隔离增强抗干扰能力。适用于智能化信号检测仪器、仪表。

1. 键盘显示电路的设计

本设计中采用 4×4 矩阵式键盘，又称行列式键盘。它用 4 条 I/O 端口线作为行线，用 4 条 I/O 端口线作为列线。用 AT89S51 单片机的并行接口 P1 接 4×4 矩阵键盘，行线接 P1.0～P1.3，列线接 P1.4～P1.7。在行线与列线每一个交叉点设置一个键，键盘设置了 16 个按键，其中的“10”键表示取消，其他键代表可供选择的商品品种及价格。

2. 液晶显示器电路的设计

LM4229 通过 CD、RD、WR 3 个引脚的电平来确定是读数据还是读状态，或者是写数据还是写命令。数据 D0～D7 连接到单片机的 P0 端口，可以和单片机直接进行数据交换，P2 端口为液晶显示的控制端。

本项目源代码如下：

```
#include <reg51.h>
#include <intrins.h>
#include <absacc.h>
#include <math.h>
#include <lm4229.h>
#define uchar unsigned char
#define uint unsigned int

sbit ADCS =P3^5;
sbit ADDI =P3^7;
sbit ADDO =P3^7;
sbit ADCLK =P3^6;
uint x1,y1,z1=0,w1; uchar ad_data,k,n,m,e,num,s;   //采样值存储
uint temp1;
sbit beep =P3^0; char press_data;                  //标度变换存储单元
float press; unsigned char ad_alarm,temp;          //报警值存储单元
unsigned char abc[5]={48,46,48,48,48};
unsigned char price_all[6]={48,48,46,48,48,48};
//商品初始单价
float price_unit[10]={5.5,2.8,3.6,4.5,2.4,4.2,3.8,6.0,1.5,0};
uchar price_danjia[5]={48,46,48,48,48};
float price; uint price_temp1,price_temp2;          //商品总价
uchar Adc0832(unsigned char channel);
void alarm(void);
void data_pro(void);
void delay(uint k);
void keyscan();
void disp_init();
void price_jisuan();

/****************************** 主函数*************************/
void main(void)
{
    delay(500);                                    //系统延时 500 ms 启动
    lcd_init();                                    //显示初始化
    disp_init();                                   //开始进入欢迎界面
    delay(1000);                                   //延时进入称量画面
```

```
        clear_lcd(0,4,40);
        clear_lcd(16,0,100);
        clear_lcd(28,0,40);
        clear_lcd(44,0,100);
        clear_lcd(56,0,40);
        clear_lcd(72,0,100);
        clear_lcd(84,0,40);
        clear_lcd(100,0,100);
        clear_lcd(112,0,40);
        write_lcd(0,8,"实用电子秤");
        while(1)
        {
        ad_data =Adc0832(0);                        //采样值存储单元初始化为 0
        alarm();
        data_pro();                                 //读取质量
        keyscan();                                  //查询商品种类
        write_lcd(40,0,"------------------------------");
        write_lcd(56,0,"单价:");
        write_lcd(56,11,price_danjia);
        write_lcd(56,20,"元/千克");
        write_lcd(72,0,"总重量:");
        write_lcd(72,11,abc);
        write_lcd(72,20,"千克");
        write_lcd(88,0,"总价:");
        price_jisuan();                             //计算出价格
        write_lcd(88,10,price_all);
        write_lcd(88,20,"元");
        write_lcd(112,0,"设计学生 :0712201-23  王  超");
        }
}

/************ 读 ADC0832 函数************/
//采集并返回
uchar Adc0832(unsigned char channel)                //A/D 转换，返回结果
{
        uchar i=0;
        uchar j;
        uint dat=0;
```

```
uchar ndat=0;
if(channel==0)channel=2;
if(channel==1)channel=3;
ADDI=1;
_nop_();
_nop_();
 ADCS=0;                                    //拉低 CS 端
_nop_();
_nop_();
ADCLK=1;                                    //拉高 CLK 端
_nop_();
_nop_();
ADCLK=0;                                    //拉低 CLK 端，形成下降沿 1
_nop_();
_nop_();
ADCLK=1;                                    //拉高 CLK 端
ADDI=channel&0x1;
_nop_();
_nop_();
ADCLK=0;                                    //拉低 CLK 端，形成下降沿 2
_nop_();
_nop_();
ADCLK=1;                                    //拉高 CLK 端
ADDI=(channel>>1)&0x1;
_nop_();
_nop_();
ADCLK=0;                                    //拉低 CLK 端，形成下降沿 3
ADDI=1;                                     //控制命令结束
_nop_();
_nop_();
dat=0;
for(i=0;i<8;i++)
{
dat|=ADDO;                                  //收数据
ADCLK=1;
_nop_();
_nop_();
ADCLK=0;                                    //形成一次时钟脉冲
```

```
        _nop_();
        _nop_();
        dat<<=1;
        if(i==7)dat|=ADDO;
        }
        for(i=0;i<8;i++)
        {
        j=0;
        j=j|ADDO;                                    //收数据
        ADCLK=1;
        _nop_();
        _nop_();
        ADCLK=0;                                     //形成一次时钟脉冲
        _nop_();
        _nop_();
        j=j<<7;
        ndat=ndat|j;
        if(i<7)ndat>>=1;
        }
        ADCS=1;                                      //拉高 CS 端
        ADCLK=0;                                     //拉低 CLK 端
        ADDO=1;                                      //拉高数据端，回到初始状态
        dat<<=8;
        dat|=ndat;
        return(dat);                                 //返回结果
}

void data_pro(void)
{
        unsigned int;
        if(0<ad_data<256)
        {
        int vary=ad_data;
        press=(0.019531*vary);
        temp1=(int)(press*1000);                     //放大 1 000 倍，便于后面的计算
        abc[0]=temp1/1000+48;                        //取压力值百位
        abc[1]=46;
        abc[2]=(temp1%1000)/100+48;                  //取压力值十位
```

```
        abc[3]=((temp1%1000)%100)/10+48;                    //取压力值个位
        abc[4]=((temp1%1000)%100)%10+48;                    //取压力值十分位
        }
}

/*************************** 报警子函数 **************************/
void alarm(void)
{
        if(ad_data>=256) beep=0;                            //启动报警
        else beep=1;
}

void delay(uint k)
{
        uint i,j;
        for(i=0;i<k;i++)
        for(j=0;j<100;j++);
}

//开机欢迎界面
void disp_init()
{
write_lcd(0,8,"欢迎使用电子秤");
        write_lcd(16,0,"------------------------------");
        write_lcd(28,0,"  设计者  :张三");
        write_lcd(44,0,"------------------------------");
        write_lcd(56,0,"  设计单位:XX 公司");
        write_lcd(72,0,"------------------------------");
        write_lcd(84,0,"  邮编:410022");
        write_lcd(100,0,"------------------------------");
        write_lcd(112,0,"设计日期  :2020 年 6 月 28 日");
}

//键盘扫描
void keyscan()
{
        P1=0xfe;
        temp=P1;
```

```
temp=temp&0xf0;
while(temp!=0xf0)
{
    delay(5);
    temp=P1;
    temp=temp&0xf0;
    while(temp!=0xf0)
    {
        temp=P1;
        switch(temp)
        {
            case 0xee:num=1,price=price_unit[0], write_lcd(24,0," 名称：杏仁");
            break;
            case 0xde:num=2,price=price_unit[1],write_lcd(24,0," 名称：李子");
            break;
            case 0xbe:num=3,price=price_unit[2],write_lcd(24,0," 名称：草莓");
            break;
            case 0x7e:num=4,price=price_unit[3],write_lcd(24,0," 名称：葡萄");
            break;
        }
        while(temp!=0xf0)
        {
            temp=P1;
            temp=temp&0xf0;
        }
    }
}
P1=0xfd;
temp=P1;
temp=temp&0xf0;
while(temp!=0xf0)
{
    delay(5);
    temp=P1;
    temp=temp&0xf0;
    while(temp!=0xf0)
    {
        temp=P1;
```

```
            switch(temp)
            {
                case 0xed:num=5,price=price_unit[4],write_lcd(24,0," 名称：西瓜");
                break;
                case 0xdd:num=6,price=price_unit[5],write_lcd(24,0," 名称：苹果");
                break;
                case 0xbd:num=7,price=price_unit[6],write_lcd(24,0," 名称：雪梨");
                break;
                case 0x7d:num=8,price=price_unit[7],write_lcd(24,0," 名称：核桃");
                break;
            }
        while(temp!=0xf0)
        {
            temp=P1;
            temp=temp&0xf0;
        }
}
}

P1=0xfb;
temp=P1;
temp=temp&0xf0;
while(temp!=0xf0)
{
    delay(5);
    temp=P1;
    temp=temp&0xf0;
    while(temp!=0xf0)
    {
        temp=P1;
        switch(temp)
        {
            case 0xeb:num=9,price=price_unit[8],write_lcd(24,0," 名称：香蕉");
            break;
            case 0xdb:num=10,price=price_unit[9],write_lcd(24,0," 名称：商品代码 ");
            break;
            case 0xbb:num=11,price=price_unit[1];
            break;
```

```
        case 0x7b:num=12,price=price_unit[2];
        break;
        }
        while(temp!=0xf0)
        {
            temp=P1;
            temp=temp&0xf0;
        }
        }
    }
        P1=0xf7;
        temp=P1;
        temp=temp&0xf0;
        while(temp!=0xf0)
        {
            delay(5);
            temp=P1;
            temp=temp&0xf0;
            while(temp!=0xf0)
            {
                temp=P1;
                switch(temp)
                {
                    case 0xe7:num=13,price=price_unit[3];
                    break;
                    case 0xd7:num=14,price=price_unit[4];
                    break;
                    case 0xb7:num=15,price=price_unit[5];
                    break;
                    case 0x77:num=16,price=price_unit[6];
                    break;
                }
                while(temp!=0xf0)
                {
                    temp=P1;
                    temp=temp&0xf0;
                }
            }
```

```
        }
        price_temp1=(int)(price*1000);
        price_danjia[0]=price_temp1/1000+48;                    //取单价个位
        price_danjia[1]=46;
        price_danjia[2]=(price_temp1%1000)/100+48;              //取单价十分位
        price_danjia[3]=((price_temp1%1000)%100)/10+48;         //取单价百分位
        price_danjia[4]=((price_temp1%1000)%100)%10+48;         //取单价千分位
}

void price_jisuan()
{
        price_temp2=(int)(price*press*1000);
        price_all[0]=price_temp2/10000+48;
        price_all[1]=(price_temp2/1000)%10+48;
        price_all[2]=46;
        price_all[3]=(price_temp2%1000)/100+48;
        price_all[4]=((price_temp2%1000)%100)/10+48;
        price_all[5]=((price_temp2%1000)%100)%10+48;
}
```

习题

一、填空题

1. 直流电动机多用在没有（　　　）、（　　　）的场合，具有（　　　）等特点。

2. 直流电动机的旋转速度与施加的（　　　）成正比，输出转矩则与（　　　）成正比。

3. 单片机控制直流电动机采用的是(　　　)信号，将该信号转换为有效的(　　　)。

4. 步进电机是将（　　　）信号转变为（　　　）或（　　　）的（　　　）控制元件。

5. 给步进电机加一个脉冲信号，电机则转过一个（　　　）。

6. 单片机调节（　　　）即可改变步进电机的转速，改变各相脉冲的先后顺序即可改变步进电机的（　　　）。

二、简答题

1. 简述 51 单片机如何驱动直流电动机。

2. 简述 51 单片机如何驱动步进电机 28BYJ48。

3. 在实际应用开发中，如何实现电子秤的电池供电？

参 考 文 献

[1] 张毅刚. 单片机原理与接口技术（C51 编程）[M]. 3 版. 北京：人民邮电出版社，2020.

[2] 郭天祥. 新概念 51 单片机 C 语言教程入门、提高、开发、拓展全攻略[M]. 2 版. 北京：电子工业出版社，2018.

[3] 宋雪松，李东明，崔长胜. 手把手教你学 51 单片机 C 语言版[M]. 北京：清华大学出版社，2014.

[4] 李朝青，卢晋，王志勇. 单片机原理及接口技术[M]. 5 版. 北京：北京航空航天大学出版社，2017.

[5] 吴险峰. 51 单片机项目教程（C 语言版）[M]. 北京：人民邮电出版社，2016.

[6] 张毅刚，赵光权，张京超. 单片机原理及应用：C51 编程+Proteus 仿真[M] . 2 版. 北京：高等教育出版社，2016.

[7] 李精华，李云. 51 单片机原理及应用[M]. 北京：电子工业出版社，2017.

[8] 陈忠平. 基于 Proteus 的 51 系列单片机设计与仿真[M]. 4 版. 北京：电子工业出版社，2020.